AutoUni – Schriftenreihe

Band 122

Reihe herausgegeben von/Edited by
Volkswagen Aktiengesellschaft
AutoUni

Die Volkswagen AutoUni bietet Wissenschaftlern und Promovierenden des Volkswagen Konzerns die Möglichkeit, ihre Forschungsergebnisse in Form von Monographien und Dissertationen im Rahmen der „AutoUni Schriftenreihe" kostenfrei zu veröffentlichen. Die AutoUni ist eine international tätige wissenschaftliche Einrichtung des Konzerns, die durch Forschung und Lehre aktuelles mobilitätsbezogenes Wissen auf Hochschulniveau erzeugt und vermittelt.

Die neun Institute der AutoUni decken das Fachwissen der unterschiedlichen Geschäftsbereiche ab, welches für den Erfolg des Volkswagen Konzerns unabdingbar ist. Im Fokus steht dabei die Schaffung und Verankerung von neuem Wissen und die Förderung des Wissensaustausches. Zusätzlich zu der fachlichen Weiterbildung und Vertiefung von Kompetenzen der Konzernangehörigen, fördert und unterstützt die AutoUni als Partner die Doktorandinnen und Doktoranden von Volkswagen auf ihrem Weg zu einer erfolgreichen Promotion durch vielfältige Angebote – die Veröffentlichung der Dissertationen ist eines davon. Über die Veröffentlichung in der AutoUni Schriftenreihe werden die Resultate nicht nur für alle Konzernangehörigen, sondern auch für die Öffentlichkeit zugänglich.

The Volkswagen AutoUni offers scientists and PhD students of the Volkswagen Group the opportunity to publish their scientific results as monographs or doctor's theses within the "AutoUni Schriftenreihe" free of cost. The AutoUni is an international scientific educational institution of the Volkswagen Group Academy, which produces and disseminates current mobility-related knowledge through its research and tailor-made further education courses. The AutoUni's nine institutes cover the expertise of the different business units, which is indispensable for the success of the Volkswagen Group. The focus lies on the creation, anchorage and transfer of knew knowledge.

In addition to the professional expert training and the development of specialized skills and knowledge of the Volkswagen Group members, the AutoUni supports and accompanies the PhD students on their way to successful graduation through a variety of offerings. The publication of the doctor's theses is one of such offers. The publication within the AutoUni Schriftenreihe makes the results accessible to all Volkswagen Group members as well as to the public.

Reihe herausgegeben von / Edited by
Volkswagen Aktiengesellschaft
AutoUni
Brieffach 1231
D-38436 Wolfsburg
http://www.autouni.de

Weitere Bände in der Reihe http://www.springer.com/series/15136

Frederik Weiß

Optimale Konzept-auslegung elektrifizierter Fahrzeugantriebsstränge

Eine computergestützte Methodik zur Beschleunigung des Auslegungsprozesses

Mit einem Geleitwort von Prof. Dr.-Ing. Thomas von Unwerth

 Springer

Frederik Weiß
Wolfsburg, Deutschland

Zugl.: Dissertation, Technische Universität Chemnitz, 2017.

Einreichungstitel: „Methodik zur optimalen Konzeptauslegung elektrifizierter Fahrzeugantriebsstränge"

D93

Die Ergebnisse, Meinungen und Schlüsse der im Rahmen der AutoUni – Schriftenreihe veröffentlichten Doktorarbeiten sind allein die der Doktorandinnen und Doktoranden.

AutoUni – Schriftenreihe
ISBN 978-3-658-22096-9   ISBN 978-3-658-22097-6   (eBook)
https://doi.org/10.1007/978-3-658-22097-6

Die Deutsche Nationalbibliothek verzeichnet diese Publikation in der Deutschen National-bibliografie; detaillierte bibliografische Daten sind im Internet über http://dnb.d-nb.de abrufbar.

Gedruckt auf säurefreiem und chlorfrei gebleichtem Papier

Springer ist ein Imprint der eingetragenen Gesellschaft Springer Fachmedien Wiesbaden GmbH und ist ein Teil von Springer Nature
Die Anschrift der Gesellschaft ist: Abraham-Lincoln-Str. 46, 65189 Wiesbaden, Germany

Geleitwort

Frederik Weiß entwickelt im Rahmen seiner Dissertation eine Methodik zur optimalen Konzeptauslegung elektrifizierter Fahrzeugantriebsstränge. Der Fokus möglicher Optimierungsziele liegt dabei neben den Fahrleistungen auf den Herstellungskosten und dem Kraftstoff-/ Energieverbrauch bzw. der elektrischen Reichweite. In Anbetracht sinkender Schadstoffgrenzwerte und einer folglich immer stärkeren Elektrifizierung von Antrieben kommen sowohl dem betrachteten Antriebsportfolio als auch dem Ziel sinkender Kosten und steigender Reichweiten eine hohe praktische Bedeutung zu. Auch theoretisch sind die behandelten Optimierungs- und Modellierungsansätze von großer Relevanz. Insbesondere die Reichweitensteigerung durch geeignete Betriebsstrategien von Hybridfahrzeugen ist in der Literatur Gegenstand diverser Untersuchungen.

Der Forschungsbedarf ergibt sich aus der Variantenvielfalt alternativer Antriebskonzepte, wie z. B. den Parallelhybriden und Brennstoffzellenfahrzeugen sowie deren möglicher Auslegungen, die vom Vollhybriden bis zum Range-Extender reichen. Dem begegnet der Verfasser mit einem systematischen Entscheidungsprozess, der die Methodik auf eine allgemeingültige, wissenschaftlich begründete Basis stellt. Die Umsetzung erfolgt für eine Auswahl an Antriebsstrangarchitekturen, die ein breites Spektrum der elektrifizierten Antriebskonzepte abdecken. Es schließen sich Herleitungen und Umsetzungen von Modellierungsansätzen und Optimierungsalgorithmen an. Ein neu entwickelter Ansatz einer rechenzeitoptimierten Betriebsstrategie ermöglicht darüber hinaus den objektiven Vergleich unterschiedlicher Antriebskonzepte bezüglich des Kraftstoffverbrauchs.

Ein wesentlicher Beitrag der Arbeit ist die Beschreibung und Modellierung der Wechselwirkungen von Komponenteneigenschaften im Antriebsstrang. Dafür wird erstmals im Rahmen einer Antriebsstrangoptimierung das Zeitverhalten der elektrischen Antriebskomponenten abgebildet. Die beispielhafte Optimierung eines Mischhybriden zeigt auf, dass bereits in der frühen Entwicklungsphase Anforderungen an die Reproduzierbarkeit der Fahrleistungen berücksichtigt werden können. Bei der Antriebsstrangoptimierung eines Brennstoffzellenfahrzeugs stehen die wechselseitigen Einflüsse der Komponentenspannungen im Fokus. Hier wird u. a. deutlich, dass in diesem Fall ein batterieseitiger Gleichspannungswandler sinnvoll und aus Kostensicht für diesen Antrieb eine Auslegung als Plug-In Hybrid mit leistungsstarker Traktionsbatterie optimal ist. Damit trägt die vorliegende Arbeit zum Verständnis von Kosten und Nutzen unterschiedlicher Antriebsstrangauslegungen bei.

Insgesamt handelt es sich um eine richtungsweisende Arbeit, die dem Ingenieur und Techniker als Basis und Orientierung für weiterführende Optimierungsansätze im Bereich der Fahrzeugantriebsentwicklung dienen mag. Ich wünsche dem Werk viele geneigte Leser, die mit Hilfe der hierin gewonnenen Erkenntnisse die Zukunft der Antriebstechnologien mitgestalten.

Prof. Dr.-Ing. Thomas von Unwerth

Vorwort

Diese Arbeit entstand im Rahmen meiner Tätigkeit als Doktorand in der Abteilung Antriebssysteme der Konzernforschung der Volkswagen AG.

An dieser Stelle möchte ich mich bei allen Personen bedanken, die durch ihre Unterstützung zum Gelingen dieser Dissertation beigetragen haben.

Mein besonderer Dank gilt Herrn Professor Dr.-Ing. T. von Unwerth, Leiter der Professur Alternative Fahrzeugantriebe der TU Chemnitz, für die Betreuung und Begutachtung der Dissertation sowie für die vielen Anregungen und Diskussionen. Weiterhin bedanke ich mich bei Professor Dr.-Ing. R. Mayer, Leiter der Professur Fahrzeugsystemdesign der TU Chemnitz, für die Übernahme der Rolle des Zweitgutachter.

Danken möchte ich auch meinen Vorgesetzten und allen Kollegen, Diplomanden und Praktikanten der Abteilung Antriebssysteme der Konzernforschung der Volkswagen AG, die mich durch die gute Zusammenarbeit, die Beantwortung fachlicher Fragen, einen konstruktiven Meinungsaustausch sowie ihre Hilfsbereitschaft unterstützt haben. Die Möglichkeit, sich auf kurzem Wege mit Experten zu allen Aspekten des Fahrzeugantriebsstrangs austauschen zu können, hat wesentlich zum Gelingen der Arbeit beigetragen.

Mein besonderer Dank gilt dabei meinen Betreuern seitens der Volkswagen AG, Dr.-Ing. Oliver Ludwig und Dr.-Ing. Hendrik Schröder, die mir mit zahlreichen Anregungen, Ideen und ihrem Wissen zur Seite standen. Insbesondere die vielen fachlichen Diskussionen waren in diesem Zusammenhang eine große Bereicherung für mich.

Meinen Eltern danke ich herzlich für die Förderung meiner Ausbildung und für den stets bedingungslosen Rückhalt.

Abschließend bedanke ich mich ganz besonders bei meiner Frau für die Unterstützung, das Verständnis und die vielen motivierenden Worte während der gesamten Promotionsdauer.

Frederik Weiß

Inhaltsverzeichnis

Abbildungsverzeichnis

Tabellenverzeichnis

Abkürzungs- und Formelverzeichnis

Formelzeichen

E	Energie	[J, kWh]
g	Erdbeschleunigung	[m/s^2]
i	Übersetzung	[-]
I	Strom	[A]
l	Länge	[m]
M	Drehmoment	[Nm]
m	Masse	[kg]
n	Drehzahl	[1/min]
P	Leistung	[W, kW]
r	Radius	[m]
SOC	Ladezustand der Traktionsbatterie (bezogen auf den nutzbaren Energieinhalt)	[%]
t	Zeit	[s]
U	Spannung	[V]
v	Geschwindigkeit	[m/s]
η	Wirkungsgrad	[%]
μ	Reibkoeffizient	[-]
ω	Winkelgeschwindigkeit	[rad/s]

Abkürzungen

ABS	Antiblockiersystem
ADVISOR	Advanced Vehicle Simulator
ASG	Airbag-Steuergerät
ASM	Asynchronmaschine
ASR	Antriebsschlupfregelung
BEV	Elektrofahrzeug
BLX-α	Blend Crossover
BMS	Batteriemanagementsystem
BP	Bremspedal
BSG	Bremsensteuergerät
BS	Betriebsstrategie
BZS	Brennstoffzellensystem
BZ	Brennstoffzelle
CAN	Controller Area Network

CDT	Crowding Distance
CD	Entladung, Abk. aus engl.: Charge Depleting
CS	Ladungserhaltung, Abk. aus engl.: Charge Sustaining
CVT	Stufenloses Getriebe, Abk. aus engl.: Continuously Variable Transmission
DIRECT	Dividing Rectangles
DP	Dynamische Programmierung, Abk. aus engl.: Dynamic Programming
DoE	Statistische Versuchsplanung, Abk. aus engl.: Design of Experiments
ECMS	Äquivalenzverbrauch-Minimierungsstrategie, Abk. aus engl.: Equivalent Consumption Minimization Strategy
EM	elektrische Maschine
ESP	Elektronisches Stabilitätsprogramm
FCEV	Brennstoffzellenfahrzeug, Abk. aus engl.: Fuel Cell Electric Vehicle
FP	Fahrpedal
FTP-72	Federal Test Procedure 72
GA	Genetische Algorithmen
GDL	Gasdiffusionsschicht, Abk. aus engl.: Gas Diffusion Layer
HEV	Hybridfahrzeug, Abk. aus engl.: Hybrid Electric Vehicle
HMI	Mensch-Maschine-Schnittstelle, Abk. aus engl.: Human Machine Interface
IGBT	Bipolartransistor mit isolierter Gate-Elektrode, Abk. aus engl.: Insulated Gate Bipolar-Transistor
KNN	Künstliche Neuronale Netze
LE	Leistungselektronik
LP+	Lastpunktanhebung
LP-	Lastpunktabsenkung
Li-Ion	Lithium-Ionen
MSG	Motorsteuergerät
MW	Mutationswahrscheinlichkeit
NEFZ	Neuer Europäischer Fahrzyklus
NSGA-II	Non-dominated Sorting Genetic Algorithm
NV	Nebenverbraucher
PCU	Antriebssteuergerät, Abk. aus engl.: Powertrain Control Unit
NT-PEM	Niedertemperatur-Polymerelektrolytmembran
PHEV	Plug-In Hybrid Electric Vehicle
PMP	Pontryaginsches Minimumprinzip, Abk. aus engl.: Pontryagin's Minimum Principle

PQ	Primäre Quelle
PSAT	Powertrain Systems Analysis Toolkit
PSM	Permanenterregte Synchromaschine
PSO	Schwarmoptimierung, Abk. aus engl.: Particle Swarm Optimization
RBFNN	Radial Basis Function Neural Network Method
ROLV	Regeln zur Optimalen Lastpunktverschiebung
RQ	Reversible Quelle
RW	Rekombinationswahrscheinlichkeit
SA	Simuliertes Abkühlen, Abk. aus engl.: Simulated Annealing
SM	Synchronmaschine
SOC	Ladezustand, Abk. aus engl.: State of Charge
SOP	Start of Production
TCU	Getriebesteuergerät, Abk. aus engl.: Transmission Control Unit
TG	Turniergröße
VM	Verbrennungsmotor
WLTC	Worldwide Harmonized Light Vehicles Test Cycle
WLTP	Worldwide Harmonized Light Vehicles Test Procedures

Indizes

Um eine Dopplung zu vermeiden, werden im Folgenden die Indizes ausgelassen, die auch als Abkürzung verwendet werden.

∅	Durchschnitt
Antr	Antriebsstrang
B	Beschleunigung
BM	Bemessungsgröße
chem	chemisch
Dauer	dauerhaft
eff	effektiv
el	elektrisch
Erf	erforderlich
F	Fluid
Flx	konstant, fixiert
Fzg	Fahrzeug
ges	gesamt
HA	Hinterachse
i	Zählvariable / innen / indiziert
KP	Ankopplung
Komp	Komponente
Kpp	Kupplung

Kr	Kraftstoff
L	Luft
Max	Maxiumum
Min	Minimum
Nenn	Nenngröße, z. B. Nennleistung
oA	ohne Antriebskomponenten
OCV	Leerlauf
p	parallel
Peak	kurzzeitig, Spitzenwert
Rad	Größe am Rad
Ref	Referenz
Rev	reversibel
Ro	Roll
rot	rotatorisch
S	Schwerpunkt
s	seriell
Soll	Sollgröße
Spez	spezifisch
St	Steigung
Sys	System
TN	Traktionsnetz
trans	translatorisch
VA	Vorderachse
Verl	Verlust
W	Wand

1 Einleitung

Die politischen und gesellschaftlichen Forderungen nach einer immer stärkeren Reduzierung der Schadstoffemissionen und insbesondere des CO_2-Ausstoßes von Kraftfahrzeugen nehmen weltweit zu. Beispielsweise fordert die Europäische Union, die durchschnittlichen CO_2-Emissionen der Fahrzeugflotten der Automobilhersteller bis zum Jahr 2020 auf 95 g/km zu senken [41]. Ähnliche Gesetze wurden auch in anderen wichtigen Automobilmärkten, wie den USA, China und Japan beschlossen [39, 104]. Bis zum Jahr 2025 und darüber hinaus wird in der Europäischen Union eine weitere deutliche Verschärfung der Grenzwerte diskutiert [39]. Elektrifizierte Antriebe bieten das Potenzial, Emissionen und (Kraftstoff-)Verbrauch zu senken oder gänzlich zu vermeiden und darüber hinaus einen Kundenmehrwert hinsichtlich Fahrleistung und Fahrkosten zu generieren. Hybrid- und Elektrofahrzeuge sind daher bereits heute fester Bestandteil des Produktportfolios der großen Automobilhersteller. Im Hinblick auf die geplanten CO_2-Grenzwerte wird deren Anteil voraussichtlich in Zukunft nochmals deutlich zunehmen.

Die aktuell verfügbaren elektrifizierten Antriebe umfassen eine große Bandbreite unterschiedlicher Ausprägungen hinsichtlich der Architektur und des Elektrifizierungsgrads. Die Architekturen reichen beispielsweise von Parallelhybriden, die im Wesentlichen eine Erweiterung konventioneller Antriebe mit Verbrennungsmotor darstellen, über Fahrzeuge mit leistungsverzweigten Hybridgetrieben bis zu den Elektro- und Brennstoffzellenfahrzeugen. Bei den beiden Letztgenannten wird vollständig auf einen Verbrennungsmotor verzichtet. Hinsichtlich des Elektrifizierungsgrads wird bei den stärker elektrifizierten Hybridfahrzeugen zwischen Voll- und Plug-In Hybriden unterschieden. Beide bieten die gesamte Bandbreite der Hybridfunktionen, wobei nur mit den extern aufladbaren Plug-In Hybriden über längere Strecken und größere Geschwindigkeiten rein elektrisch gefahren werden kann. Diese Vielfalt zeigt, dass das geeignete Antriebskonzept von diversen Faktoren abhängig ist: u. a. von den Auslegungszielen hinsichtlich Fahrleistung, Emissionen und Kosten sowie der Strategie und den verfügbaren Komponenten eines Herstellers. Vor dem Hintergrund der sich kontinuierlich weiterentwickelnden Technologien ist es notwendig, regelmäßige Neubewertungen der unterschiedlichen Konzepte durchzuführen.

Durch die zusätzlichen Freiheitsgrade bei der Auslegung hybrider Antriebsstränge ergibt sich im Vergleich zu konventionellen Fahrzeugen eine deutlich höhere Anzahl möglicher Antriebskonzepte und -dimensionierungen. Darüber hinaus existiert eine starke wechselseitige Beeinflussung der verschiedenen Antriebskomponenten, sodass die isolierte Betrachtung jeder einzelnen Komponente nicht zielführend ist. Eine umfassende Suche nach dem für den jeweiligen Anwendungsfall optimalen Gesamtsystem kann daher nur mit Hilfe systematischer computergestützter Methoden erfolgen. Mit dem Ziel immer kürzerer Entwicklungszeiten ist eine möglichst frühe Konzeptbewertung unter Berücksichtigung vieler Einflüsse und Randbedingungen anzustreben.

In dieser Arbeit wird eine simulationsgestützte Methodik zur Identifikation optimaler Antriebsstränge vorgestellt. Diese bietet die Möglichkeit, eine Vielzahl unterschiedlicher Antriebsstrangarchitekturen hinsichtlich ihrer Komponenten- und Systemeigenschaften zu optimieren und trägt dadurch wesentlich zur Steigerung der Effizienz der Fahrzeugentwicklung in der frühen Konzeptphase bei.

© Springer Fachmedien Wiesbaden GmbH, ein Teil von Springer Nature 2018
F. Weiß, *Optimale Konzeptauslegung elektrifizierter Fahrzeugantriebsstränge*,
AutoUni – Schriftenreihe 122, https://doi.org/10.1007/978-3-658-22097-6_1

2 Stand der Technik

In diesem Kapitel werden in der Literatur beschriebene Methoden und Ansätze zur Identifikation optimaler Komponenteneigenschaften von Fahrzeugantriebssträngen herausgearbeitet. Aus den dabei gewonnen Erkenntnissen wird die Zielsetzung dieser Arbeit abgeleitet. Im Anschluss werden die Vorgehensweise und der Aufbau der Arbeit beschrieben.

2.1 Ansätze in der Literatur

Zur umfassenden Analyse des in der Literatur beschriebenen Stands der Technik wurde eine systematische Literaturrecherche in Anlehnung an die von Randolph [107] beschriebene Vorgehensweise nach wissenschaftlichem Standard durchgeführt. Diese orientiert sich an einem festgelegten Ablauf und umfasst u. a. die Definition von Recherchefragestellungen, Auswahlkriterien und Suchbegriffen sowie die Dokumentation von durchgeführten Recherchen (siehe Anhang A). Im Folgenden werden die Ergebnisse dieser Literaturrecherche beschrieben.

Eine Methodik zur Konzipierung und Untersuchung von unterschiedlichen Fahrzeugantrieben, wie z. B. für Elektro- und Brennstoffzellenfahrzeuge, wird von Czapnik [27] vorgestellt. Dabei werden diese Fahrzeugantriebe automatisiert ausgelegt, wodurch eine Beurteilung unter Berücksichtigung von definierten Anwendungsfällen und Randbedingungen ermöglicht wird. Der Fokus der Methodik ist die sehr frühe Konzeptphase mit einer umfassenden Sicht auf die Energiepfade von der Infrastruktur über den Antriebsstrang bis zum Rad. Eine Optimierung der Komponenteneigenschaften findet dabei nicht statt. Die betrachteten Fahrzeugantriebe werden ausschließlich von einer Energieform angetrieben, Hybridfahrzeuge werden somit nicht berücksichtigt.

Die zielführende Auslegung und Betriebsführung eines Parallelhybriden mit E-Maschine und CVT-Getriebe wird von Zoelch [149] untersucht. Das Ziel besteht dabei darin, einen möglichst geringen ladezustandsneutralen Kraftstoffverbrauch zu erreichen. Bei festgelegtem Verbrennungsmotor erfolgt die Auslegung von Getriebe und Traktionsbatterie analytisch. Mit einem Simulationsmodell und einer heuristischen Betriebsstrategie wird anschließend die verbrauchsoptimale E-Maschinenleistung im ECE-Stadtzyklus für dieses Fahrzeug bestimmt. Um den Einfluss der Betriebsstrategie auf dieses Ergebnis zu verringern, wird außerdem durch eine dynamische Optimierung eine optimale Betriebsstrategie bestimmt und mit dem Ergebnis die Genauigkeit der verbrauchsoptimalen E-Maschinenleistung verfeinert. Eine identische Antriebsstrangarchitektur wird von Golbuff [56] mit dem Ziel minimaler Antriebsstrangkosten untersucht. In diesem Fall wird die zum Erreichen definierter elektrischer Reichweiten erforderliche Batteriekapazität und die resultierenden Kosten für drei verschiedene Zelltechnologien ermittelt. Die Berechnung der erforderlichen E-Maschinen- und Verbrennungsmotorleistung zur Erfüllung vorgegebener Beschleunigungszeiten erfolgt mit dem Simulationswerkzeug Powertrain Systems Analysis Toolkit (PSAT) [3]. Die Variante aus den drei Zelltechnologien mit den geringsten Kosten wird für jede betrachtete elektrische Reichweite als Optimum ausgewählt.

Le Berr et al. [87] stellen eine Auslegungsmethodik für Elektrofahrzeuge mit 1-Gang-Getriebe und einer E-Maschine vor. Die Methodik umfasst eine Parameterstudie, bei der die Getriebeübersetzungen variiert werden. Für jede analysierte Übersetzung wird die erforderliche E-Maschinenleistung und Batteriekapazität bestimmt, um definierte Anforderungen an elektrische

© Springer Fachmedien Wiesbaden GmbH, ein Teil von Springer Nature 2018
F. Weiß, *Optimale Konzeptauslegung elektrifizierter Fahrzeugantriebsstränge*,
AutoUni – Schriftenreihe 122, https://doi.org/10.1007/978-3-658-22097-6_2

Reichweite und Fahrleistungen zu erfüllen. Die Berechnung von Fahrleistung und Verbrauch erfolgt zunächst im Neuen Europäischen Fahrzyklus (NEFZ) und mit den Längsdynamiksimulationen PSAT und Advanced Vehicle Simulator (ADVISOR) [140]. Anschließend werden aus den Ergebnissen drei repräsentative Auslegungen mit unterschiedlichen elektrischen Verbräuchen ausgewählt und analysiert. Eine Sensitivitätsanalyse bezüglich weiterer Fahrzyklen ergibt höhere Verbräuche, die wiederum über einen höheren erforderlichen Batterieenergieinhalt Auswirkungen auf das Fahrzeuggewicht und die Auslegung von E-Maschine und Getriebe haben.

Buecherl et al. [18] charakterisieren einen Vollhybriden durch einen Hybridisierungsfaktor, der das Verhältnis aus elektrischer und verbrennungsmotorischer Leistung angibt. Mit Hilfe eines skalierbaren E-Maschinenmodells und einer angepassten Betriebsstrategie wird der ladezustandsneutrale Kraftstoffverbrauch im NEFZ für unterschiedliche E-Maschinenleistungen und drei verschiedene Batterievarianten simuliert. Die Ergebnisse der Parameterstudie zeigen die Sensitivitäten dieser Größen bezüglich des Verbrauchs in unterschiedlichen Fahrzeugklassen auf.

Eine Methodik zur Konzeptauslegung von Brennstoffzellenfahrzeugen beschreibt Sarioglu [115]. Mit dieser werden sowohl verschiedene Komponenteneigenschaften wie Brennstoffzellen- und E-Maschinenleistung, Batterieleistung, -kapazität und Tankinhalt als auch Topologien bezüglich der Lage und Anzahl der Gleichspannungswandler nach dem Ansatz der statistischen Versuchsplanung (DoE) variiert und für alle Konfigurationen mit einer Vorwärtssimulation die Fahrleistungen, Verbräuche und Reichweiten bestimmt. Für die Simulation unterschiedlicher Dimensionierungen wird außerdem eine verbrauchsminimierende Betriebsstrategie entwickelt. Anschließend wird der resultierende Lösungsraum hinsichtlich der Erfüllung definierter Randbedingungen gefiltert und mit Gewichtungsfunktionen und weiteren Filtern zielführende Konzepte ausgewählt.

In den zuvor genannten Arbeiten wurden Komponentenparameter in festgelegten diskreten Schritten variiert und die Eigenschaften der resultierenden Antriebsstränge untersucht. Im Gegensatz dazu werden für die zielgerichtete Auswahl dieser Parameter u. a. von Fellini et al. [45] sowie Gao und Mi [52] Optimierungsalgorithmen vorgeschlagen. Diese Autoren untersuchen verschiedene Algorithmen zur Komponentenoptimierung von Vollhybriden mit paralleler Antriebsarchitektur hinsichtlich der Minimierung des ladezustandsneutralen Kraftstoffverbrauchs als alleinige Zielgröße. Aus den untersuchten Algorithmen Dividing Rectangles (DIRECT), Complex und weiteren identifizieren Fellini et al. [45] DIRECT als den Effektivsten. Bei der Optimierung werden Verbrennungsmotor- und E-Maschinenleistung sowie Batteriegröße variiert und ADVISOR für die Simulationen verwendet. Gao und Mi [52] ermitteln dagegen DIRECT und Simuliertes Abkühlen (SA) aus den Algorithmen DIRECT, SA, Genetische Algorithmen (GA) und Schwarmoptimierung (PSO) als die Zielführenden. Zur Ermittlung des Kraftstoffverbrauchs wird das Simulationswerkzeug PSAT verwendet. Weitere Beispiele für die Anwendung der bereits genannten Algorithmen zur Optimierung einer Zielgröße finden sich in Han et al. [62] (DIRECT), Hegazy und Mierlo [64] (GA und PSO), Desai und Williamson [31] (PSO), Ribau et al. [111] und Hasanzadeh et al. [63] (beide GA). Von den zuvor Genannten optimieren Han et al. [62] und Hegazy und Mierlo [64] Verbrauch bzw. Kosten von Brennstoffzellenfahrzeugen. Desai und Williamson [31] untersuchen einen Parallelhybridbus, Ribau et al. [111] und Hasanzadeh et al. [63] dagegen serielle Hybride. Die Simulationen werden jeweils mit der Software ADVISOR durchgeführt.

Die gleichzeitige Optimierung von mehr als einer Zielgröße wird jeweils von Desai et al. [33], Jain et al. [72] und Moses [93] durchgeführt. Alle verwenden den NSGA-II [30], der zu den GA gehört. Desai et al. [33] optimieren Kraftstoffverbrauch und Schadstoffemissionen eines als Vollhybriden ausgelegten Parallelhybridbus bei sieben variablen Parametern und verwenden dafür die Simulationssoftware PSAT. Bei der Untersuchung von Jain et al. [72] werden Verbrauch und Kosten eines Brennstoffzellenbus minimiert und diese mit der Simulationsumgebung ADVISOR ermittelt. Mit der von Moses [93] entwickelten Methodik werden Elektrofahrzeuge hinsichtlich Kosten und elektrischer Reichweite optimiert. Dafür werden neben den Komponenteneigenschaften von E-Maschine und Traktionsbatterie auch weitere Größen wie Aerodynamik- und Leichtbaumaßnahmen variiert. Außerdem werden Untersuchungen zu geeigneten genetischen Operatoren und deren Einstellungen für diesen Anwendungsfall durchgeführt.

Die Ermittlung optimaler Parameter erfordert die Untersuchung unterschiedlicher Antriebsstrangkonfigurationen hinsichtlich der zu optimierenden Zielgrößen. Dies erfolgt i. d. R. durch aufwendige und rechenzeitintensive Simulationen. Im Vergleich zu den reinen Parameterstudien wurde bei den zuvor genannten Arbeiten der Berechnungsaufwand durch die Verwendung von Optimierungsalgorithmen verringert, indem bei diesen eine zielgerichtete Auswahl der zu untersuchenden Konfigurationen erfolgt. Bei sehr vielen Variationsparametern und Zielgrößen steigt der Berechnungsaufwand bei aufwendigen Simulationen jedoch stark an. Eine Möglichkeit dem zu begegnen, ist die Approximation komplexer Simulationsmodelle durch einfachere Ersatzmodelle. Diese sogenannten Metamodelle beschreiben lediglich den Zusammenhang zwischen den zu variierenden Parametern und der oder den Zielgrößen [122]. Pischinger und Seibel [102] verwenden Polynome zur Approximation der Verbrauchsberechnung von Elektrofahrzeugen und unterschiedlichen Vollhybridkonfigurationen. Balazs et al. [4] erweitern die Methodik von Pischinger und Seibel [102] für Plug-In Hybridfahrzeuge und verwenden ebenfalls Polynome. Eghtessad [37] und Moses [93] setzen dagegen neuronale Netze als Metamodell zur Modellierung von Elektrofahrzeugen ein, um so die Berechnungsdauer zur Ermittlung des elektrischen Verbrauchs zu verringern. Den Fehler durch die Verwendung von zwei Beispiel-Metamodellen (Polynomfunktion und RBFNN) zur Approximation der Verbrauchssimulation eines Elektrofahrzeugs untersuchen Hammadi et al. [61]. Die Simulation erfolgt mit einem mit der Software Modelica erstellten Antriebsstrangmodell, das u. a. ein einfaches E-Maschinenmodell und ein Getriebe mit konstantem Wirkungsgrad umfasst. Mit den Metamodellen wird die Abhängigkeit zweier Zielgrößen von neun Variationsparametern (drei E-Maschinen- und sechs Reglergrößen) approximiert. Bei dem Vergleich der Metamodelle mit dem Simulationsmodell zeigen sich durchschnittliche Fehler von 6,8-11,6 % und Maximalwerte zwischen 12 und 60 %. Mit geringerer Anzahl an Variationsparametern sinkt der Fehler auf ca. 5 %. Moses [93] bestimmt dagegen mit einem exemplarischen neuronalen Netz, acht Variationsparametern und dem Energieverbrauch als einzige Zielgröße nach eigener Angabe einen relativen Fehler von meist kleiner 2 %.

Fan [44] stellt eine weitere Methode zur Verringerung der Rechenzeit bei der Komponentenoptimierung von Hybridfahrzeugen vor. Dabei wird für einen seriellen Hybriden ein Energiekennfeld berechnet, das den Energieverbrauch für einen definierten Fahrzyklus in Abhängigkeit von Geschwindigkeit und Beschleunigung näherungsweise angibt. Bei der Variation der Komponenteneigenschaften wird dieses Kennfeld skaliert und daraus der Gesamtverbrauch abgeleitet. Somit ersetzt ein approximiertes Modell – vergleichbar mit einem Metamodell – eine rechenzeitintensive Fahrzeugsimulation.

Laut Zoelch [149] hat insbesondere bei Hybridfahrzeugen die Betriebsstrategie einen entscheidenden Einfluss auf den Energie- und Kraftstoffverbrauch und wirkt sich somit auch auf die

Wahl der optimalen Komponenteneigenschaften aus. Zur Entkopplung der Komponentenabstimmung von der Betriebsstrategie werden hier mit dynamischen Optimierungsverfahren und der Optimierungssoftware DIRCOL die verbrauchsoptimalen Steuertrajektorien für die Drehmomentenaufteilung eines Parallelhybriden mit CVT-Getriebe berechnet. Für ein Fahrzeug mit identischer Antriebsstrangarchitektur führt Jörg [74] eine Parameterstudie zur Ermittlung der verbrauchsoptimalen E-Maschinenleistung und Superkondensatorkapazität durch. Die dafür erforderliche Betriebsstrategie wird ebenso mit DIRCOL optimiert. Weiterhin wird ein Verfahren zur echtzeitfähigen Nutzung von Vorhersageinformationen für die Betriebsstrategie entwickelt. Den Einfluss einer optimalen Betriebsstrategie auf die für die Minimierung des Verbrauchs optimalen Komponenteneigenschaften im Vergleich zum Einsatz einer einfachen regelbasierten Strategie analysieren Ebbesen et al. [35]. Dabei zeigen sich Abweichungen von 20 bis 26 % für Hubraum des Verbrennungsmotors, E-Maschinenleistung und Batteriekapazität eines Hybridfahrzeugs. Die optimale Betriebsstrategie wird dabei mit dem DP Algorithmus berechnet. Sinoquet et al. [123] führen ebenfalls eine Studie zur Optimierung der Antriebsstrangkomponenten eines Parallelhybriden durch. Zur Ermittlung der optimalen Drehmomentenaufteilung zwischen Verbrennungsmotor und E-Maschine verwenden diese ebenso DP in Kombination mit einem einfachen Simulationsmodell. Mit dieser optimalen Aufteilung werden nacheinander für verschiedene diskrete Batterieenergieinhalte und E-Maschinenleistungen die ladezustandsneutralen Verbräuche bestimmt. Anschließend wird die verbrauchsoptimale Auslegung mit einem komplexen Simulationsmodell und einer echtzeitfähigen Betriebsstrategie simuliert. Aus dem zuvor ermittelten optimalen Betrieb wird der Wert eines Steuerparameters der echtzeitfähigen Betriebsstrategie abgeleitet.

Um den Einfluss des Fahrzyklus auf den Kraftstoffverbrauch und damit auf die optimalen Komponenteneigenschaften zu reduzieren, erweitern Roy et al. [113] bekannte Optimierungsmethoden dadurch, dass der Verbrauch für mehrere Zyklen hintereinander berechnet wird. So wird verhindert, dass die Auslegung speziell auf einen bestimmten Fahrzyklus angepasst wird. Patil et al. [100] verwenden bei der Anriebsstrangoptimierung eines seriellen Hybriden synthetische Geschwindigkeitsprofile, die aus Markow-Ketten berechnet werden und sich stärker an realen Fahrweisen orientieren sollen. Diese führen zu höheren Verbräuchen im Vergleich zu den Normzyklen mit entsprechenden Auswirkungen auf die Auslegung bei definierten elektrischen Mindestreichweiten.

2.2 Handlungsbedarf und Zielsetzung

In der im vorherigen Abschnitt beschriebenen Literatur werden Ansätze zur Auslegung und Dimensionierung von elektrifizierten Fahrzeugantriebssträngen – insbesondere von Hybridfahrzeugen – aufgezeigt. Die Bearbeitung der Thematik erfolgt durch verschiedene Ansätze und Studien. So werden Parameterstudien zu E-Maschinenleistungen und Batterieenergieinhalten durchgeführt, um die Dimensionierung mit dem geringsten Kraftstoffverbrauch für serielle und parallele Hybride zu identifizieren. Zur Ermittlung der optimalen Konfiguration wird der Einsatz von Optimierungsalgorithmen vorgeschlagen. Zu diesem Zweck wird die Eignung unterschiedlicher Algorithmen für die Optimierung von einer oder mehrerer Zielgrößen ausgewählter Antriebsarchitekturen untersucht und zielführende aufgezeigt. Weiterhin wird deutlich, dass ein Zielkonflikt zwischen der Komplexität bzw. Berechnungsdauer des Simulationsmodells und der Anzahl variabler Parameter existiert: bei Verwendung komplexer bzw. rechenzeitintensiver

Modelle werden nur wenige Parameter variiert, während mit einfachen und schnellen Modellen ein größerer Suchraum mit vielen Parametern untersucht werden kann. Um dennoch Simulationsmodelle mit hoher Berechnungsdauer verwenden zu können, wird die Approximation der zu untersuchenden Abhängigkeiten durch rechenzeiteffiziente Metamodelle und Energiekennfelder vorgeschlagen. Für diese werden bei der Approximation der Antriebsstrangsimulation von Elektrofahrzeugen durchschnittliche Fehler von 2-11 % ermittelt. Bei den verwendeten Antriebsstrangsimulationen handelt es sich einerseits um frei verfügbare wie ADVISOR und PSAT, andererseits um kommerzielle oder bereits vorhandene Umgebungen. Wenn Simulationen speziell für die Optimierung entwickelt werden, erfolgt dies durch sehr einfache Modelle. Die Optimierungen fokussieren sich im Wesentlichen auf die Minimierung des Kraftstoffverbrauchs von Hybridfahrzeugen. In diesem Zusammenhang wird der Einfluss der Betriebsstrategie auf den Verbrauch hervorgehoben. Durch die zusätzliche Optimierung von Betriebsstrategieparametern und die Ermittlung optimaler Steuerungen im Rahmen von Parameterstudien soll die Komponentendimensionierung von der Wahl der Betriebsstrategie entkoppelt werden. Die beschriebenen Ansätze wurden durchgängig für ausgewählte Antriebsarchitekturen entwickelt. Die Übertragbarkeit auf andere Architekturen, insbesondere bezüglich der Ergebnisgüte von Modellierung und Betriebsstrategie, wird nicht belegt. Nicht berücksichtigt werden außerdem auslegungsrelevante Wechselwirkungen im elektrischen Antriebsstrang, z. B. in Bezug auf die Spannungslage. Handlungsbedarf besteht darüber hinaus hinsichtlich der Unterscheidung von Maximal- und Dauerleistung der elektrischen Komponenten bei der Ermittlung von Fahrleistungen.

Hieraus ergibt sich die Zielsetzung der Arbeit, eine Methodik zur Identifikation optimaler Komponenteneigenschaften einer breiten Auswahl stärker elektrifizierter Antriebsarchitekturen zu entwickeln. Dies beinhaltet die Auswahl und Entwicklung von Simulationsmodellen, die hinsichtlich Ergebnisgüte und Berechnungsgeschwindigkeit für die Optimierung einer großen Anzahl an Parametern zielführend sind. Darüber hinaus soll eine für alle betrachteten Antriebsarchitekturen anwendbare Betriebsstrategie zum objektiven Vergleich unterschiedlicher Komponentenausprägungen erarbeitet werden. Neben den bekannten Kriterien und Randbedingungen sollen weitere, insbesondere für elektrifizierte Antriebe relevante Eigenschaften, berücksichtigt und die Optimierung mehrerer frei wählbarer Zielgrößen ermöglicht werden.

Folgende Aspekte dieser Arbeit stellen einen Beitrag zur Forschung im zuvor beschriebenen Themenfeld dar:

- Entwicklung einer Methodik zur Optimierung unterschiedlicher elektrifizierter Antriebsarchitekturen und -ausprägungen bei gleicher Modellierungstiefe und Ergebnisgüte,

- Erstellung einer allgemeinen und automatisiert anwendbaren Betriebsstrategie für diese Architekturen,

- Bewertung der Reproduzierbarkeit von Fahrleistungen mit Hilfe geeigneter Simulationsmodelle,

- Berücksichtigung der auslegungsrelevanten Einflüsse und Wechselwirkungen im elektrifizierten Antriebsstrang in der frühen Konzeptphase,

- Erstellung rechenzeitoptimierter Simulationsmodelle aller betrachteten Antriebsstränge zur Optimierung einer großen Anzahl von Parametern,

- Validierung der Simulationsmodelle,

- Auswahl und Anpassung eines für betrachtete Problemstellungen geeigneten Optimierungsalgorithmus und

- Plausibilisierung der Gesamtmethodik.

2.3 Einordnung in den Fahrzeugentwicklungsprozess

Der Fahrzeugentwicklungsprozess beschreibt die wesentlichen Phasen und Meilensteine einer Fahrzeugentwicklung. Hinsichtlich des Einsatzes computerbasierter Methoden ist dieser in zwei Hauptphasen eingeteilt: In eine Konzeptentwicklungsphase mit dem Fokus einer virtuellen Fahrzeugentwicklung und eine zweite Serienentwicklungsphase, die sich durch simulationsbegleitende Versuche und erprobungsbegleitende Simulationen auszeichnet. Abgeschlossen wird der Prozess, wie in Abbildung 2.1 durch den Produktionsstart SOP [16].

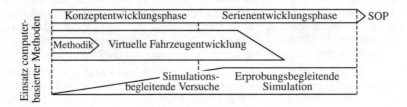

Abbildung 2.1: Einordnung in den Fahrzeugentwicklungsprozess, in Anlehnung an [16]

Die zu entwickelnde Methodik ist innerhalb der frühen Phase der Antriebsauslegung und somit als Teil der virtuellen Fahrzeugentwicklung einzuordnen. Diese beginnt mit der Definition wichtiger Fahrzeugparameter wie Segment, Plattform, Leistungsklasse und ggf. Antriebsarchitektur sowie Anforderungen, die vom Antrieb, z. B. bezüglich der Längsdynamik, erfüllt werden müssen. Dabei gilt es, das Antriebskonzept und wesentliche Eigenschaften des Antriebsstrangs und der Komponenten zu definieren. Weil Detailauslegungen und konstruktive Betrachtungen nachgelagerte Prozesse darstellen, ist der Detaillierungsgrad dabei begrenzt bzw. eine Unschärfe bezüglich der Auslegung unvermeidbar. Dem kann durch ein iteratives Vorgehen bei der Konzeptentwicklung begegnet werden, bei dem die Ergebnisse detaillierter Auslegungen und Packagebetrachtungen als Eingangsdaten verwendet werden, um die Ergebnisgüte der Antriebsauslegung zu schärfen (*Simultanious Engineering*). Die Detaillierung des Antriebsstrangs u. a. durch Detailauslegung und -konstruktion, Packagebetrachtungen sowie Crashberechnungen sind somit nachgelagerte Schritte der zu entwickelnden Methodik. Weitere Einsatzzwecke der Methodik sind von konkreten Fahrzeugentwicklungen losgelöste Untersuchungen zu optimalen Antriebsstrangkonfigurationen innerhalb der Antriebsforschung. Dabei können beispielsweise Sensitivitäten und Potenziale unterschiedlicher Antriebsarchitekturen sowie der Einfluss prognostizierter zukünftiger Technologiefortschritte aufgezeigt werden.

2.4 Aufbau der Arbeit

Die Grundlagen elektrifizierter Antriebsstränge werden in Kapitel 3 beschrieben. Dabei wird kurz auf die im Rahmen der entwickelten Methodik relevanten Aspekte zu den Antriebsarchitekturen, den Komponenten und der Betriebsstrategie eingegangen.

In Kapitel 4 wird ein systematischer Ansatz zur Bearbeitung der Zielsetzung entwickelt. Dieser umfasst u. a. die Definition von Auslegungskriterien, Variationsparametern und die Beschreibung der Antriebsstrangbewertung. Daraus resultiert ein Ablaufplan, nach dem bei der Bearbeitung spezifischer Fragestellungen vorgegangen wird.

In Kapitel 5 werden die Simulationsmodelle zur Ermittlung der betrachteten Eigenschaften wie Fahrleistung und Verbrauch beliebiger Antriebsstrangkonfigurationen beschrieben. Dafür werden zunächst die Anforderungen an die Modellierungstiefe festgelegt und anschließend die erarbeiteten Modelle des Antriebsstrangs und der Komponenten im Detail erläutert. Außerdem werden Skalierungsansätze zur Ableitung der Eigenschaften unterschiedlicher Komponentendimensionierungen und die Ermittlung der Reproduzierbarkeit von Fahrleistungen aufgezeigt. Die Bewertung der Ergebnisgüte der Simulationsmodelle schließt das Kapitel ab.

Der Betrieb von Hybridfahrzeugen erfordert eine Betriebsstrategie zur Leistungsaufteilung zwischen verschiedenen Antriebsstrangkomponenten. Die Entwicklung einer für alle betrachteten Architekturen und Dimensionierungen anwendbaren Betriebsstrategie erfolgt in Kapitel 6. Darüber hinaus werden die mit dieser Strategie erzielten Verbräuche exemplarisch mit den nach Dynamic Programming minimal Erzielbaren verglichen.

In Kapitel 7 wird ein geeigneter Algorithmus zur zielgerichteten Optimierung des Antriebsstrangs ausgewählt. Dafür werden aus der Literatur bekannte Ansätze verglichen und ein Zielführender ermittelt. Durch Variationsrechnungen werden für diesen passende Einstellungen bestimmt.

Die Anwendung der Methodik erfolgt in Kapitel 8. Diese beginnt mit der Plausibilisierung durch den Abgleich von Optimierungsergebnissen mit bekannten Serienfahrzeugen. Anschließend wird die gesamte Methodik exemplarisch für zwei Problemstellungen angewandt und die Ergebnisse diskutiert. Bei der Ersten wird ein Vollhybrid als Brennstoffzellenfahrzeug und bei der Zweiten ein parallel-serieller Plug-In Hybrid (PHEV) untersucht und optimiert.

Abschließend werden in Kapitel 9 die Ergebnisse der Arbeit zusammengefasst und ein Ausblick über mögliche weiterführende Arbeiten in diesem Themengebiet gegeben.

3 Grundlagen elektrifizierter Antriebsstränge

In diesem Kapitel werden die Grundlagen elektrifizierter Antriebsstränge beschrieben. Dabei wird zunächst auf die Architekturen, welche die grundsätzliche Anordnung der einzelnen Komponenten im Antriebsstrang definieren, und anschließend auf die im Rahmen dieser Arbeit relevanten Komponenten sowie deren Steuerung und Koordination durch die Betriebsstrategie eingegangen.

3.1 Architekturen

Laut Definition ist ein Hybridfahrzeug dadurch gekennzeichnet, dass mindestens zwei unterschiedliche Energieformen durch geeignete Wandler in kinetische Energie zum Vortrieb umgesetzt werden [110]. Prinzipiell kann es sich dabei um beliebige Energieformen handeln. In der Praxis durchgesetzt haben sich jedoch zumeist konventionelle Antriebe mit Verbrennungsmotor (VM), die durch eine oder mehrere elektrische Antriebseinheiten hybridisiert werden. Die Einteilung von Hybridfahrzeugen erfolgt nach Anordnung der Komponenten in die drei Basisarchitekturen parallel, seriell und leistungsverzweigt, mit jeweils einer Vielzahl an möglichen Abwandlungen, Kombinationen und Ausprägungen [67]. Abbildung 3.1 zeigt diese beispielhaft als Anordnung an der Vorderachse. Die Elektrofahrzeuge (BEVs) werden im Gegensatz zu den Hybridfahrzeugen ausschließlich rein elektrisch angetrieben.

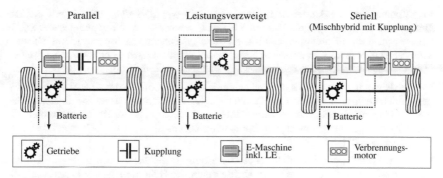

Abbildung 3.1: Basisarchitekturen hybrider Antriebsstränge

Bei den Parallelhybriden besteht stets die Möglichkeit eines direkten mechanischen Durchtriebs des VM zum Abtrieb. Die charakteristische Eigenschaft dieser Antriebsarchitektur ist, dass die EM als zweite mechanische Leistungsquelle je nach Bedarf zu- oder abgeschaltet[1] werden kann [67]. Der Volkswagen Golf GTE verfügt beispielsweise über einen parallelen Hybrid-Antriebsstrang [101].

Serielle Hybride unterscheiden sich von den Parallelhybriden dadurch, dass der Antrieb ausschließlich elektrisch über eine oder mehrere EMs erfolgt. Die hybride Eigenschaft ergibt sich

---

[1] Das Abschalten kann beispielsweise durch das Abkoppeln der Maschine aus dem Kraftfluss oder durch das Stellen eines Nullmoments/Nullstroms erfolgen.

© Springer Fachmedien Wiesbaden GmbH, ein Teil von Springer Nature 2018
F. Weiß, *Optimale Konzeptauslegung elektrifizierter Fahrzeugantriebsstränge*,
AutoUni – Schriftenreihe 122, https://doi.org/10.1007/978-3-658-22097-6_3

durch die Kombination zweiter elektrischer Leistungs- bzw. Energiequellen. I. d. R. handelt es sich dabei einerseits um eine Batterie, die sowohl elektrische Energie aufnehmen als auch abgeben kann, und andererseits um einen VM in Kombination mit einer EM, die in diesem fall als Generator betrieben wird. Darüber hinaus kann auch ein Brennstoffzellenhybridfahrzeug hinsichtlich seiner Architektur den seriellen Hybriden zugeordnet werden. Der Unterschied zur Variante mit VM und Generator besteht lediglich darin, dass ein BZS als zweiter Energiewandler dient. In beiden Fällen wird unidirektional chemische in elektrische Energie umgewandelt. Das Brennstoffzellenhybridfahrzeug wird in dieser Arbeit verallgemeinernd als Brennstoffzellenfahrzeug (FCEV) bezeichnet.[2] Ein Beispiel für ein serienmäßig angebotenes FCEV ist der Toyota Mirai [131].

Leistungsverzweigte Hybride besitzen ein Getriebe, mit dem die Leistung eines Pfads in mehrere Pfade aufgeteilt werden kann. Dies erfolgt im einfachsten Fall durch ein Planetengetriebe, bei dem an zwei Wellen der VM bzw. eine EM angebunden sind. Zusätzlich dazu befindet sich eine weitere EM an der Abtriebswelle des Getriebes. Im Betrieb kann dadurch ein Teil der mechanischen Leistung des VM direkt an den Abtrieb geleitet werden. Der restliche Anteil wird dabei über den zweiten Pfad von einer EM zunächst in elektrische und anschließend von der zweiten EM an der Abtriebswelle wieder in mechanische Energie gewandelt, um mit der Energie des ersten Pfades addiert zu werden. Im Gegensatz zum Parallelhybrid kann bei einem rein leistungsverzweigten Hybrid der elektrische Pfad nie vollständig abgeschaltet werden [110]. Der bekannteste Vertreter dieser Antriebsarchitektur ist das Toyota Hybrid System, das u. a. im Toyota Prius eingesetzt wird [28].

Eine Kombination von Antriebsarchitekturen stellt der parallel-serielle Mischhybrid dar. Bei diesem wird die serielle Architektur mit VM und Generator um eine Kupplung erweitert, die einen mechanischen Durchtrieb dieser Antriebskomponenten zur Achse ermöglicht. Dadurch kann der Antrieb je nach Kupplungszustand sowohl seriell als auch parallel betrieben werden. Dieses Antriebskonzept ist beispielsweise im Honda Accord Hybrid umgesetzt [66].

Die Antriebsstränge von BEVs unterscheiden sich u. a. hinsichtlich der Anzahl der EMs und deren Anbindung an die Räder. Die Variationsmöglichkeiten reichen dabei von einer zentralen EM, die über ein Verteilergetriebe an das Rad angebunden ist, bis zu Radnabenmotoren, die direkt in der Felge untergebracht sind. Ein serienmäßig erhältliches BEV ist beispielsweise der Volkswagen e-Golf [60].

Neben der Einteilung hinsichtlich der Antriebsstrangarchitektur werden die elektrifizierten Antriebskonzepte außerdem nach der Verfügbarkeit der Hybridfunktionen klassifiziert, die sich wiederum aus dem Elektrifizierungsgrad ergibt. Bei den stärker elektrifizierten Konzepten sind dies die Voll- und Plug-In-Hybride (HEV bzw. PHEV). Beide verfügen über die typischen Betriebsmodi von Hybridfahrzeugen: Start/Stopp, Rekuperation, Lastpunktverschiebung und rein elektrisches Fahren (kurz E-Fahren). Der Unterschied besteht im Wesentlichen in der Auslegung des elektrischen Systems. Bei Plug-In Hybriden kann die Batterie extern geladen werden und stellt ausreichend Energie bereit, um mittlere Reichweiten rein elektrisch zurückzulegen. Des Weiteren ist die Leistung von EM und Batterie mindestens so dimensioniert, dass E-Fahren bei kleinen und mittleren Leistungen bzw. Geschwindigkeiten möglich ist. Der Vollhybrid ermöglicht

---

[2] Ein Brennstoffzellenfahrzeug kann prinzipiell auch ohne Batterie betrieben werden. Jedoch bietet die Hybridvariante mit Batterie Vorteile hinsichtlich Effizienz und Dynamik.

dagegen das E-Fahren nur über eine kurze Strecke und bei kleinen Leistungsanforderungen. Ein externes Laden der Batterie ist dabei nicht möglich [67].

3.2 Komponenten

Verbrennungsmotor Bei einem Großteil der Hybridantriebskonzepte stellt der VM das zentrale Antriebsaggregat dar. In aktuellen elektrifizierten Serienfahrzeugen werden ausschließlich Hubkolbenmotoren eingesetzt, ausgeführt als Ottomotoren und vereinzelt als Dieselmotoren.[3] Grundsätzlich ergeben sich die Anforderungen an den VM aus dem jeweiligen Einsatzzweck und damit in Abhängigkeit der Architektur und des Elektrifizierungsgrads des hybriden Antriebsstrangs. Ein wesentliches Auslegungskriterium ist jedoch stets die Verbesserung des Wirkungsgrades, besonders im Teillastbereich. Darüber hinaus besteht das Potenzial, konstruktive Vereinfachungen vorzunehmen, da zuvor von der Kurbelwelle über Riemen bzw. Ketten angetriebene Nebenaggregate im Hybridfahrzeug elektrisch angetrieben werden können. Die häufigeren VM-Wiederstarts im Vergleich zu konventionellen Antrieben ohne Start/Stopp-System erfordern zudem Maßnahmen zur Sicherstellung der Betriebsfestigkeit [110].

Bei der Auswahl des VM bieten sich die aus den konventionellen Antriebssträngen bekannten Saug- und Turbottomotoren sowie Dieselmotoren an. Die Vorteile der Ottomotoren liegen in den geringeren Kosten sowie der größeren Verbreitung und Akzeptanz in bestimmten Märkten wie den USA und Japan. Mit Dieselmotoren können dagegen geringere Verbräuche erreicht werden, insbesondere bei höheren Geschwindigkeiten und Lasten.

Die Verbrauchs- und CO_2-Einsparung durch Hybridisierung ergibt sich u. a. dadurch, dass der Betriebspunkt des Verbrennungsmotors mit Hilfe der EM in einen verbrauchsgünstigeren Bereich verschoben wird. Aufgrund des geringeren spezifischen Verbrauchs des Dieselmotors im Vergleich zum Ottomotor ist das relative Potenzial der Einsparungen durch die Hybridisierung dieses Motors jedoch geringer. Neben der Anpassung von Serienaggregaten besteht bei Hybridfahrzeugen die Möglichkeit, alternative Brennverfahren einzusetzen. Beim Ottomotor eignen sich dafür der Atkinson- und der Miller-Zyklus. Mit diesen Verfahren kann der Wirkungsgrad auf Kosten des maximalen Drehmoments im unteren Drehzahlbereich verbessert werden. Das niedrige Drehmoment wird dabei durch einen Elektromotor kompensiert. Die Hybridisierung von Dieselfahrzeugen ermöglicht dagegen die Reduzierung der VM-Dynamik. Dies erfolgt durch die Übernahme der hochdynamischen Lasten durch die EM, während der VM die Grundlast mit geringer Dynamik liefert. Neben einem einfacheren und kostengünstigeren Aufbau können dadurch die Stickoxidemissionen reduziert werden [110].

Einen Vergleich der Drehmomentverläufe konventioneller VM-Technologien bei identischer Nennleistung ist schematisch in Abbildung 3.2 dargestellt. Auffällig ist das hohe Drehmoment des Dieselmotors, das sich dadurch nicht optimal mit der ebenfalls drehmomentstarken EM ergänzt. Hybridantriebe mit Ottomotoren profitieren dagegen in Bezug auf die Leistungsentfaltung stärker von dem zusätzlichen Drehmoment einer EM.

Neben den Hubkolbenmotoren kommen für spezielle Anwendungen, wie etwa einen Range-Extender, grundsätzlich auch andere VM-Varianten in Frage, wie z. B. die Wankel- und Frei-

---

[3] Auf eine Beschreibung der Funktionsweise der VM-Technologien wird an dieser Stelle verzichtet und auf die Fachliteratur (z. B. [7, 90]) verwiesen.

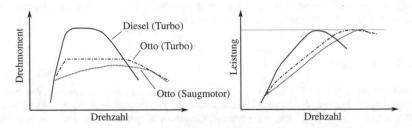

Abbildung 3.2: Schematische Darstellung typischer Drehmoment- (links) und Leistungskennlinien
(rechts) verschiedener Verbrennungsmotorvarianten

kolbenlinearmotoren. Weil diese heute höchstens in Nischenanwendungen Verwendung finden,
wird auf sie nicht weiter eingegangen

E-Maschine und Inverter   Bei den seriellen Antriebsarchitekturen erfolgt der Fahrzeugantrieb
ausschließlich über eine oder mehrere EMs, bei den parallelen und leistungsverzweigten stellt
sie neben dem VM die zweite Drehmomentquelle dar. Der Betrieb kann dabei sowohl motorisch
als auch generatorisch erfolgen.

Das Spektrum der Technologien elektrischer Maschinen reicht von der Gleichstrommaschine über
die Synchronmaschine (SM), Asynchronmaschine (ASM) und geschaltete Reluktanzmaschine
bis hin zu Sonderbauformen wie der Transversalflussmaschine [48]. Für Fahrzeuganwendungen
werden jedoch hauptsächlich die Drehstrommaschinen in den Ausführungen als PSM und ASM
eingesetzt. Diese Maschinen basieren grundsätzlich auf einem durch dreiphasigen Wechselstrom
erzeugten elektrischen Drehfeld. Dafür werden die Wicklungsstränge im Stator rotationssymme-
trisch verteilt und mit um 120° phasenverschobenen Wechselspannungen gespeist. Als Resultat
ergibt sich ein magnetisches Drehfeld mit einer Frequenz f. Im Wesentlichen unterscheiden sich
Synchron- und Asynchronmaschine durch den Läufer. Dieser ist bei der SM mit einer eigenen -
im Fall der PSM einer permanentmagnetischen - Erregung ausgestattet. Dies bewirkt, dass der
Läufer der SM dem Erregerfeld des Stators synchron folgt. Bei der ASM wird dagegen eine
Kurzschlusswicklung verwendet. Wenn die Läufer- von der Erregerdrehzahl um den sogenannten
Schlupf abweicht, wird in diesem eine Spannung induziert. In der Folge fließen Ströme, die
wiederum ein Gegenfeld und dadurch ein Drehmoment erzeugen [67]. Vorteile der PSM sind
der bessere Wirkungsgrad, die höhere Leistungs- bzw. Drehmomentdichte sowie eine nahezu
konstante Leistungsabgabe über den gesamten Drehzahlbereich, während die ASM geringere
Herstellkosten und höhere Drehzahlen ermöglicht [110].[4]

Abbildung 3.3 links zeigt den charakteristischen Leistungs- und Drehmomentverlauf einer
EM (die dargestellten Verläufe entsprechen eher denen einer typischen PSM). Dabei steigt
die Leistung ausgehend vom Stillstand im Grundstellbereich linear bis zur Nennleistung bei
Eckdrehzahl an und geht dort in den Feldschwächbereich mit zunächst konstanter Leistung
über. Das Abknicken der maximalen Leistung bei hohen Drehzahlen resultiert aus den mit
der Frequenz ansteigenden Eisenverlusten [110]. Die aus den Kippmomenten resultierende

---

[4] Für detaillierte Beschreibungen zu Funktionsweise, Ausführungen und Berechnung von Traktions-EMs wird auf
die entsprechende Fachliteratur verwiesen, wie z. B. [110, 119, 94].

Maximalleistung der ASM sinkt bei steigender Drehzahl n deutlich stärker als die der PSM, weil bei dieser die Leistung proportional zu $1/n$ abfällt [137]. Im Gegensatz zum VM zeigt sich bei der EM eine ausgeprägte zeitliche Abhängigkeit der maximalen Leistung bzw. des Drehmoments. So kann kurzzeitig im Überlastbetrieb eine deutlich höhere Leistung als die dauerhaft verfügbare abgegeben werden, bis die Maschine (und/oder der Inverter) die Maximaltemperatur erreicht und auf die Dauerleistung abgeregelt werden muss [110]. Die Überlastfähigkeit der ASM ist i. d. R. im Vergleich zur PSM aufgrund der höheren Maximaltemperaturen im Rotor[5] größer. Bei dem Einsatz von EMs im Fahrzeugantriebsstrang hat darüber hinaus die Spannungslage im Traktionsnetz einen Einfluss auf die verfügbare EM-Leistung. Sinkt diese Spannungslage, steht eine geringere Maximalleistung zur Verfügung (bei Auslegung des Eckpunkts auf die Nennspannung) [69, 43].

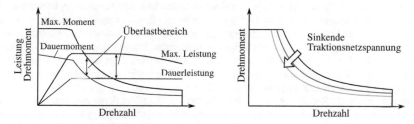

Abbildung 3.3: Schematische Darstellungen der Dauer- und Peakleistung (links, in Anlehnung an [16]) sowie des Einflusses der Traktionsnetzspannung auf das maximale Drehmoment (rechts) einer EM.

Zum Betrieb einer Drehfeldmaschine wird zusätzlich eine Leistungselektronik (LE) bzw. ein Inverter benötigt. Dieser hat einerseits die Aufgabe, die Gleichspannung der Traktionsbatterie in die benötigte dreiphasige Wechselspannung zu wandeln. Andererseits wird Drehzahl oder Drehmoment durch Anpassung von Frequenz, Amplitude und Phasenlage der Erregerspannung geregelt. Die LE für Traktionsantriebe wird bidirektional ausgeführt, um auch durch Rekuperation erzeugte elektrische Leistung in das Traktionsnetz einspeisen zu können. Das Umwandeln der Gleich- in Wechselspannung erfolgt durch hochfrequentes Schalten von elektronischen Leistungshalbleitern. Mit der dabei verwendeten Pulsweitenmodulation kann ein nahezu sinusförmiger Spannungsverlauf erzeugt werden. Im Betrieb treten in den Halbleiterelementen Durchlass-, Sperr- und Schaltverluste auf, die durch eine entsprechende Kühlung abgeführt werden müssen [67]. Im Folgenden wird EM als Synonym für die Antriebseinheit aus EM und LE verwendet.

Getriebe Alle im Fahrzeug eingesetzten VMs haben bestimmte Eigenschaften, die im konventionellen Antriebsstrang den Einsatz eines Getriebes erfordern. Dazu gehört der eingeschränkte Drehzahlbereich mit einer erforderlichen Leerlaufdrehzahl, das zu geringe Motormoment bei niedrigen Drehzahlen (die Nennleistung wird i. d. R. erst bei hohen Drehzahlen erreicht) sowie

---

[5] Im Rotor der PSM (Innenläufer) befinden sich Permanentmagnete, die je nach Material eine Maximaltemperatur von ca. 120°C nicht überschreiten dürfen. Begrenzend bei PSM und ASM können außerdem die Isolierungen der Windungen im Stator mit einer zulässigen Maximaltemperatur von ca. 150°C sein [11]. Der Rotor der ASM wird als Kurzschlussläufer ausgeführt, der deutlich höhere Maximaltemperaturen zulässt.

die festgelegte Drehrichtung. Erst durch ein Getriebe mit unterschiedlichen Übersetzungen, einem Rückwärtsgang sowie einem Anfahrelement können diese Schwächen kompensiert und das Drehmomentangebot an den -bedarf angepasst werden [16]. Das Angebotskennfeld von EMs dagegen bildet mit einem hohen Drehmoment vom Stillstand an sowie einem großen Drehzahlbereich mit hoher Leistung die Charakteristik des Bedarfskennfelds nahezu optimal ab. Weil darüber hinaus ein Betrieb in beide Drehrichtungen möglich ist, wird bei rein elektrischen Antrieben (BEV, serieller Hybrid und FCEV) lediglich ein Getriebe mit fester Übersetzung benötigt. Eine Mehrgängigkeit kann zusätzlich Anfahrmoment und Höchstgeschwindigkeit erhöhen, führt jedoch ggf. zu spürbaren Schaltungen. Dieser Zugkrafteinbruch kann durch lastschaltbare Getriebe vermieden werden, was den Aufwand jedoch deutlich erhöht.

Bei den Vollhybriden mit zwei EMs als leistungsverzweigte oder parallel-serielle Mischhybride finden spezielle Getriebe Anwendung, die sich von denen konventioneller Antriebe unterscheiden. Bei den leistungsverzweigten Hybriden werden die Antriebsaggregate mechanisch mit Planetenradsätzen kombiniert. Im Gegensatz dazu kann bei den parallel-seriellen Mischhybriden die Einheit aus VM und Generator durch eine zusätzliche Trennkupplung von der Antriebs-EM, die z. B. über eine feste Übersetzung an die Antriebsachse angebunden ist, abgekoppelt werden. Beide Konzepte haben gemeinsam, dass das eingeschränkte Angebotskennfeld der VM über einen elektrischen Zweig mit zwei EMs zur Antriebsachse gewandelt werden kann. Dies ermöglicht die Reduzierung der Getriebekomplexität im Vergleich zum konventionellen Antrieb. Da bei Vollhybriden nur eingeschränkt batterieelektrische Leistung zur Verfügung steht, kann im Antriebsstrang mit einer EM auf die wesentlichen Getriebefunktionen nicht verzichtet werden. Daher eignen sich für diese Konzepte konventionelle Automatikgetriebe mit an das Drehmomentangebot abgestimmten Übersetzungen.

Die hohe elektrische Leistung von Batterie und EM sowie deren Verfügbarkeit in PHEV-Antriebssträngen ermöglichen zusätzliche Freiheiten bei der Getriebeauswahl. Dabei kann die EM genutzt werden, um die Einschränkungen des VM-Angebotkennfelds zu kompensieren und somit die Getriebefunktionalität zu reduzieren. Es können sowohl bekannte Getriebekonzepte aus den konventionellen Antrieben, wie beispielsweise Doppelkupplungsgetriebe, als auch neuartige Konzepte mit integrierter EM eingesetzt werden (wie z. B. der Future Hybrid von AVL [49]).

Kupplung Kupplungen werden im Antriebsstrang zur Trennung des Kraftflusses und als Drehzahlwandler eingesetzt. Dafür eignen sich insbesondere trockene, schaltbare Reibungskupplungen sowie in Öl laufende Mehrscheiben-Lamellenkupplungen [16].

Zur Durchführung des Anfahrvorgangs mit dem VM, der stets oberhalb der Leerlaufdrehzahl betrieben werden muss, wird die Reibkupplung als Drehzahlwandler eingesetzt. Die Übersetzung der Drehzahl ergibt sich dabei in Abhängigkeit der Anpresskraft auf die Reibbeläge, während das Drehmoment durchgeleitet wird [16]. Beim Anfahrvorgang wird der VM solange bei schlupfender Kupplung betrieben, bis getriebeeingangsseitig eine Drehzahl größer oder gleich der Leerlaufdrehzahl des VM erreicht ist und die Kupplung schließlich geschlossen werden kann. Der Betrieb im Schlupf kann darüber hinaus durch Anhebung der VM-Drehzahl über die Kupplungsausgangsdrehzahl zur Verschiebung des VM-Betriebspunkts in einen Bereich mit höherem Drehmoment erfolgen.

Eine weitere wichtige Aufgabe der Kupplung, insbesondere im Hybridantriebsstrang, ist die Unterbrechung des Kraftflusses. So wird durch die Öffnung einer Kupplung der VM vom restlichen Antriebsstrang entkoppelt und abgeschaltet, um rein elektrisch zu fahren. In den Doppelkupplungsgetrieben trennt eine Reibkupplung darüber hinaus den Kraftfluss zwischen Antriebsaggregat und einem von zwei Teilgetrieben. Durch das Überblenden des Moments von einem zum anderen Teilgetriebe, in dem der gewünschte nächste Gang schon eingelegt ist, wird eine nahezu zugkraftunterbrechungsfreie Schaltung ermöglicht [16].

Traktionsbatterie Die Traktionsbatterie ist ein wichtiger Bestandteil elektrifizierter Antriebsstränge, da sie sowohl elektrische Energie für den Antrieb liefert, als auch durch Rekuperation oder von weiteren Energiequellen geladen werden kann, sodass die Energie zu einem späteren Zeitpunkt zur Verfügung steht. Sie besteht i. d. R. aus seriell und/oder parallel verschalteten Einzelzellen, die elektrisch isoliert zusammen mit weiteren Komponenten in einem Gehäuse untergebracht sind. Zur Peripherie gehören u. a. Leitungen, Batteriemanagementsystem (BMS), Schütze und Kühlung. Die Batteriezelle ist eine galvanische Zelle, in der chemische in elektrische Energie und zurück gewandelt werden kann, wobei die Energie in der Zelle chemisch gebunden ist. Sie ist damit sowohl Energiespeicher als auch -wandler. Die Hauptbestandteile sind zwei Elektroden, die sich in einem Elektrolyt befinden und durch einen Separator getrennt sind. Bei der Entladung der Zelle findet ein Ionenaustausch zwischen den Elektroden und über den ionenleitenden Elektrolyten statt, während sich die Elektronen durch einen äußeren Stromkreis bewegen und dort Arbeit verrichten. Dabei werden die Reaktanden an der Anode oxidiert und an der Kathode reduziert. Die anliegende Spannung ergibt sich hauptsächlich durch die verwendeten Materialpaarungen. Für Fahrzeuganwendungen haben sich - insbesondere aufgrund der im Vergleich zu anderen Zellen hohen Energiedichte - die Lithium-Ionen (Li-Ion)-Zellen durchgesetzt, die auf einem Austausch von Lithiumionen basieren. Die Nennspannung kommerzieller Zellen liegt im Bereich von ca. 3,3 bis 3,8 V. Die Elementargleichung der Reaktion einer Li-Ion-Zelle mit Metalloxidkathode und Kohlenstoffanode ist [67]:

$$LiMO_2 + C_6 \rightleftharpoons MO_2 + LiC_6 \tag{3.1}$$

Für unterschiedliche Anwendungen existieren jeweils angepasste Li-Ion-Zellen, die sich durch Aufbau und Zellchemie unterscheiden. Die sogenannten Hochenergiezellen zeichnen sich durch ein niedriges Verhältnis von Leistung zu Energieinhalt (P/E-Verhältnis) aus, wohingegen die Hochleistungszellen eine hohe Leistung bezogen auf den Energieinhalt haben. Die Anforderungen an Batteriezellen für PHEVs liegen zwischen diesen beiden Extremen [47]. Die in den Vollhybriden eingesetzten Hochleistungszellen unterliegen im Betrieb einer hohen spezifischen Belastung, die zu relativ starken Schwankungen des Ladezustands führen. Diese Zyklisierung ist bei Hochenergiezellen, die z. B. in BEVs eingesetzt werden, deutlich geringer. So wird bei diesen während einer Fahrt maximal einmal der gesamte Ladezustandsbereich (mit einigen Rekuperationsphasen) durchfahren. Eine hohe Zyklisierung, besonders bei sehr hohen oder sehr niedrigen Ladezuständen, wirkt sich negativ auf die Lebensdauer aus. Daher wird bei Hochleistungszellen ein deutlich kleinerer Bereich der theoretisch verfügbaren Kapazität für den Betrieb freigegeben.

Brennstoffzellensystem Das BZS stellt in einem FCEV eine elektrische Energie- und Leistungsquelle dar, mit der Energie zum Betreiben einer Antriebs-EM oder zum Laden der Traktionsbatterie bereitgestellt werden kann.[6] Zum Systemverbund gehören neben dem sogenannten Brennstoffzellenstapel, der sich aus der Verschaltung einzelner Brennstoffzellen (BZ) ergibt, weitere Komponenten und Nebenaggregate, die zur Versorgung, Steuerung und Kühlung des Stapels erforderlich sind.

Eine BZ ist ein elektrochemischer Energiewandler, in dem durch eine kontinuierliche Reaktion von einem Reduktionsmittel wie Wasserstoff oder Methanol mit dem Oxidationsmittel Sauerstoff chemische in elektrische Energie umgewandelt wird. Im Vergleich zu einem VM mit Generator, bei dem zunächst die chemische Energie in Wärme, diese in mechanische und erst diese schließlich in elektrische Energie umgewandelt wird, findet hier eine direkte Umwandlung in elektrische Energie statt. Ein wichtiger Aspekt dieser Technologie im Rahmen der Elektrifizierung des Antriebsstrangs ist der potentiell vollständig schadstofffreie Betrieb, bei dem lediglich Wasserdampf austritt [38].

Es existiert eine Vielzahl unterschiedlicher Brennstoffzellentechnologien, die sich durch die Reaktanten, den Elektrolyt, die Betriebstemperatur und die maximale Leistung unterscheiden und daher für unterschiedliche Einsatzzwecke geeignet sind. Für die Fahrzeuganwendung ist nach heutigem Stand der Technik die Niedertemperatur-Polymerelektrolytmembran (NT-PEM) Brennstoffzelle am besten geeignet [16, 26]. Sie zeichnet sich durch den schadstofffreien Betrieb und durch eine hohe Leistungsdichte sowie eine niedrige Betriebstemperatur aus [83]. Dies ist insofern von Vorteil, als dass dadurch eine lange Aufheizphase bis zur Betriebsbereitschaft vermieden werden kann [2]. Als eines der ersten FCEVs in Serienproduktion wird der Toyota Mirai seit 2015 mit einer 114 kW NT-PEM-Brennstoffzelle in Japan und Kalifornien angeboten [131]. Zahlreiche andere Automobilhersteller haben zudem bereits Konzept- und Kleinserienfahrzeuge mit NT-PEM-Technologie vorgestellt.

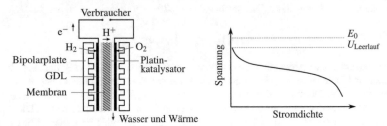

Abbildung 3.4: Funktionsweise und Aufbau einer Brennstoffzelle (links), Spannungskennlinie einer typischen NT-PEM Brennstoffzelle (rechts)

Abbildung 3.4 zeigt das Funktionsprinzip einer NT-PEM-BZ. Dabei dient reiner Wasserstoff als Reduktions- und Luftsauerstoff als Oxidationsmittel. Der Wasserstoff wird über die Bipolarplatte der Anode zugeführt und über die poröse Gasdiffusionsschicht (GDL) zur Reaktionszone geleitet. Dort oxidiert jeweils ein Wasserstoffmolekül zu zwei Protonen und zwei Elektronen. Die Protonen werden durch die elektrisch isolierende und protonenleitfähige Membran zur Kathode transportiert. An dieser wird mit Hilfe des Platinkatalysators aus zwei Wasserstoffionen sowie zuvor reduzierten Sauerstoffmolekülen und zwei Elektronen ein Wassermolekül gebildet. Dieses sogenannte Produktwasser wird an der Kathode über einen Luftmassenstrom aus der

---

[6] Darüber hinaus kann ein BZS auch als elektrische Hilfsenergiequelle genutzt werden.

Zelle abgeführt. Für den Prozess des Protonentransports durch die Membran werden Wassermoleküle benötigt, die jedoch bei diesem aus der Membran in Richtung der Kathode ausgetragen werden. Aus diesem Grund muss eine ausreichende Befeuchtung der Anodenseite gewährleistet werden [38]. Die bei der Oxidation frei werdenden Elektronen bewegen sich über einen äußeren Stromkreis zur Kathode, um dort den Sauerstoff zu reduzieren und verrichten auf diesem Weg Arbeit an einem Verbraucher. Als Reaktionsgleichung ergibt sich [83]:

$$
\begin{array}{lll}
\text{Anode} & 2H_2 & \rightleftharpoons 4H^+ + 4e^- \\
\text{Kathode} & O_2 + 4H^+ + 4e^- & \rightleftharpoons 2H_2O \\
\text{Gesamt} & 2H_2 + O_2 & \rightleftharpoons 2H_2O
\end{array}
\tag{3.2}
$$

Die für Brennstoffzellen charakteristische Strom-Spannungskennlinie ist in Abbildung 3.4 rechts dargestellt. Die theoretisch maximale Zellspannung einer einzelnen Zelle ergibt sich durch die freie Reaktionsenthalpie des Reaktionsproduktes und beträgt für flüssiges Wasser $E_0 = 1,23$ V. Im Betrieb führen verschiedene Effekte zu Spannungsverlusten und damit zu Abweichungen von der maximalen Zellspannung. Diese teilen sich auf in die Durchtrittsüberspannung, Konzentrationsüberspannung und den ohmschen Spannungsabfall mit jeweils unterschiedlichen Einflüssen in Abhängigkeit von der Stromdichte [2] (für eine detaillierte Beschreibung siehe auch [83, 85]). Dieser Gesamtspannungsabfall führt zu einer Verlustleistung im Stapel und muss als Wärme abgeführt werden. Um höhere Spannungen zu erreichen, werden mehrere Einzelzellen elektrisch seriell zu einem Stapel verschaltet. Die Verschaltung der Gaszuführung über die Bipolarplatten erfolgt parallel.

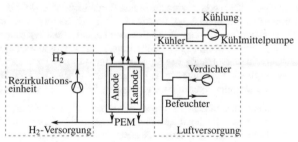

Abbildung 3.5: Brennstoffzellensystem mit den wichtigsten Nebenaggregaten

Abbildung 3.5 zeigt die zum Betrieb des Stapels erforderliche Systemperipherie. Die Wasserstoffversorgung hat dabei die Aufgabe, dem Stapel entsprechend der Lastanforderung Wasserstoff zur Verfügung zu stellen. Eine Rezirkulationseinheit stellt dabei sicher, dass ein gewisser Anteil des Abgasvolumenstroms rezirkuliert und überschüssiger Wasserstoff nochmals der Anode zugeführt wird [2]. Über die Luftversorgung wird sichergestellt, dass ausreichend Sauerstoff für die Reaktion an der Kathode zur Verfügung steht. Dafür wird Außenluft gefiltert, mit einem Verdichter komprimiert und anschließend den Zellen zugeführt. Ein Teil des gasförmigen Produktwassers wird über den Befeuchter wieder dem Eingangsluftstrom zugeführt. Die bei der Reaktion auftretenden Verluste müssen nahezu vollständig (5-10 % der Wärme wird über das Abgas abgegeben [9]) über die Kühlung abgeführt werden. Dies erfolgt über ein Kühlmedium, das mit Hilfe einer Kühlmittelpumpe in den Stapel und anschließend in einen oder mehrere Kühler gefördert wird. Im Vergleich zum Verbrennungsmotor ist die Kühlung mit höherem

Aufwand verbunden, da zum einen – trotz des höheren Wirkungsgrads – ein höherer Anteil der Wärme abgeführt werden muss und zum anderen aufgrund der geringen Betriebstemperatur (ca. 50-80 °C) der Temperaturunterschied zur Umgebung relativ gering ist [2].

Gleichspannungswandler   Der Gleichspannungswandler oder auch DC/DC-Wandler gehört wie der Wechselrichter, der die Gleichspannung der Traktionsbatterie in einen 3-phasigen Wechselstrom umwandelt, zur Leistungselektronik. Mit ihm wird eine Eingangsgleichspannung auf ein anderes davon abweichendes Spannungsniveau gewandelt. Je nachdem ob der Stromfluss von niedriger zu hoher Spannung oder entgegengesetzt erfolgt, handelt es sich um einen Hochsetzsteller oder Tiefsetzsteller. Für Stromflüsse in beide Richtungen werden bidirektionale Wandler verwendet [67]. In einem Hybridfahrzeug wird beispielsweise das 12 V-Bordnetz über einen DC/DC-Wandler vom Traktionsnetz mit einem Spannungsniveau von mehreren Hundert Volt versorgt. Zwingend erforderlich ist ein Gleichspannungswandler außerdem in FCEVs. Bei diesen stellt das Traktionsnetz den gemeinsamen Spannungszwischenkreis dar. Da sich die Spannungsniveaus von BZS und Traktionsbatterie unterscheiden, muss hier mindestens ein Gleichspannungswandler eingesetzt werden, um unkontrollierte Ausgleichsströme zu vermeiden. Bei der Auslegung des elektrischen Teils des Antriebsstrangs müssen die Komponenten bezüglich des Spannungsniveaus aufeinander abgestimmt werden. Beispielsweise kann die Auslegung des EM-Inverters anhand der minimal auftretenden Spannung bzw. der maximalen Last im Betrieb erfolgen. Die Verwendung von zwei Gleichspannungswandlern in einem FCEV vereinfacht die Abstimmung, weil dadurch die Traktionsnetzspannung unabhängig von den Komponenten geregelt werden kann. Dies erhöht zum einen den Freiheitsgrad bei der Dimensionierung von BZS und Traktionsbatterie und ist ggf. vorteilhaft für die Effizienz und Leistungsfähigkeit der Antriebs-EM. Darüber hinaus kann ein Gleichspannungswandler auch in einem Hybridfahrzeug mit VM und EM zur Wandlung der Batteriespannung verwendet werden. Dadurch ist die Traktionsnetzspannung unabhängig von Ladezustand und Belastung der Traktionsbatterie und folglich kann die optimale Spannung für die EM gewählt werden. Der serienmäßige Einsatz von Gleichspannungswandlern in Hybridfahrzeugen erfolgt beispielsweise beim Toyota Prius [110].

Es existieren viele unterschiedliche Topologien zur Realisierung von Gleichspannungswandlern. Für die Verschaltung sowie die detaillierte Funktionsweise wird auf die Fachliteratur verwiesen (z. B. [144], [118]). Die Leistungselektronik basiert im Wesentlichen auf im kHz-Bereich schaltenden elektrischen Schaltern, die den Stromdurchfluss entweder sperren oder freigeben. Durch einen Spannungsabfall im geschlossenen Zustand, einen Sperrstrom im gesperrten Zustand sowie durch den Schaltvorgang entstehen Verluste. Diese werden in Wärme umgewandelt und müssen zum Schutz vor zu starker Erhitzung von einer entsprechend ausgelegten Kühlung abgeführt werden [67]. Als Schalter werden Leistungshalbleiter verwendet, für die im automobilen Bereich hauptsächlich bei niedrigen Spannungen MOSFETs (MetalOxide Semiconductor Field Effect Transistor) sowie bei hohen Spannungen Insulated Gate Bipolar-Transistoren (IGBTs) zum Einsatz kommen. Standardisierungen führen dazu, dass die IGBTs für festgelegte Spannungsklassen hergestellt werden, z. B. den in der Industrie üblichen Klassen mit Durchbruchspannungen von 600 V und 1200 V. Um eine Schädigung zu vermeiden, dürfen diese auch nicht kurzfristig überschritten werden [110]. Daher wird stets ein Sicherheitsabstand eingehalten, sodass die tatsächlich gewählten Spannungen i. d. R. deutlich unter diesen Grenzwerten liegen.

3.3 Betriebsstrategie

Beim Fahrzeugantriebsstrang handelt es sich um einen komplexen Systemverbund aus einer Vielzahl an Komponenten und Nebenaggregaten, deren Betrieb i. d. R. von einer übergeordneten Struktur koordiniert wird. Dies erfolgt durch die in einem Steuergerät (z. B. der Antriebssteuergerät (PCU)) implementierte Betriebsstrategie (BS). Deren primäre Aufgabe besteht darin, den Fahrerwunsch anhand der Fahr- und Bremspedalwerte sowie der Wählhebelstellung zu ermitteln und durch die Vorgabe entsprechender Sollwerte an die Komponentensteuergeräte umzusetzen. Dabei können auch weitere vom Fahrer gewünschte Verhaltensweisen berücksichtigt werden, wie z. B. ein besonders sportliches oder komfortables Ansprechverhalten. Die Aufgabe der Betriebsstrategie ist dabei, diese in die entsprechenden Signale umzuwandeln. Eine Besonderheit von Hybridfahrzeugen besteht darin, dass die Sollmomente oder -leistungen zur Erfüllung des Fahrerwunsches von mehr als einer Komponente umgesetzt bzw. zwischen diesen aufgeteilt werden können, wodurch eine teilweise Entkopplung von Fahrerwunsch und Komponentenbetrieb ermöglicht wird [67]. So kann bei einem Parallelhybriden mit einer Trennkupplung K0 zwischen VM und EM (P2-Hybrid) durch das Öffnen der K0 der VM vom Kraftfluss getrennt und ausgeschaltet werden, während der Antrieb rein elektrisch über die EM erfolgt.

Bei der Umsetzung der Strategie müssen unterschiedliche Randbedingungen, wie die aktuellen Komponentengrenzen oder die Zustände der Energiespeicher, berücksichtigt werden. Dazu gehören beispielsweise das maximale Drehmoment der EM oder der minimale Ladezustand der Traktionsbatterie. Weitere zu berücksichtigende Einflüsse sind Leistungsanforderungen der Komfortverbraucher wie der Klimaanlage und anderer Verbraucher im 12 V-Bordnetz, Einschränkungen aufgrund von Komponententemperaturen sowie Eingriffe von Fahrstabilitätsfunktionen wie dem Antiblockiersystem (ABS). Die häufig gegensätzlichen Vorgaben dieser unterschiedlichen Einflussgrößen erfordern eine Priorisierung durch die Betriebsstrategie. Dabei haben Sicherheitsfunktionen und Komponentengrenzen Vorrang vor Komfortaspekten.

In der Praxis wird die Betriebsstrategie in einem Steuergerät wie der PCU implementiert. Es nimmt als übergeordnete Steuereinheit eine zentrale Position innerhalb der Steuerungsarchitektur des Antriebsstrangs ein und ist über einen CAN-Bus mit allen anderen für die Steuerung relevanten Steuergeräten verbunden (siehe Abbildung 3.6). Fahrerseitig bekommt die PCU Daten des Fahr- und Bremspedalsensors sowie des Mensch-Maschine-Schnittstelle (HMI) übermittelt. Der Signalfluss erfolgt dabei beidseitig, sodass über das HMI dem Fahrer der aktuelle Betriebsmodus und andere Betriebsgrößen zurückgemeldet werden können. Weiterhin besteht eine Anbindung an die Fahrstabilitätsfunktionen (ABS, ESP usw.) sowie an alle Komponentensteuergeräte [67]. Bei den von der Betriebsstrategie vorgegebenen Sollgrößen handelt es sich i. d. R. um quasistationäre Zustände, wie z. B. einen gewünschten Gangwechsel. Die Umsetzung dieses Sollwerts erfolgt in den untergeordneten Steuergeräten (bzw. Softwarestrukturen) durch die zeitlich hoch aufgelöste Steuerung der Kupplungs- und Synchronisierungsvorgänge. Der Grund für diese Aufteilung ist die gewünschte Trennung von zeitlich grob aufgelösten strategischen Entscheidungen und der jeweiligen Umsetzung.

Ein wichtiger Bestandteil der Betriebsstrategie ist das Energiemanagement. In diesem wird der zusätzliche Freiheitsgrad resultierend aus der Entkopplung von Fahrerwunsch und Komponentenbetrieb genutzt, um die Antriebsaggregate in effizienteren Betriebsbereichen zu betreiben und so den Verbrauch und die CO_2 Emissionen zu senken. So kann bei einem Parallelhybriden beispielsweise der niedrige Teillastwirkungsgrad des VM durch elektrisches Fahren vermie-

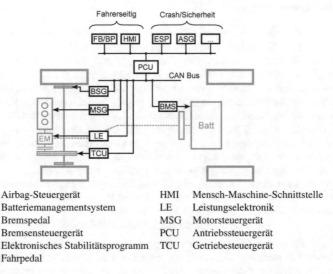

ASG	Airbag-Steuergerät	HMI	Mensch-Maschine-Schnittstelle
BMS	Batteriemanagementsystem	LE	Leistungselektronik
BP	Bremspedal	MSG	Motorsteuergerät
BSG	Bremsensteuergerät	PCU	Antriebssteuergerät
ESP	Elektronisches Stabilitätsprogramm	TCU	Getriebesteuergerät
FP	Fahrpedal		

Abbildung 3.6: Steuerungsarchitektur des Antriebsstrangs am Beispiel des Parallelhybriden

den werden, während die dafür benötigte elektrische Energie durch Lastpunktanhebung bei hohem VM-Wirkungsgrad erzeugt wird. Im Energiemanagement werden die elektrischen oder mechanischen Sollleistungen (dazu können auch Drehmomente und Drehzahlen gehören) der Leistungsquellen ermittelt und darüber u. a. der Ladezustand der Traktionsbatterie gesteuert. Weiterhin werden Komponenten, z. B. durch Öffnen oder Schließen von Kupplungen, vom Kraftfluss getrennt oder an diesen angebunden. Im Folgenden wird der Begriff Betriebsstrategie als Synonym für das Energiemanagement verwendet.

4 Methodisches Vorgehen

Das Ziel der Methodik ist die Identifikation optimaler Antriebsstränge unter Berücksichtigung definierter Randbedingungen. In diesem Kapitel wird ein systematischer Ansatz zur Bearbeitung dieser Problemstellung entwickelt. Aus diesem resultiert ein Ablaufplan, nach dem zur Lösung spezifischer Fragestellungen vorgegangen wird.

4.1 Systematischer Entscheidungsprozess

Die Suche nach den optimalen Antriebsstrangkonfigurationen[1] stellt einen klassischen Entscheidungsprozess dar, dessen Grundlage laut Definition in der Auswahl aus unterschiedlichen Handlungsalternativen besteht [86]. Nach Laux et al. [86] kann ein Entscheidungsprozess mit Hilfe folgender Systematik gelöst werden.

1. Problemformulierung

2. Präzisierung des Zielsystems

3. Erforschung der möglichen Handlungsalternativen

4. Auswahl einer Alternative

5. Entscheidungen in der Realisationsphase

Dabei ist jedoch zu beachten, dass die einzelnen Schritte nicht zwingend isoliert voneinander bearbeitet werden können. Bei konkreten Anwendungen besteht häufig die Notwendigkeit, iterativ vorzugehen oder Schritte parallel durchzuführen [86].

Zur strukturierten Bearbeitung der Fragestellung wird die Umsetzung der einzelnen Schritte der Systematik in den folgenden Unterkapiteln näher beschrieben.

Die **Problemformulierung** als erster Schritt ergibt sich im Wesentlichen aus dem in Kapitel 2.2 erläuterten Handlungsbedarf sowie der Zielsetzung der Arbeit. Häufig sollen auch spezielle Fragestellungen beantwortet werden. Diese werden zunächst beispielhaft in der Problemformulierung genannt.

Die Problemstellungen aus dem ersten Schritt stellen zunächst eine abstrakte Formulierung dar. Daher gilt es im zweiten Schritt die **Zielvorstellungen zu präzisieren**. Dies erfolgt durch die Überführung der abstrakten Formulierung in eine einheitliche technische Sprache. Eine quantitative Bewertung der Zielvorstellungen wird durch die Auswahl von Auslegungskriterien/Zielgrößen ermöglicht. Darüber hinaus werden Randbedingungen definiert, die vom Zielantriebsstrang erfüllt werden müssen.[2]

Die **Erforschung der Handlungsalternativen** umfasst für diesen Anwendungsfall hauptsächlich die Untersuchung der Eigenschaften unterschiedlicher Antriebsstrangkonfigurationen. Die Voraussetzung dafür ist eine Definition, hinsichtlich welcher Eigenschaften sich diese Konfigurationen unterscheiden sollen/können. Dafür wird die Auswahl der zu optimierenden Antriebsstrangarchitekturen festgelegt und für diese Architekturen und deren Antriebsstrangkomponenten

---

[1] Häufig existieren aufgrund von gegenläufigen Zielen mehrere optimale Konfigurationen.
[2] Abweichend zur Systematik in der Literatur werden die Randbedingungen aufgrund der thematischen Nähe bei der Präzisierung des Zielsystems behandelt.

© Springer Fachmedien Wiesbaden GmbH, ein Teil von Springer Nature 2018
F. Weiß, *Optimale Konzeptauslegung elektrifizierter Fahrzeugantriebsstränge*,
AutoUni – Schriftenreihe 122, https://doi.org/10.1007/978-3-658-22097-6_4

bestimmte Eigenschaften mit variablen Ausprägungen ausgewählt, die im Folgenden als Variationsparameter bezeichnet werden. Der Definitionsbereich aller Variationsparameter ergibt den Suchraum, der die Gesamtmenge an Antriebsstrangkonfigurationen darstellt, innerhalb dessen die optimalen Konfigurationen gesucht werden.

Anschließend wird die Bewertung der Lösungsvarianten beschrieben, welche die **Auswahl einer Alternative** ermöglichen soll. Dadurch wird der Entwickler bei der Auswahl zielführender Konfigurationen unterstützt, insbesondere wenn mehrere Zielgrößen in Konflikt zueinander stehen.

Der letzte Schritt der Systematik liegt außerhalb des von der Methodik behandelten Zeithorizonts der frühen Antriebsstrangentwicklung. Auf ihn wird daher nicht näher eingegangen.

4.1.1 Allgemeingültigkeit

Die grundlegende Problemstellung dieser Arbeit bezieht sich zunächst nicht auf eine spezielle Antriebsstrangarchitektur. Daher wird die Methodik mit dem Ziel erarbeitet, möglichst allgemeingültig und technologieunabhängig zu sein. Die Anwendung zur Bearbeitung bestimmter Fragestellungen kann jedoch nur für ausgewählte Architekturen erfolgen, da zur Abbildung von Komponenten und Gesamtsystem entsprechende Simulations- und Skalierungsmodelle benötigt werden. Auch können dabei nur die Auslegungskriterien und Randbedingungen berücksichtigt werden, für die Berechnungsmethoden zur Verfügung stehen.

Die Umsetzung erfolgt daher in mehreren Ebenen. Die Methodik als obere Ebene stellt dabei das allgemeingültige Grundgerüst dar. Sie beschreibt die grundlegende Vorgehensweise zur Lösung einer Problemstellung der Antriebsstrangoptimierung. Für konkrete Problemstellungen anwendbar wird die Methodik jedoch erst durch die zweite Ebene der Modellierung. Dabei werden die abstrakten Begriffe der Methodik in die jeweiligen Größen für eine möglichst breite Auswahl an Anwendungsfällen überführt. Dazu gehört die Definition von Architekturen, Zielgrößen, Randbedingungen und variablen Komponenteneigenschaften. Darüber hinaus werden zur Berechnung und Simulation der Antriebsstränge entsprechende Modelle und Berechnungsmethoden erstellt. Die letzte und damit speziellste Ebene ist die der Anwendung auf konkrete Problemstellungen. Dafür werden vom Anwender alle Optimierungsparameter ausgewählt und die Modelle bedatet.

4.1.2 Problemformulierung

Allgemein formuliert stellt die Problemstellung die Suche nach optimalen Antriebsstrangkonfigurationen dar. Häufig sollen jedoch speziellere Fragestellungen beantwortet werden. Einige Beispiele sind:

- Was ist der optimale Elektrifizierungsgrad eines Parallelhybriden zur Minimierung des Kraftstoffverbrauchs?

- Welche Antriebsstrangkonfiguration ergibt das optimale Verhältnis von Kosten zu CO_2-Emissionen?

- Wie sollten BZS und Traktionsbatterie zur Minimierung der Systemkosten bei definierten Randbedingungen dimensioniert sein?

- Was ist die optimale Ganganzahl aus Kosten-, Fahrleistungs- und Verbrauchssicht?

• Welche Komponenten aus einem Systembaukasten eignen sich am besten für ein bestimmtes Zielfahrzeug?

Diese Beispiele vermitteln einen Eindruck über die Vielfalt möglicher Fragestellungen. Dabei wird deutlich, dass es zur Bearbeitung einer strukturierten Vorgehensweise bedarf, um diese Formulierungen in die jeweils erforderlichen Methoden und Simulationen zu überführen.

4.1.3 Auslegungskriterien und Randbedingungen

Ein Aspekt jeder mit der Methodik zu bearbeitenden Fragestellung ist die Zielvorstellung des zu optimierenden Antriebsstrangs. Erst wenn diese Zielvorstellung in definierte, messbare Kriterien überführt wird, kann eine Auswahl optimaler Antriebsstränge aus der Menge aller Lösungsalternativen erfolgen. Diese Auslegungskriterien können sich je nach Anwendungsfall unterscheiden und Zielkonflikte beinhalten. Im Folgenden werden die zulässigen Auslegungskriterien definiert.

Bezogen auf das Gesamtfahrzeug wird nach Küçükay [82] zwischen den in Abbildung 4.1 dargestellten Hauptkriterien für die Fahrzeugentwicklung unterschieden. Diese Hauptkriterien werden nochmals in eine Vielzahl an untergeordneten Kriterien eingeteilt. Im Rahmen der frühen Antriebskonzeptauslegung kann nur der Einfluss auf einen Teil dieser Kriterien bewertet werden. Daher erfolgt in dieser Arbeit eine Fokussierung auf die Kriterien Fahrleistung, Wirtschaftlichkeit und Verbrauch/CO_2-Emissionen. Von ihrer Anzahl her repräsentieren diese lediglich einen relativ kleinen Anteil aller Kriterien zur Fahrzeugentwicklung. Insbesondere der Kaufpreis und Kraftstoffverbrauch gehören jedoch zu den wichtigsten Kaufkriterien aus Kundensicht.[3] Auch aufgrund dieser hohen Relevanz sollte möglichst früh im Fahrzeugentwicklungsprozess auf die Erfüllung und Verbesserung dieser Kriterien hingearbeitet werden. Ein weiterer Grund für die Auswahl dieser Kriterien sind die in den großen Absatzmärkten gestellten gesetzlichen Anforderungen, die u. a. eine Senkung des CO_2-Ausstoßes von Fahrzeugen fordern. Diese Gesetze können in Zukunft nicht ausschließlich mit Technologiefortschritten konventioneller Fahrzeuge mit VM erfüllt werden [75]. Daher besteht die Notwendigkeit, den Verbrauch und damit einhergehend den CO_2-Ausstoß durch Hybridisierung und/oder Elektrifizierung – bei möglichst geringen Kosten – zu senken.

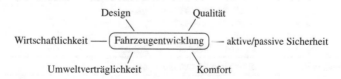

Abbildung 4.1: Auslegungskriterien der Fahrzeugentwicklung nach Küçükay [82]

Um die ausgewählten Kriterien messbar und damit unterschiedliche Antriebe vergleichbar zu machen, werden jeweils zugehörige physikalische Größen und deren Zielerreichung (Maximierung oder Minimierung) definiert. Für die Fahrleistung sind dies Höchstgeschwindigkeit, Beschleunigungszeit und Elastizität (siehe Tabelle 4.1). Das Auslegungskriterium der Wirtschaftlichkeit wird durch die Herstellungskosten angegeben, da weitere Einflüsse wie Wartung,

---

[3] Die vier Kriterien mit dem höchsten Stellenwert sind: Sicherheit, Qualität/Zuverlässigkeit, Wirtschaftlichkeit und niedriger Treibstoffverbrauch [16]

Gebühren/Subventionen und Marge in der frühen Konzeptphase nicht abzusehen oder nur eingeschränkt gültig sind. Die Energiekosten als weiterer Bestandteil der Wirtschaftlichkeit sind sehr variabel – sowohl über der Zeit als auch regional – und werden teilweise subventioniert.[4] Es ist daher nicht zielführend, wenn sich diese Größe direkt auf die zeit- und kostenintensive Fahrzeugentwicklung auswirkt. Der Verbrauch wird quantifiziert durch einen Kraftstoffverbrauch (für Voll- und Plug-In Hybride z. B. nach Norm ECE-R101 [133]), aus dem die CO_2-Emissionen direkt bestimmt werden können, sowie durch den rein elektrischen Verbrauch.

Tabelle 4.1: Auslegungskriterien der Antriebsstrangoptimierung

Fahrleistung	Höchstgeschwindigkeit	v_{Max}	Maximierung
	Beschleunigungszeit	t_{0-v_2}	Minimierung
	Elastizität	$t_{v_1-v_2}$	Minimierung
Verbrauch	Kraftstoffverbrauch	V_{Kr}	Minimierung
	Elektrischer Verbrauch	E_{el}	Minimierung
Wirtschaftlichkeit	Herstellungskosten	HK	Minimierung

Neben den Auslegungskriterien, die auch als zu optimierende Zielgrößen bezeichnet werden, können bei der Antriebsstrangauslegung Randbedingungen festgelegt werden. Dabei handelt es sich um Mindestanforderungen, die vom Zielantriebsstrang erfüllt werden müssen. Konfigurationen, welche diese Anforderungen nicht erfüllen, kommen dementsprechend als Lösung nicht infrage. Als Randbedingungen können zum einen die Auslegungskriterien zur Fahrleistung aus Tabelle 4.1 verwendet werden, die somit Zielgröße, Randbedingung oder beides darstellen können. Als weitere Randbedingungen dienen die elektrische Reichweite und die Dauersteigfähigkeit (siehe Tabelle 4.2). Insbesondere bei den PHEVs wird für die elektrische Reichweite, die sich aus elektrischem Verbrauch und dem nutzbaren Energieinhalt der Batterie ergibt, eine Mindestanforderung definiert.

Tabelle 4.2: Randbedingungen der Antriebsstrangoptimierung

Fahrleistung	Höchstgeschwindigkeit	$v_{Max,Erf}$
	Beschleunigungszeit	$t_{0-v_2,Erf}$
	Elastizität	$t_{v_1-v_2,Erf}$
	Dauersteigfähigkeit	$p_{Dauer,Erf}$
Reichweite	elektrische Reichweite	$s_{el,Erf}$
Reproduzierbarkeit	Grenzfahrszenario 1 zur Ermittlung von $E_{Batt,Erf}$	
	Grenzfahrszenario 2 zur Untersuchung von Leistungseinschränkungen	

Bei der Verfügbarkeit von Antriebsleistung existieren Unterschiede zwischen der elektrischen Leistung aus der Batterie und der VM- bzw. BZS-Leistung. Aufgrund des meist im Vergleich zum Kraftstofftank geringen Energieinhalts der Traktionsbatterie steht die batterieelektrische Leistung bei einer dauerhaft hohen Last nur für einen begrenzten Zeitraum zur Verfügung. Darüber hinaus werden die elektrischen Komponenten bei hoher Belastung über einen längeren Zeitraum zur Vermeidung von Schäden durch Überhitzung in ihrer Leistung begrenzt. Beide

---

[4] Siehe z. B. kostenloses Laden an den Tesla Superchargern [129].

Effekte führen zu einer Einschränkung der elektrischen Leistung, wodurch sich die Reproduzierbarkeit der Fahrleistungen verringert. Es ist daher zweckmäßig, als Randbedingung an den Zielantriebsstrang eine Mindestanforderung an diese Reproduzierbarkeit zu stellen. Dies erfolgt durch zwei Szenarien: Ein Grenzfahrszenario, das rein elektrisch zurückgelegt werden muss, woraus sich ein Mindestenergieinhalt der Batterie ergibt, sowie ein weiteres Grenzfahrszenario, das ohne Leistungseinschränkungen absolviert werden muss.

4.1.4 Architekturen und Variationsparameter

Die optimalen Antriebsstränge werden innerhalb des sogenannten Suchraums ermittelt. Dieser stellt eine Menge unterschiedlicher Antriebsstrangkonfigurationen dar und ergibt sich aus den betrachteten Architekturen und dem Definitionsbereich der Variationsparameter. Er hat demnach einen wesentlichen Einfluss auf die Ergebnisqualität und den Zeitbedarf der Methodik.

Architekturen Die Auswahl der im Rahmen der Arbeit betrachteten Antriebsstrangarchitekturen erfolgt mit dem Ziel, ein möglichst breites Spektrum an elektrifizierten Antriebskonzepten und damit auch möglichst viele Fragesstellungen abzudecken. Diese Auswahl ist in Abbildung 4.2 dargestellt und umfasst die (momentenaddierenden) Parallelhybride, die seriellen Hybride inklusive der FCEVs, die Kombination beider als parallel-seriellen Mischhybrid sowie die BEVs.[5] Die Gemeinsamkeit der Hybridkonzepte ist die Unabhängigkeit beider Leistungs- bzw. Energiequellen voneinander. Dies ermöglicht einen hohen Freiheitsgrad bei der Skalierung der Quellen und resultiert in vergleichbaren Betriebsmodi, die in dieser Arbeit für ein einheitliches Antriebssteuerungskonzept genutzt werden.

Die ausgewählte Parallelhybridarchitektur (Abbildung 4.2 links) wird über die Vorder- oder Hinterachse angetrieben. Der Kraftfluss erfolgt vom VM über die Kupplung K0 zur EM, die optional über eine weitere Übersetzung angebunden werden kann, und schließlich über das Getriebe zur Achse. Die elektrische Antriebsleistung wird von der Hochvoltbatterie bereitgestellt.

Sowohl das FCEV als auch der serielle Hybrid werden von einer zentral angeordneten EM über ein Getriebe an einer beliebigen Achse angetrieben (siehe Abbildung 4.2 Mitte und rechts). Der einzige Unterschied aus Sicht der Antriebsstrangarchitektur besteht in den unterschiedlichen elektrischen Energiequellen: Zum einen das BZS mit einem optionalen Gleichspannungswandler oder zum anderen die Kombination aus VM und Generator. Das BEV entspricht dem seriellen Hybrid ohne primäre Energiequelle und ist somit im Rahmen der Methodik eine Untermenge dieser Architektur.

Bei allen betrachteten Architekturen kann zwischen Traktionsbatterie und EM ein Gleichspannungswandler vorgesehen werden bzw. erforderlich sein. Ein Freiheitsgrad der Optimierung besteht demnach darin, ob ein batterieseitiger (und/oder im Fall der FCEV-Architektur ein BZS-seitiger Gleichspannungswandler) für den jeweiligen Anwendungsfall optimal ist. Die Versorgung der Nebenverbraucher (NV) des 12 V Bordnetzes erfolgt jeweils vom Traktions- bzw. Hochvoltnetz aus über einen (nicht dargestellten) Gleichspannungswandler. Je nach Komponentendimensionierung können die Architekturen sowohl einen HEV als auch einen PHEV darstellen.

---

[5] Die zum BZS und VM zugehörigen Kraftstoffbehälter sind der Übersichtlichkeit halber in der Abbildung nicht dargestellt.

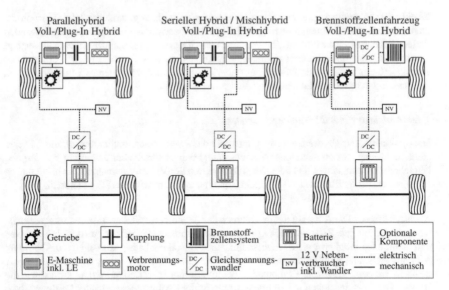

Abbildung 4.2: Ausgewählte Antriebsstrangarchitekturen

Variationsparameter Die Auswahl der Variationsparameter erfolgt zum einen anhand der Auslegungskriterien. So ist es zweckmäßig, die Komponenteneigenschaften zu variieren, die einen direkten oder indirekten Einfluss auf die Auslegungskriterien haben. Zum anderen ist es notwendig, den Zeitpunkt der frühen Konzeptauslegung zu berücksichtigen. Weil in dieser Phase noch keine detaillierte Komponentenauslegung durchgeführt werden kann, muss die Charakterisierung der Komponenten anhand wesentlicher Kenndaten erfolgen. Bei den Variationsparametern muss es sich darüber hinaus um Größen handeln, die bei der Komponentenauslegung direkt beeinflusst werden können.[6] Aus diesen Gründen werden als Variationsparameter grundlegende Komponenten- und Systemeigenschaften auf der Betrachtungsebene des Gesamtantriebsstrangs definiert. Das Optimierungsergebnis kann demnach als Anforderung an einen optimalen Antriebsstrang in Anlehnung an ein Lastenheft interpretiert werden.

Eine Übersicht aller Variationsparameter zeigt Tabelle 4.3. Als Basis jeder Antriebsstrangkomponente dienen jeweils unterschiedliche Technologievarianten. Dabei handelt es sich z. B. um bestimmte EM- oder Batteriezelltechnologien, wie ASM und PSM oder Hochleistungs- und Hochenergiezellen. Sie können den Stand der Technik oder Prognosen zur zukünftigen Entwicklung dieser Technologien wiedergeben, wodurch Vorhersagen über zukünftig optimale Antriebsstränge ermöglicht werden. Die Verwendung von Basiskomponenten ist erforderlich, da sich die Komponenten nicht ausschließlich anhand der Variationsparameter definieren lassen. Zwei ausgeführte Varianten können die gleiche Ausprägung der Variationsparameter (z. B. eine identische Leistung) aufweisen, sich jedoch aus anderen (hier nicht berücksichtigten) Gründen wie dem Bauraum in Wirkungsgrad, Leistungsgewicht usw. unterscheiden. Die Parametervariati-

---

[6] Die Nennleistung eines VM kann beispielsweise direkt durch den Hubraum beeinflusst werden, während sich der Wirkungsgrad erst aus der Summe der Eigenschaften und dem Betriebspunkt ergibt.

on einer Technologievariante wird anhand einer oder mehrerer charakteristischer Eigenschaften durchgeführt. Am Beispiel der EM ist dies die Nennleistung bei Nennspannung. Bei Variation dieser Größe werden die Auswirkungen auf andere Eigenschaften wie die Verlustleistung mittels Skalierungsmethoden entsprechend angepasst. In Kapitel 5.3 wird auf diese Methoden detailliert eingegangen.

Tabelle 4.3: Variationsparameter der Antriebsstrangoptimierung

E-Maschine	Technologievarianten	Var_{EM}
	Nennleistung bei Nennspannung	$P_{EM,Nenn}$
Batterie	Zellvarianten	$Var_{Batt,Zelle}$
	Anzahl serielle Zellen	$s_{Batt,Zelle}$
	Anzahl parallele Zellen	$p_{Batt,Zelle}$
	Gleichspannungswandler	
Getriebe	Anzahl Gänge	$k_{Getr,Gänge}$
	Übersetzung 1. Gang	$i_{Getr,1}$
	Spreizung	φ_{Getr}
Verbrennungsmotor	Technologievarianten	Var_{VM}
	Nennleistung	$P_{VM,Nenn}$
Brennstoffzellensystem	Zellvarianten	$Var_{BZ,Zelle}$
	Anzahl serielle Zellen	$s_{BZ,Zelle}$
	Gleichspannungswandler	

Wenn spezielle Komponentenauslegungen verglichen werden sollen, wie z. B. leistungs- und wirkungsgradoptimierte Aggregate, kann dies in der Methodik durch die Auswahl dieser Auslegungen als verschiedene Technologievarianten berücksichtigt werden.

4.1.5 Auswahl und Bewertung der Antriebsstrangkonfigurationen

Die mit der Methodik zu bearbeitenden Problemstellungen erfordern häufig eine Vielzahl an Variationsparametern, die zu einer hohen Anzahl an möglichen Lösungen bzw. zu einem großen Suchraum führen. Die Herausforderung dabei ist, die im Hinblick auf die Zielgrößen optimalen Antriebsstrangkonfigurationen mit einem geeigneten Auswahlverfahren sicher zu identifizieren.

Der erste Schritt des Auswahlverfahrens besteht in der Überprüfung der in Kapitel 4.1.3 beschriebenen Randbedingungen. Alle Konfigurationen, die diese Randbedingungen nicht erfüllen, kommen als Lösung nicht infrage. Eine weitere ggf. aufwendige Analyse erübrigt sich dadurch. Alle anderen Konfigurationen dagegen erfordern eine detaillierte Analyse zur Bewertung und Auswahl zielführender Alternativen. Als quantifizierbare Bewertungskriterien werden die in Kapitel 4.1.3 formulierten Auslegungskriterien verwendet, die es zu minimieren oder maximieren gilt. Im Auswahlverfahren sollen meist Kriterien in einem definierten Verhältnis zueinander berücksichtigt bzw. gewichtet werden (vgl. [97]). Für technische Anwendungen in der Konstruktions- und Systemtechnik wurden dafür z. B. die Bewertung nach Richtlinie VDI 2225 [135] oder die Nutzwertanalyse [145] entwickelt. Die Anwendung solcher Verfahren erfordert stets eine Anpassung und Auswahl der Methoden an die jeweilige spezifische Problemstellung. Daher werden im Folgenden für das Auswahlverfahren jeweils zur Problemstellung passende Elemente ausgewählt.

Anders als in der klassischen Nutzwertanalyse werden die Kosten und der Nutzen getrennt voneinander bewertet. Nach Rinza und Schmitz [112] ist dies sinnvoll, weil sonst Kosten und Nutzen aufgerechnet und dadurch Transparenz und Differenzierung vermindert werden. Bei getrennter Betrachtung kann dagegen aufgezeigt werden, welche Kosten nötig sind, um einen bestimmten Nutzen zu erreichen. So ist es beispielsweise möglich, dass sich mit geringen zusätzlichen Kosten eine erhebliche Steigerung des Nutzens erreichen lässt.

Die Gegenüberstellung von Nutzen und Kosten erfolgt im Nutzwert-Kosten-Diagramm. Alle Lösungsvarianten mit maximalem Nutzen je Kosten werden dabei als Linie aufgetragen. Sie bilden die Menge der sinnvollen Lösungsalternativen, da für die jeweiligen Kosten (im betrachteten Lösungsraum) keine besseren Lösungen existieren. Die Auswahl einer Lösung kann z. B. anhand des Kosten-Nutzen-Verhältnisses erfolgen [112].

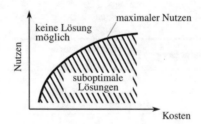

Abbildung 4.3: Nutzwert-Kosten-Diagramm nach [112]

Die Kosten und Nutzen werden aus den Auslegungskriterien ausgewählt und stellen meist einen Zielkonflikt dar. Als Kosten eignen sich beispielsweise die Herstellungskosten des Antriebsstrangs, für den Nutzen dagegen Performance- oder Verbrauchswerte. Eine mögliche Kombination wäre auch die Performanceeinbuße (Kosten) gegenüber der CO_2-Einsparung (Nutzen). Für den Fall, dass sich Kosten oder Nutzen aus mehreren Auslegungskriterien zusammensetzen sollen, werden sie in einem mehrschrittigen Prozess ermittelt. Im ersten Schritt werden dafür die zuvor berechneten Auslegungskriterien durch die Ermittlung eines Erfüllungsgrads E in einen normierten Wertebereich zwischen Null und Eins überführt. Der Erfüllungsgrad von Null entspricht dabei einer – im Vergleich zu den Alternativen hinsichtlich dieser Zielgröße – „schlechten" Lösung, wohingegen ein Erfüllungsgrad von Eins die optimale Erfüllung der Zielgröße darstellt [97]. Der Zusammenhang zwischen Erfüllungsgrad und Auslegungskriterium wird als Wertfunktion bezeichnet [145]. Dieser sollte möglichst vom Entwickler so festgelegt werden, dass der gesamte Wertebereich von Null bis Eins von jeder Zielgröße im Suchraum abgedeckt wird. Erst dadurch sind die Auslegungskriterien gleichwertig miteinander kombinierbar. Dies setzt eine gewisse Kenntnis oder Erfahrung in Bezug auf den zu erwartenden Lösungsraum voraus. Für den Fall, dass die Auslegungskriterien außerhalb des Definitionsbereichs der Wertfunktionen liegen, sollten diese nochmals angepasst werden. Dies gilt nicht, wenn bewusst entschieden wird, dass die Verbesserung eines Auslegungskriteriums keine Auswirkung auf den Erfüllungsgrad haben soll. Als Wertfunktion kommen je nach gewünschtem Zusammenhang neben dem in Abbildung 4.4 links dargestellten linearen Verlauf auch beliebige andere Funktionen infrage, wie z. B. Sättigungs- oder Maximumfunktionen (vgl. [112]).

Abbildung 4.4: Lineare Straffunktion als Wertfunktionstyp (links), Gewichtung der Zielgrößen in Anlehnung an [145] (rechts)

Im Anschluss an die Bestimmung des Erfüllungsgrads jeder Zielgröße werden diese bei Bedarf gewichtet und in einem gemeinsamen Nutzwert zusammengefasst. Abbildung 4.4 rechts zeigt eine solche mehrstufige Gewichtung. Dabei wird stufenweise beginnend bei der Zielstufe geringer Komplexität zu den nachfolgenden höherer Komplexität vorgegangen: Zunächst werden die Anteile der Zielgrößenkategorien, wie z. B. Fahrleistungen und Verbrauch, am Gesamtnutzen gewichtet und anschließend jeweils das Teilgewicht k_i der untergeordneten Zielgrößen (z. B. el. Verbrauch, Höchstgeschwindigkeit) bezüglich dieser Teilaspekte festgelegt[7] [97]. Die Gewichtung g_i der Zielgrößen gegenüber dem Gesamtnutzen ergibt sich durch die Multiplikation der Teilgewichtung k_i mit den Teilgewichtungen der höheren Stufen. Der Nutzwert entspricht schließlich der Summe aller Erfüllungsgrade multipliziert mit den Gewichtungsfaktoren:

$$\text{Nutzwert} = \sum_i E_i \cdot g_i \tag{4.1}$$

Die Anzahl der Zielgrößen, Gewichtungen und Wertefunktionen werden für jede Problemstellung individuell ausgewählt und angepasst.

4.2 Gewählte Methodik

4.2.1 Ablaufplan

Die Umsetzung des systematischen Entscheidungsprozesses zur Lösung spezifischer Problemstellungen erfolgt anhand einer strukturierten Vorgehensweise, die durch einen Ablaufplan beschrieben wird. Die Grundlage des Ablaufplans bilden die in Abbildung 4.5 dargestellten fünf Schritte, die bei der Anwendung sukzessive abgearbeitet werden.

a) Fahrzeugauswahl und Auslegungskriterien Die Methodik beginnt mit der Definition und Detaillierung der Problemstellung. Dies umfasst die Auswahl der Auslegungskriterien und Randbedingungen sowie eines Basisfahrzeugs und dessen Antriebsstrangarchitektur(en).

Das Basisfahrzeug stellt das Zielfahrzeug ohne den Antriebsstrang dar. Dazu gehören alle Kenndaten, die zur Berechnung der Zielgrößen benötigt werden, jedoch unabhängig vom An-

---

[7] Als Gewichtungsfaktoren müssen dabei reelle Zahlen zwischen 0 und 1 gewählt werden. Außerdem muss die Summe der Faktoren in jeder Stufe stets 1 betragen.

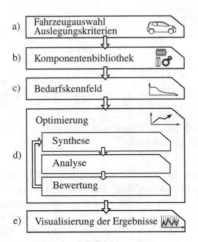

Abbildung 4.5: Gesamtablaufplan der Optimierungsmethodik

triebsstrang sind. Hierzu zählen beispielsweise Daten zum Gesamtfahrzeug (Leermasse ohne Antriebsstrang), zur Karosserie (Luftwiderstandsbeiwert) oder zu einzelnen Fahrzeugbestandteilen (Trägheitsmomente der Räder). Als Antriebsstrangarchitektur kann eine oder mehrere aus den in Abbildung 4.2 dargestellten ausgewählt werden.

Je nach Problemstellung können sich das Entwicklungsziel der Antriebskonzeptionierung als auch die Mindestanforderungen unterscheiden. So kann es in einem Fall erwünscht sein, das Beschleunigungsvermögen zu maximieren, während in einem anderem Fall der Verbrauch bei Erfüllung einer Mindestanforderung an die Beschleunigungszeit minimiert werden soll. Daher kann eine beliebige Anzahl aus den verfügbaren Auslegungskriterien (vgl. Tabelle 4.1) ausgewählt werden. Für diese gilt es anschließend Bewertungsfunktionen und Gewichtungen festzulegen. Analog zu den Auslegungskriterien kann eine Auswahl verschiedener Randbedingungen (vgl. Tabelle 4.2) erfolgen.

b) Komponentenbibliothek   Im zweiten Schritt wird die Komponentenbibliothek zusammengestellt, die als eine Art Baukasten verstanden werden kann, in dem alle für den Zielantriebsstrang verfügbaren Technologievarianten hinterlegt sind. Für jede Komponentenposition der zu betrachteten Architektur(en) besteht in diesem Schritt die Möglichkeit, eine oder mehrere Technologievarianten auszuwählen. Diese können beispielsweise unterschiedliche Batteriezellen, VM-Varianten oder Getriebe sein und sowohl existierende als auch zukünftige Komponenten repräsentieren. Jede Variante kann sowohl eine spezielle Bedatung, als auch bestimmte Berechnungsmodelle und Skalierungsmethoden umfassen. Zu jeder Komponente werden außerdem die zu variierenden Parameter entsprechend Tabelle 4.3 ausgewählt.

Je mehr Technologievarianten und Variationsparameter ausgewählt werden, desto größer ist der Suchraum und damit die Auswahl an potentiell für die Problemstellung optimalen Antriebssträngen. Dabei muss jedoch beachtet werden, dass einerseits die Dauer und andererseits die Komplexität der Suche ebenfalls zunehmen.

c) Bedarfskennfeld Die ausgewählten Variationsparameter ergeben zusammen einen multidimensionalen Suchraum, in dem nach zielführenden Lösungen gesucht wird. Die Größe des Suchraums resultiert in erster Linie aus dem Definitionsbereich sowie der Anzahl der Parameter. Der Definitionsbereich stellt den Wertebereich dar, innerhalb dessen die Ausprägung eines Variationsparameters liegen darf. Er kann auf Erfahrungswerten basieren oder wird so groß gewählt, dass mit hoher Wahrscheinlichkeit alle optimalen Antriebsstrangkonfigurationen berücksichtigt werden. Dies kann jedoch zu einem sehr großen Suchraum führen, der gar nicht oder nur mit sehr großem Zeitaufwand hinsichtlich aller Zielgrößen untersucht werden kann. Daher wird vor der eigentlichen Untersuchung der Konfigurationen der Suchraum anhand der Randbedingungen so weit wie möglich eingegrenzt. Dies erfolgt durch die Bestimmung eines antriebsunabhängigen Bedarfskennfelds. Mit dem Bedarfskennfeld wird angegeben, welche Antriebsleistung an den angetriebenen Rädern mindestens zur Verfügung stehen muss, um die Randbedingungen hinsichtlich der Fahrleistung zu erfüllen. Daraus können anschließend Mindestanforderungen an die Komponenten abgeleitet und mit diesen der Definitionsbereich einiger Variationsparameter eingegrenzt werden.

d) Optimierung Die Optimierung stellt den Hauptschritt der Methodik dar. Eine Herausforderung bei der Suche nach optimalen Antriebssträngen liegt in der (theoretisch unendlich) großen Anzahl an möglichen Konfigurationen. Im Auswahlverfahren müssen jedoch bestimmte Konfigurationen ausgewählt und hinsichtlich der Zielgrößen untersucht werden. Am einfachsten kann dies zufällig oder gleichmäßig über den gesamten Suchraum verteilt erfolgen. Im ersten Fall ist die Ergebnisqualität tendenziell niedrig und zudem nicht reproduzierbar, im zweiten ist die Suche dagegen ineffizient, da alle Bereiche mit der gleichen Genauigkeit untersucht werden. Daher wird die Auswahl der zu untersuchenden Antriebsstrangkonfigurationen zielgerichtet mit Hilfe eines Optimierungsalgorithmus durchgeführt. Ein solcher Algorithmus wählt die Ausprägungen der Variationsparameter in einem Optimierungsprozess basierend auf den „Erfahrungen" aus vorherigen Schritten so aus, dass mit hoher Wahrscheinlichkeit eine Verbesserung der Zielgrößen erfolgt. Auf diese Weise können (mit einem passenden Optimierungsalgorithmus) die zielführenden Konfigurationen effizienter und mit einer größeren Ergebnisgüte identifiziert werden.

Der Optimierungsalgorithmus dient dabei lediglich der Auswahl der zu untersuchenden Konfigurationen. Ein wesentlicher Anteil der Methodik besteht in der Untersuchung an sich, die nochmals in die drei Unterpunkte Synthese, Analyse und Bewertung gegliedert ist. Bei der Synthese werden Antriebsstränge entsprechend der vom Optimierungsalgorithmus ausgewählten Parameterkombinationen erzeugt. Anschließend werden die Zielgrößen sowie die Größen zur Überprüfung der Randbedingungen berechnet. Dabei wird zur Einsparung von Rechenzeit so vorgegangen, dass bei Konfigurationen, die mindestens eine Randbedingung nicht erfüllen, möglichst keine zusätzlichen Simulationen durchgeführt werden. So können beispielsweise bei der Randbedingung einer erforderlichen Höchstgeschwindigkeit zunächst die Fahrleistungen bestimmt werden. Daraufhin erfolgt nur dann eine Verbrauchssimulation, wenn diese Randbedingung erfüllt wird. Schließlich werden die ermittelten Zielgrößen bewertet, gewichtet und zum Nutzwert zusammengefasst. Kosten und Nutzwert werden für die Auswahl der zu untersuchenden Konfigurationen im nächsten Optimierungsschritt genutzt.

e) Visualisierung der Ergebnisse   Im letzten Schritt der Methodik werden die Optimierungsergebnisse visualisiert. Das Ziel dabei ist es, die Ergebnisse möglichst transparent aufzubereiten. Es soll deutlich werden, warum sich bestimmte Konfigurationen als zielführend erwiesen haben. Darüber hinaus können Sensitivitäten bestimmt werden, wie z. B. die Auswirkung von Abweichungen von den optimalen Parametern.

Die Zusammensetzung von verschiedenen Komponenten zu einem Antriebsstrang unterliegt unterschiedlichen Restriktionen. Dies kann dazu führen, dass nur bestimmte Kombinationen zulässig sind, andere dagegen ausgeschlossen werden. So können Batteriezellen eines bestimmten Typs aufgrund des zulässigen Spannungsfensters einer EM-Leistungselektronik nur auf bestimmte Art und Weise verschaltet werden, wodurch auch der Energieinhalt nicht frei wählbar ist. Diese Zusammenhänge ergeben sich erst aus dem Gesamtsystem und sind daher nicht direkt bei der Auswahl der Komponenten ersichtlich. Bei der Analyse der Ergebnisse besteht schließlich die Gefahr, dass die Nichtbeachtung von Konfigurationen, die aus solchen Restriktionen resultiert, als Optimierungsergebnis fehlinterpretiert wird. Aus diesem Grund ist es wichtig, die Auswirkungen von Restriktionen aufzuzeigen.

4.2.2 Bedarfskennfeld zur Eingrenzung des Suchraums

Vor jeder Optimierung muss der Suchraum definiert werden, in dem nach optimalen Antriebsstrangkonfigurationen gesucht wird. Dabei besteht ein Zielkonflikt zwischen dem Wunsch, mit einem großen Suchraum möglichst alle zielführenden Konfigurationen abzudecken und dem von der Größe abhängigen Aufwand, den gesamten Suchraum zu untersuchen. Um den Aufwand bzw. die Optimierungsdauer zu verringern bzw. die Ergebnisgüte bei gleicher Dauer zu verbessern, sollte der Suchraum möglichst exakt festgelegt werden, sodass unnötige Berechnungen im Vorhinein vermieden werden. Es muss jedoch sichergestellt werden, dass bei der Eingrenzung keine potentiell optimalen Konfigurationen ausgeschlossen werden.

Die Eingrenzung des Suchraums wird in zwei Teile unterteilt. Der erste Teil umfasst die Berechnung der antriebsunabhängigen Mindestanforderungen am Rad. Diese geben u. a. an, welche Antriebsleistung an den angetriebenen Rädern mindestens zur Verfügung stehen muss, um die Randbedingungen hinsichtlich der Fahrleistung zu erfüllen. Dies kann nahezu unabhängig von der ausgewählten Antriebsstrangarchitektur erfolgen und ist daher allgemeingültig.[8]

Im zweiten Teil werden aus diesen Mindestanforderungen am Rad Anforderungen an die Antriebskomponenten abgeleitet. Aufgrund der Abhängigkeit von der Antriebsstrangarchitektur und den ausgewählten Technologievarianten müssen diese je nach Problemstellung angepasst werden.

Ermittlung der antriebsunabhängigen Mindestanforderungen   In Abhängigkeit der Randbedingungen werden unterschiedliche Mindestanforderungen an die Radgrößen ermittelt. Zum Erreichen einer definierten Beschleunigungszeit und Elastizität wird eine bestimmte erforderliche Mindestleistung bzw. -zugkraft über der Geschwindigkeit benötigt. Eine weitere Mindestleistung ergibt sich aus der Anforderung an die Höchstgeschwindigkeit. Diese erforderlichen Leistungen unterscheiden sich hinsichtlich der Verfügbarkeit, weil die Höchstgeschwindigkeit dauerhaft

---

[8] Bei geringem Einfluss der betrachteten Architekturen auf die Fahrzeugmasse oder bei Annahme eines maximal zulässigen Fahrzeuggewichts.

erreicht werden soll, während Beschleunigungsleistungen nur für einen begrenzten Zeitraum verfügbar sein müssen. Dementsprechend ergeben sich auch unterschiedliche Komponentenanforderungen für Dauer- und Maximalleistung aus den ermittelten Leistungsbedarfen. Mit dem Energieverbrauch am Rad und einer erforderlichen elektrischen Reichweite kann darüber hinaus eine Mindestanforderung an den Batterieenergieinhalt ermittelt werden. Die zu ermittelnden Radgrößen sind demnach die erforderliche Maximal- und Dauerleistung $P_{Rad,Max,Erf}$ bzw. $P_{Rad,Dauer,Erf}$ sowie der erforderliche Energiebedarf $E_{Rad,Erf}$, der sich aus elektrischem Verbrauch und dem Verbrauchszyklus ergibt.

Abbildung 4.6 zeigt die Vorgehensweise zur Ermittlung dieser Größen. Begonnen wird mit der Bedatung des Fahrzeugmodells, die alle Größen zur Berechnung der Fahrwiderstände und der Kraftübertragung vom Rad zur Fahrbahn umfasst. Mit dem Fahrzeuggewicht ist eine entscheidende Größe zur Berechnung der Fahrwiderstände jedoch zu diesem Zeitpunkt der Methodik noch nicht bekannt und muss daher entweder prognostiziert oder durch ein maximal zulässiges Gewicht berücksichtigt werden. Für die Prognose wird das Fahrzeuggewicht ohne Antriebsstrang mit einem durchschnittlichen Antriebsstranggewicht (z. B. aus vorherigen Berechnungen) summiert. Die Berechnung der erforderlichen Maximalleistung wird iterativ durchgeführt. Für den ersten Iterationsschritt wird eine bestimmte konstante Maximalleistung am Rad angenommen. Die Simulation einer Volllastbeschleunigung liefert für diese einen zeitabhängigen Geschwindigkeitsverlauf. Dabei wird die dynamische Achslastverteilung (bei einer angenommenen Verteilung und Schwerpunkthöhe) aufgrund der Fahrzeugbeschleunigung und die daraus resultierende maximal übertragbare Zugkraft berücksichtigt. Anhand des Geschwindigkeitsverlaufs wird geprüft, ob die Randbedingungen hinsichtlich der Beschleunigungszeit und Elastizität erfüllt werden. Ist dies nicht der Fall, wird die Maximalleistung so lange angepasst, bis die Randbedingungen innerhalb einer Toleranz erreicht werden. Die erforderliche Dauerleistung kann dagegen direkt aus der Höchstgeschwindigkeit und den Fahrzeugdaten abgeleitet werden werden.

Abbildung 4.6: Vorgehensweise zur Ermittlung der antriebsunabhängigen Mindestanforderungen

Schließlich wird der ausgewählte Verbrauchszyklus mit dem Fahrzeugmodell simuliert. Dafür wird aus der Summe der Fahrwiderstände eine Radleistung bestimmt, deren Integral über den gesamten Zyklus die erforderliche Radenergie ergibt. Dabei wird zwischen der erforderlichen Energie für den Antrieb und der zur Verfügung stehenden Energie durch Verzögerung unterschieden.

Ableitung der Komponentenanforderungen   Die zur Erfüllung der Randbedingungen erforderliche Leistung am Rad wird zur Ermittlung von Mindestanforderungen an die Komponenten genutzt. Welche spezifischen Komponentenanforderungen aus den Radgrößen abgeleitet werden können, hängt dabei von der oder den zu optimierenden Antriebsstrangarchitektur(en) ab. Wie bereits beschrieben, muss gewährleistet werden, dass dadurch nur diese Konfigurationen ausgeschlossen werden, welche die Randbedingungen nicht erfüllen. Sonst ist es möglich, dass potentiell optimale Konfigurationen nicht im Suchraum enthalten sind. Da die genauen Eigenschaften der zu untersuchenden Komponenten zu diesem Zeitpunkt nicht bekannt sind, wird zunächst angenommen, dass von jeder Komponente der für die jeweilige Technologie maximal erzielbare Wirkungsgrad erreicht wird. Im Betrieb sind die durchschnittlichen Wirkungsgrade stets kleiner, was dazu führt, dass bei der detaillierten Simulation bei gleicher Komponentenleistung bzw. -energiedurchsatz geringere Fahrleistungen bzw. höhere Verbräuche erzielt werden. Dementsprechend werden die Randbedingungen erst mit einer höheren als der ermittelten Komponentenanforderung erreicht und dadurch die anfangs gestellte Forderung erfüllt, keine potenziell optimalen Konfigurationen auszuschließen. Der maximal erzielbare Wirkungsgrad kann beispielsweise der Maximalwert aus einem Wirkungsgradkennfeld sein oder aus physikalischen Gesetzmäßigkeiten hergeleitet werden (vgl. Carnot-Wirkungsgrad beim VM).

Dieses Vorgehen wird im Folgenden anhand eines Beispiels erläutert. Bei einem BEV wird als Randbedingung eine Beschleunigungszeit von t_{Erf} definiert. Ein Variationsparameter stellt die Maximalleistung der EM $P_{EM,Nenn}$ dar, dessen Definitionsbereich gesucht wird. Für ein bestimmtes Basisfahrzeug wird aus der Randbedingung t_{Erf} die erforderliche Radleistung $P_{Rad,Max,Erf}$ ermittelt. Mit dem gewählten Getriebe kann maximal ein Wirkungsgrad von $\eta_{Getr,Max}$ erreicht werden. Die erforderliche minimale EM-Leistung folgt schließlich aus

$$P_{EM,Peak,Erf} = \frac{P_{Rad,Peak,Erf}}{\eta_{Getr,Max}}. \tag{4.2}$$

Beim seriellen Hybrid und FCEV ergibt sich die mindestens erforderliche Maximalleistung der EM analog dazu. Für den Fall, dass die EM die einzige Drehmomentquelle darstellt, wird die erforderliche Dauerleistung mit der gleichen Vorgehensweise aus $P_{Rad,Dauer,Erf}$ berechnet.

Für den Parallelhybriden gilt, dass die Leistung bei Höchstgeschwindigkeit einzig vom VM bereitgestellt werden muss.[9] Dementsprechend lässt die erforderliche Dauerleistung beim Parallelhybriden auf die Mindestanforderung an die VM-Leistung $P_{VM,Erf}$ schließen (beim VM wird nicht zwischen Peak- und Dauerleistung unterschieden). Die Beschleunigungszeit ergibt sich bei dieser Architektur aus der Systemleistung, d. h. aus der Kombination von VM und EM-Leistung. Aus der erforderlichen Maximalleistung am Rad kann demnach die erforderliche Systemleistung $P_{Sys,Erf}$ bestimmt werden. Die mindestens erforderliche Maximalleistung der EM wird schließlich durch $P_{EM,Peak,Erf} = P_{Sys,Erf} - P_{VM,Erf}$ bestimmt. Zur Ermittlung des für die elektrische Reichweite erforderlichen Batterieenergieinhalts wird der Radenergiebedarf im Antrieb mit der maximalen Wirkungsgradkette bis zur Traktionsbatterie multipliziert.

Für alle Annahmen – sowohl bei der Ermittlung der antriebsunabhängigen Mindestanforderungen als auch bei der Ableitung der Komponentenanforderungen – gilt, dass diese bei jeder

---

[9] Der Grund dafür ist, dass die elektrische Leistung zum Betreiben der EM von der Traktionsbatterie bereitgestellt werden muss. Die Kapazität dieser ist jedoch begrenzt und daher für dauerhaft hohe Leistungsanforderungen nicht verfügbar.

Anwendung plausibilisiert werden sollten. Dies kann durch die Analyse des Optimierungsergebnisses erfolgen. Wenn für eine optimale Antriebsstrangkonfiguration ein Variationsparameter sehr nah oder direkt auf der Mindestanforderung (also der Grenze des Definitionsbereichs des Parameters) liegt, kann dies aus zu hohen Abweichungen von den Annahmen resultieren. Es könnte dabei Ausprägungen geben, die außerhalb des Definitionsbereichs liegen und ggf. zu besseren Ergebnissen führen. In diesem Fall muss die Zulässigkeit der Annahmen nochmals überprüft werden.

4.2.3 Synthese des Antriebsstrangs

Die Synthese beschreibt den Prozess der Erstellung einer vollständigen simulationsfähigen Antriebsstrangkonfiguration. Abbildung 4.7 zeigt die dabei durchgeführten Schritte: In jedem Optimierungsschritt wählt der Optimierungsalgorithmus zunächst die Technologievariante sowie die Ausprägungen der Variationsparameter, woraus sich die zu untersuchenden Antriebsstrangkonfigurationen ergeben. Ausgehend davon werden die Komponentenparameter durch eine Skalierung oder Verschaltung der Technologievarianten entsprechend der gewählten Ausprägungen ermittelt und anschließend zu einem Gesamtsystem zusammengefügt. Dabei muss berücksichtigt werden, dass nicht alle Komponenteneigenschaften individuell als Variationsparameter festgelegt werden können. Einige Eigenschaften ergeben sich erst durch das Zusammenwirken mit anderen Komponenten. Darüber hinaus kann es auch Restriktionen geben, welche die Kombination verschiedener Komponenten oder Komponenteneigenschaften miteinander verhindern. Nachfolgend werden zunächst die Wechselwirkungen und Restriktionen der Antriebsstrangkomponenten beschrieben. Im Anschluss wird gezeigt, wie diese bei der Synthese zum Antriebsstrang berücksichtigt werden.

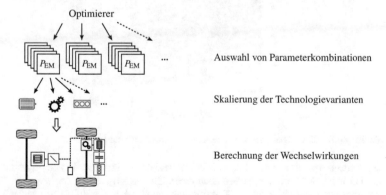

Abbildung 4.7: Ablaufplan eines Optimierungsdurchlaufs

Wechselwirkungen von Komponenteneigenschaften im Antriebsstrang Wechselwirkungen zwischen den Komponenten des elektrifizierten Antriebsstrangs führen dazu, dass sich die Eigenschaften des Gesamtsystems erst aus der Kombination aller Komponenten ergeben. Dies hat zur Folge, dass ein Gesamtsystem bestehend aus mehreren jeweils hinsichtlich einer

Zielgröße optimalen Komponenten nicht notwendigerweise auch optimal bezüglich derselben
Zielgröße sein muss. Wird außerdem eine Komponente ausgetauscht, kann dies Auswirkungen
auf die Eigenschaften anderer Komponenten haben. Dies zeigt die Notwendigkeit, für die An-
triebsstrangoptimierung stets das Gesamtsystem zu analysieren. Dafür werden die wesentlichen
Wechselwirkungen abgebildet, die zur Berechnung der betrachteten Zielgrößen (Verbrauch,
Fahrleistung und Kosten) erforderlich sind.

Einfluss der Spannungslage   Im hier betrachteten Anwendungsfall sind insbesondere die aus
der Spannungslage resultierenden Wechselwirkungen von Bedeutung. Sie beschränken sich
demnach auf den elektrischen Teil des Antriebsstrangs. Hinsichtlich dieser Eigenschaft kann
eine Aufteilung zwischen den Komponenten vorgenommen werden, die dem Traktionsnetz eine
Spannung aufprägen, und denen, die von dieser beeinflusst werden. Beeinflusst wird vor allem die
elektrische Antriebseinheit aus EM und LE. Mit einer höheren Gleichspannung im Traktionsnetz
kann ggf. die mechanische Ausgangsleistung der EM gesteigert werden. Die Spannungslage
beeinflusst darüber hinaus die im Betrieb auftretenden Verluste.

Die Spannungslage im Traktionsnetz ergibt sich je nach Antriebsstrangarchitektur durch unterschiedliche Komponenten. Beim Parallelhybriden ist dies die Traktionsbatterie. Deren Spannungslage variiert in Abhängigkeit der Ausgangsleistung zwischen einem Minimalwert bei
maximaler Entladeleistung und einem Maximalwert bei maximaler Ladeleistung (siehe Abbildung 4.8). Zusätzlich dazu zeigt sich eine Abhängigkeit vom SOC der Batterie.

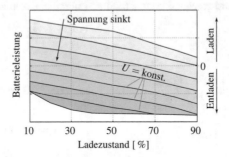

Abbildung 4.8: Abhängigkeit der Spannungslage der Traktionsbatterie

Die geringste Spannung wird demnach bei maximaler elektrischer Leistungsanforderungen
und niedrigem SOC erreicht, sodass sich diese Größen gegenseitig beeinflussen. Wird ein
Gleichspannungswandler zwischen Traktionsbatterie und Antriebseinheit verwendet, kann die-
ser die variable Batteriespannung auf eine konstante Ausgangsspannung wandeln, z. B. eine
Spannungslage mit hoher resultierender EM-Peakleistung. Die dabei auftretenden Verluste im
Gleichspannungswandler steigen mit der zu wandelnden Spannungsdifferenz zwischen Ein- und
Ausgang.

Im FCEV dient das BZS als primäre elektrische Leistungsquelle. Das BZS weist ebenso wie
die Traktionsbatterie einen variablen Spannungsbereich während des Betriebs auf, wobei die
niedrigste Spannung bei maximaler Leistungsabgabe erreicht wird. Für den Fall, dass sich die

Traktionsnetzspannung aus dem Betrieb der BZS ergibt, ist diese niedrigste Spannung entscheidend für die Maximalleistung der EM. Auch in diesem Zusammenhang besteht die Möglichkeit, beide Leistungsquellen mit einem nachgeschalteten Gleichspannungswandler zu versehen, wodurch die Traktionsnetzspannung frei gewählt werden kann. Ist nur ein Gleichspannungswandler vorhanden, bestimmt die jeweils andere Leistungsquelle die Traktionsnetzspannung.

Restriktionen durch die Spannungslagen   Neben den Wechselwirkungen müssen verschiedene Restriktionen, die sich durch die unterschiedlichen Spannungslagen der Komponenten ergeben, berücksichtigt werden. Die LE der EM wird für einen definierten Gleichspannungsbereich ausgelegt und kann dementsprechend nur innerhalb dessen betrieben werden. Wenn dieser Spannungsbereich vorgegeben wird, resultieren daraus Restriktionen an die Traktionsnetzspannung, die wiederum Auswirkungen auf die anderen Komponenten haben. Leistungsquellen, deren Spannung während des Betriebs außerhalb dieses Bereichs liegen, müssen mit einem Gleichspannungswandler kombiniert werden. Eine weitere Möglichkeit besteht darin, den Betriebsbereich der Leistungsquelle einzuschränken, sodass die zulässigen Spannungsgrenzen nicht verletzt werden. Im Sinne einer hohen Komponentenausnutzung ist dies jedoch i. d. R. nicht zielführend.

Begrenzung der E-Maschinenleistung   Unter Umständen kann es sinnvoll sein, dem Fahrer nicht die gesamte theoretisch mögliche Systemleistung freizugeben (diese entspricht für einen Parallelhybriden beispielsweise der Summe aus VM- und EM-Leistung). Gründe dafür sind z. B. die Abnahme der Leistungsfähigkeit einiger Komponenten während des Betriebs oder die Forderung einer homogenen Leistungsentfaltung. Durch die Begrenzung der Systemleistung im Vorhinein kann eine Leistungsabnahme im Betrieb verhindert werden. Eine Leistungsabnahme kann beispielsweise aus der Verringerung der maximalen Batterieentladeleistung über dem SOC sowie der Leistungsverringerung von EM oder Traktionsbatterie bei Dauerbetrieb aus thermischen Gründen erfolgen. Bei der EM entspricht dies der Abnahme der verfügbaren mechanischen Leistung von der Peakleistung auf die Dauerleistung.

In der Methodik wird daher ein weiterer Variationsparameter vorgesehen, mit dem die freigegebene EM-Leistung in einem Bereich von 0-100 % begrenzt werden kann. Diese Begrenzung kann erforderlich sein, um die Mindestanforderung an die Reproduzierbarkeit der Fahrleistungen zu erfüllen (vgl. Randbedingungen in Tabelle 4.2).

Tabelle 4.4 zeigt die zusätzlichen Variationsparameter, mit denen die vom Wandler einzuregelnde konstante Traktionsnetzspannung ausgewählt (wenn die Architektur dies ermöglicht) oder die freigegebene EM-Leistung begrenzt werden kann. Die Möglichkeit, die Traktionsnetzspannung auch während des Betriebs zu variieren, wird dabei aufgrund des hohen simulativen Aufwands nicht berücksichtigt.

Tabelle 4.4: Zusätzliche Variationsparameter der Antriebsstrangoptimierung

Traktionsnetzspannung	U_{TN}
Begrenzung EM-Leistung	k_{EM}

Wechselwirkungen bei der Antriebsstrangsynthese   Bei der Synthese des elektrischen Antriebsstrangs müssen die oben beschriebenen Wechselwirkungen und Restriktionen berücksichtigt
werden. Die Ausgangslage ist, dass vom Optimierungsalgorithmus bestimmte Parametersätze
für jede zu untersuchende Antriebsstrangkonfiguration vorgegeben werden. Die Komponentenparameter werden entsprechend dieser Sollwerte bestimmt und die Komponenten anschließend
zu einem Gesamtsystem zusammengefügt. Dabei wird wie folgt vorgegangen:

1. Prüfung auf Kompatiblität der Spannungslagen

2. Gleichspannungswandler: Berechnung der Spannungsdifferenz zwischen Ein- und Ausgang

3. Gleichspannungswandler: Berechnung der Wirkungsgradcharakteristik

4. EM: Berechnung der Peakleistung entsprechend der Traktionsnetzspannung

Abbildung 4.9 zeigt dazu qualitativ den Aufbau des elektrischen Antriebsstrangs von HEVs/
PHEVs und FCEVs. Im Falle des HEVs/PHEVs besteht dieser aus einer oder mehreren EMs,
die von der Traktionsbatterie ggf. über einen Gleichspannungswandler mit elektrischer Leistung
versorgt wird. Beim FCEV stellt das BZS eine weitere elektrische Leistungsquelle dar, die
ebenfalls über einen Gleichspannungswandler an das Traktionsnetz angebunden sein kann. Wie
bereits beschrieben ist mindestens ein Wandler im FCEV obligatorisch.

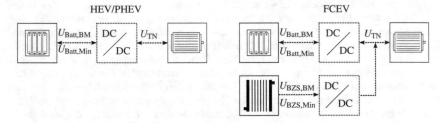

Abbildung 4.9: Allgemeine Darstellung des elektrischen Antriebsstrangs

Falls eine Leistungsquelle die Traktionsnetzspannung U_{TN} bestimmt, wird zuerst geprüft, ob der
Betriebsbereich dieser innerhalb des zulässigen Spannungsbereichs der EM (bzw. des Inverters)
liegt.[10] Ist dies nicht der Fall, wird die jeweilige Antriebsstrangkonfiguration als ungültig definiert
und bei der Optimierung nicht weiter berücksichtigt. Wenn die Traktionsnetzspannung durch
einen Gleichspannungswandler bestimmt wird, erfolgt die Auswahl der konstant einzuregelnden
Spannung durch den Optimierungsalgorithmus.

Im zweiten Schritt der Synthese werden für jeden Gleichspannungswandler zwei Spannungs-
differenzen zwischen Ein- und Ausgang bestimmt. Diese dienen der Effizienz- und Fahrleis-
tungsbewertung und ergeben sich jeweils durch die Differenz der Traktionsnetzspannung U_{TN} zu
einer Bemessungs- oder Minimalspannung. Die Spannungslagen von BZS und Traktionsbatterie
und damit auch die Spannungsdifferenz zwischen Ein- und Ausgang des Wandlers sind hierbei
variabel. Für die Effizienzbewertung wird dies durch die Verwendung einer mittleren Bemessungsspannung $U_{Batt,BM}$ bzw. $U_{BZS,BM}$ approximiert. Bei der Traktionsbatterie wird dafür die
Nennspannung verwendet, da die tatsächliche Spannung beim Laden über und beim Entladen

---

[10]Dies ist der Fall, wenn eine Leistungsquelle ohne Gleichspannungswandler mit EM und Inverter verbunden sind.

unter dieser liegt.[11] Als Näherung für die mittlere Betriebsspannung des BZS eignet sich die Spannung im Betriebspunkt mit dem maximalen Wirkungsgrad. Dieser Betriebspunkt liegt i. d. R. bei niedriger Leistung und damit im üblichen Bereich der Leistungsanforderung von Normzyklen. Darüber hinaus wird die Leistungsaufteilung durch die Betriebsstrategie häufig so gewählt, dass die BZS nahe des optimalen Wirkungsgrads betrieben wird (vgl. Kapitel 6). Die Spannungsdifferenz für Fahrleistungsbewertungen wird mit den Spannungen bei maximaler Leistung ermittelt. Diese ergibt sich aus der minimalen Spannung von BZS bzw. Traktionsbatterie und der Traktionsnetzspannung.

Anschließend wird die Wirkungsgradcharakteristik der Gleichspannungswandler für die Zyklussimulation berechnet. Dabei wird die zuvor ermittelte mittlere Spannungsdifferenz sowie die erforderliche Nennleistung berücksichtigt. Für die Fahrleistungssimulationen wird der Gleichspannungswandlerwirkungsgrad unter Berücksichtigung der Spannungsdifferenz bei maximaler Leistung berechnet. Diese Spannungsdifferenz ist i. d. R. größer als die mittlere für die Zyklussimulationen und führt dadurch zu niedrigeren Wirkungsgraden und Fahrleistungen bei gleicher Quellenleistung.

Die Berechnung der EM-Leistung wird in zwei Schritten durchgeführt: Der Erste stellt die Vorgabe der Soll-Peakleistung durch den Optimierungsalgorithmus und die anschließende Skalierung der Technologievariante dar. Bei dieser Sollleistung handelt es sich um eine Referenzleistung bei definierter Referenzgleichspannungslage. Weil die Spannungslage im Antriebsstrang i. d. R. von dieser Referenzgleichspannungslage abweicht, ergibt sich die tatsächliche EM-Leistung erst im zweiten Schritt durch die Berücksichtigung der Traktionsnetzspannung.

---

[11] Die Anteile des Entladens sind i. d. R. größer, wodurch die mittlere Spannung niedriger als die Nennspannung ist. Dies hängt jedoch stark vom Lastverlauf ab und wird daher hier vernachlässigt.

5 Ermittlung der Auslegungskriterien und Randbedingungen

Als Auslegungskriterien und Randbedingungen der Antriebsstrangoptimierung wurden in Abschnitt 4.1.3 der Kraftstoff- bzw. Energieverbrauch sowie unterschiedliche Fahrleistungen und Werte zur Quantifizierung der Reproduzierbarkeit dieser Fahrleistungen definiert. Zur Berechnung dieser Größen werden auf die erforderliche Genauigkeit und Rechengeschwindigkeit zugeschnittene Simulationswerkzeuge benötigt. Darüber hinaus erfordert die Methodik Skalierungsansätze, um die Eigenschaften der Antriebsstrangkomponenten in Abhängigkeit der Dimensionierung zu bestimmen.

In diesem Kapitel wird die Erstellung einer modularen Simulationsumgebung zur Ermittlung aller erforderlichen Größen beschrieben. Hierzu zählen das Gesamtfahrzeug, die Komponentenmodellierung und -skalierung, sowie die unterschiedlichen Vorgehensweisen zur Verbrauchs- und Fahrleistungssimulation.

5.1 Modellierungstiefe

Die Anforderungen an die Modellierungstiefe des Antriebsstrangmodells ergeben sich aus der erforderlichen Genauigkeit und Rechenzeit der Modelle. Die erforderliche Genauigkeit orientiert sich dabei an den Auslegungskriterien und Randbedingungen, die mit Hilfe der Modelle ermittelt werden. Bei diesen handelt es sich um Größen, die sich aus Berechnungen über einen Zeithorizont von Sekunden (Volllastbeschleunigung) oder Minuten (Simulation eines Fahrprofils) ergeben. Vorgänge, die in sehr kurzen Zeitskalen stattfinden, wie z. B. hochfrequente Drehzahl- oder Spannungsschwankungen im Millisekundenbereich, stehen dementsprechend nicht im Fokus der Modellierung. Um die Genauigkeit der durchzuführenden Simulationen quantifizierbar zu überprüfen, wird eine maximale Abweichung von 1 % im Vergleich zu einer detaillierten am Fahrzeug validierten Referenz-Simulationsumgebung (siehe Anhang B.1) gefordert.

Bei den Verbrauchsberechnungen soll es sich um reproduzierbare Warmsimulationen handeln. Dabei wird angenommen, dass die Komponenten bereits ihre Betriebstemperatur erreicht haben. Die Aufwärmphase und der damit verbundene Einfluss auf die Verluste wird daher nicht betrachtet. Im Rahmen der frühen Konzeptauslegung werden außerdem aufgrund der noch fehlenden Detailkenntnisse über die Komponenten die Einflüsse des maximalen Stroms im elektrischen System, z. B. auf Kabelquerschnitte, sowie die Komponentenalterung vernachlässigt.

Neben der Genauigkeit ist die Berechnungsdauer eine weitere wichtige Anforderung an die Modellierung, da Optimierungsdurchläufe mit vielen Variationsparametern i. d. R. viele Tausend Fahrzeugsimulationen benötigen (die Anzahl der Simulationen steigt exponentiell mit der Anzahl der Variationsparameter). Um die Methodik in einen Konzeptentwicklungsprozess integrieren zu können, der ggf. Iterationsschleifen in der Schärfung des Anforderungsprofils umfasst, wird eine Maximaldauer von 1-2 Tagen für einen Durchlauf der Antriebsstrangoptimierung definiert. Diese Anforderung fließt in die Auswahl der Simulationsmodelle, des Optimierungsalgorithmus und deren programmiertechnische Umsetzung ein.

© Springer Fachmedien Wiesbaden GmbH, ein Teil von Springer Nature 2018
F. Weiß, *Optimale Konzeptauslegung elektrifizierter Fahrzeugantriebsstränge*,
AutoUni – Schriftenreihe 122, https://doi.org/10.1007/978-3-658-22097-6_5

5.2 Modellierung des Antriebsstrangs

5.2.1 Statische und dynamische Simulation

Im Rahmen der Antriebsstrangsimulationen wird in der Literatur grundsätzlich zwischen dem quasi-statischen und dem dynamischen Ansatz unterschieden.

Nach Lunze [88] ist ein statisches System dadurch gekennzeichnet, dass die Ausgangsgröße y zu einem Zeitpunkt t lediglich von der Eingangsgröße u zum selben Zeitpunkt abhängt und daher

$$y(t) = f(u(t)) \qquad (5.1)$$

gilt. Demnach ist eine Zahnradpaarung ein statisches System, da die Ausgangsdrehzahl ausschließlich von der Übersetzung und der zur selben Zeit anliegenden Eingangsdrehzahl abhängt.

Bei dynamischen Systemen hängt die Ausgangsgröße dagegen nicht nur vom aktuellen Wert, sondern vom bisherigen Verlauf der Eingangsgröße ab. Diese Systeme werden häufig durch Differentialgleichungen mit einem Zustand x entsprechend Gleichung 5.2 beschrieben.

$$\frac{dx(t)}{dt} = f(x(t), u(t)) \qquad (5.2)$$

Demnach stellt die Batterie ein dynamisches System dar, da deren Ladezustand vom gesamten bisherigen Verlauf der abgegebenen und aufgenommenen Leistung sowie dem Start-Ladezustand abhängt.

Bei quasi-statischen Antriebsstrangsimulationen werden die Komponentenverluste in diskreten Zeitschritten ermittelt. Für jeden dieser Zeitschritte wird die Ausgangsgröße mit der Annahme bestimmt, dass die Eingangsgröße für eine längere Zeit anliegt (daher der Begriff quasi-statisch). Dies erfolgt häufig durch die Interpolation in simulierten oder gemessenen Kennfeldern. Dieser Ansatz zeichnet sich durch eine relativ schnelle Berechnungszeit aus und eignet sich insbesondere für Verbrauchsberechnungen und Optimierungen des Energiemanagements [58]. Als Beispiel soll die Verbrauchsberechnung bei Verbrennungsmotoren anhand von spezifischen Verbrauchskennfeldern dienen. Dafür werden stationäre Betriebspunkte betrachtet, bei denen für längere Zeit Drehzahl und Drehmoment konstant gehalten und der Kraftstoffdurchsatz ermittelt wird. Ein bekanntes und häufig in der Forschung eingesetztes Beispiel für eine quasi-statische Längsdynamiksimulation ist die vom National Renewable Energy Laboratory entwickelte Software ADvanced VehIcle SimulatOR (ADVISOR) [140].

Die dynamischen Antriebsstrangsimulationen (wie z. B. PSAT [3]) berücksichtigen zusätzlich hochfrequente dynamische und transiente Vorgänge im Antriebsstrang. Dazu können beispielsweise dynamische Kupplungs- und Schaltvorgänge oder das Aufladeverhalten von Verdichtern im Verbrennungsmotor bzw. im Luftpfad eines Brennstoffzellensystems gehören. Diese Modelle können das reale Verhalten eines Antriebsstrangs wesentlich genauer als die quasi-statischen Modelle abbilden und so z. B. mechanische oder elektrische Schwingungen aufzeigen. Viele dieser dynamischen Vorgänge sind für die Verbrauchsberechnung nicht relevant, bringen jedoch einen hohen Modellierungs- und Berechnungsaufwand mit sich. Dies äußert sich in wesentlich längeren Simulationszeiten im Vergleich zu den quasi-statischen Antriebsstrangsimulationen [58].

Häufig werden in der Fachliteratur die dynamischen und quasi-statischen Ansätze außerdem durch die Simulatonsrichtung charakterisiert [58, 51]. Dabei bilden zum einen die dynamischen, vorwärtsbasierten Simulationen die reale Signalreihenfolge ab: Das vom Fahrer(modell) geforderte Fahrerwunschverhalten wird in den Steuergeräten u. a. als ein gefordertes Radmoment interpretiert, das von den Komponenten aufgebracht wird. Zum anderen ergibt sich bei den rückwärtsbasierten (und i. d. R. quasi-statischen) Simulationen das Radmoment und die Raddrehzahl aus einer vorgegebenen Fahrzeuggeschwindigkeit und -beschleunigung (siehe Abbildung 5.1). Die Abbildung der realen Signalflüsse mit dem vorwärtsbasierten Ansatz ermöglicht u. a. die Entwicklung von Steuergerätecode Ein weiterer Vorteil dieser Vorgehensweise ist die Berücksichtigung von Komponentengrenzen, da sich Leistungseinschränkungen direkt auf die Fahrzeugbeschleunigung und -geschwindigkeit auswirken. Der rückwärtsbasierte Ansatz erfordert dagegen einen im Vorhinein definierten Geschwindigkeitsverlauf und eignet sich daher insbesondere für die Simulation von vorgegebenen Fahrprofilen. Ein Überschreiten der verfügbaren Systemleistung kann dabei aufgezeigt werden, hat jedoch keinen Einfluss auf die Fahrzeuggeschwindigkeit.[1] Die Rückwärtssimulation bietet insgesamt Vorteile hinsichtlich der Berechnungszeit, insbesondere weil kein Regler als Fahrermodell benötigt wird.

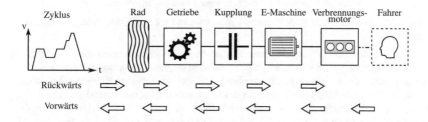

Abbildung 5.1: Prinzip der vorwärts- und rückwärtsbasierten Antriebsstrangsimulation

In der Praxis existieren zudem auch Mischformen der aufgezeigten Varianten. So kann eine vorwärtsbasierte Antriebsstrangsimulation das dynamische Verhalten einiger Komponenten abbilden und dennoch für die Verlustberechnung auf quasi-statische Kennfelder zurückgreifen.

5.2.2 Modulare Simulationsumgebung

Zur Erreichung der Zielsetzung der Arbeit wird eine Antriebsstrangsimulation benötigt, die in der Lage ist, Verbrauch und Fahrleistungen unterschiedlicher Antriebsstränge zu ermitteln. Die Simulation von dynamischen Vorgängen, die auf den Verbrauch einen untergeordneten Einfluss haben, ist dafür nicht erforderlich. Zu diesen Vorgängen gehören beispielsweise Drehzahlschwingungen aufgrund von Elastizitäten, Synchronisierungsvorgänge oder das Öffnen und Schließen von Schaltelementen. Bei der Vorwärtssimulation von Volllastbeschleunigungen müssen dagegen Einflüsse wie der zeitliche Rückgang der Zugkraft aufgrund von Schaltvorgängen berücksichtigt werden, weil diese direkten Einfluss auf die Beschleunigungszeit haben. Insgesamt eignet sich für die genannten Anforderungen der quasi-statische Ansatz. Weil außerdem die Signalflüsse im Realfahrzeug nicht nachgebildet werden müssen und eine möglichst geringe Rechenzeit angestrebt

---

[1] Aufgrund der geringen erforderlichen Leistungen in den Normzyklen hat dies jedoch eine geringe Relevanz.

wird, ist die rückwärtsbasierte Vorgehensweise sinnvoll, d. h. ausgehend von einer Geschwindigkeitsvorgabe und ohne Fahrermodell. Bei der Simulation eines Beschleunigungsvorgangs ist der Geschwindigkeitsverlauf jedoch nicht bekannt, sondern stellt das Ergebnis der maximalen Beschleunigung dar. Dieser ergibt sich aus der maximalen Systemleistung des Antriebs und kann daher nur vorwärts, d. h. ausgehend von den Leistungsquellen bis zum Rad, berechnet werden. Die Simulationsumgebung muss demnach beide Möglichkeiten bieten: Die rückwärtsbasierte Verbrauchsberechnung für vorgegebene Zyklen und den Sonderfall der vorwärts berechneten Volllastbeschleunigung.

Wie bereits in Kapitel 5.2.1 beschrieben, existieren unterschiedliche kommerzielle und frei verfügbare Softwareumgebungen zur Antriebsstrangsimulation. Neben der erforderlichen Funktionalität sind die Anforderungen für die hier betrachtete Anwendung insbesondere eine hohe Verfügbarkeit und Anpassungsfähigkeit sowie eine geringe Rechenzeit. Dabei muss sichergestellt werden, dass vorhandene Komponentendaten verwendet sowie Berechnungsfunktionen, Komponentenmodelle und Betriebsstrategien verändert und Neue hinzugefügt werden können. Da sich die verfügbaren Simulationsumgebungen insbesondere hinsichtlich der Anpassungsmöglichkeiten nicht eignen, wird im Rahmen dieser Arbeit eine auf die Methodik zugeschnittene Längsdynamiksimulation basierend auf der Software Matlab® entwickelt.

Im Folgenden wird der Aufbau der Simulationsumgebung für die Verbrauchsberechnung (rückwärts) beschrieben.

Nach Braess und Seiffert [16] ergibt sich der Kraftstoffverbrauch für ein konventionelles Fahrzeug mit Verbrennungsmotor nach Gleichung 5.3. Nicht berücksichtigt sind dabei die Leerlaufverluste sowie die elektrischen Verbraucher. Es werden jedoch die wesentlichen Elemente deutlich, die für eine Fahrzeugsimulation zur Ermittlung des Kraftstoffverbrauchs notwendig sind: Ein Fahrzeugmodell zur Berechnung der Fahrwiderstände (F_W), der Zyklus als Geschwindigkeitsverlauf (v_{Fzg}) sowie ein Antriebsstrangmodell aus dem sich der Gesamtwirkungsgrad (η_{Antr}) bzw. alle Verluste des Antriebsstrangs ergeben.

$$B_e = \frac{\int b_e \cdot \dfrac{1}{\eta_{Antr}} \cdot F_W \cdot v_{Fzg} \cdot dt}{\int v_{Fzg} \cdot dt}. \tag{5.3}$$

B_e	Streckenverbrauch	b_e	spez. Kraftstoffverbrauch
F_W	Gesamtfahrwiderstand	v_{Fzg}	Fahrzeuggeschwindigkeit
η_{Antr}	Gesamtwirkungsgrad des Antriebsstrangs		

Abbildung 5.2 zeigt die Aufteilung der Simulationsumgebung in die Hauptmodule sowie die wesentlichen zeitabhängigen Schnittstellengrößen. Zusätzlich zu den bisher genannten Modulen werden Umweltgrößen benötigt, die Größen zur Berechnung der Fahrwiderstände und des Fahrbahnkontakts umfassen, wie der Reibwert μ und die Erdbeschleunigung g.

Fahrzeugmodell

Das Fahrzeugmodell dient in der Antriebsstrangsimulation der Umwandlung einer Geschwindigkeits- und Beschleunigungsvorgabe in die zum Erreichen dieses Zustands erforderlichen Größen am Rad. Diese sind unabhängig vom restlichen Antriebsstrang und können daher bei

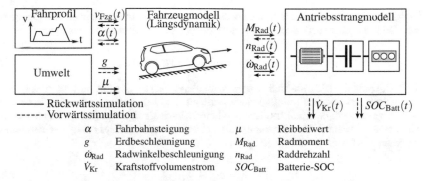

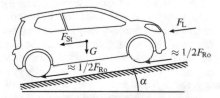

α	Fahrbahnsteigung	μ	Reibbeiwert
g	Erdbeschleunigung	M_{Rad}	Radmoment
$\dot{\omega}_{Rad}$	Radwinkelbeschleunigung	n_{Rad}	Raddrehzahl
$\dot{V}_{Kr}$	Kraftstoffvolumenstrom	SOC_{Batt}	Batterie-SOC

Abbildung 5.2: Modulare Unterteilung der quasi-statischen Längsdynamiksimulation

bekanntem Gesamtgewicht für alle Architekturen allgemeingültig berechnet werden. Abbildung 5.3 zeigt die einzelnen Fahrwiderstände, die sich aus Rollwiderstand (F_{Ro}), Luftwiderstand (F_L), Steigungswiderstand (F_{St}) und Beschleunigungswiderstand (F_B) zusammensetzen.

Abbildung 5.3: Fahrwiderstände am freigeschnittenen Fahrzeug (vgl. [16])

Rollwiderstand Die Rollwiderstandskraft wirkt in der Reifenaufstandsfläche und setzt sich aus verschiedenen Anteilen zusammen [78]. Ein wesentlicher Anteil stellt der sogenannte Walkwiderstand dar. Dieser ergibt sich durch die elastische Verformung des Reifens infolge der Gewichtskraft des Fahrzeugs. Diese Verformung muss bei drehendem Rad fortlaufend überwunden werden. Weitere Bestandteile des Rollwiderstands ergeben sich ggf. aus der Fahrbahnverformung sowie der Reibung zwischen Reifen und Fahrbahn [127]. Die Berechnung des gesamten Rollwiderstands erfolgt anhand der Gleichung 5.4 mit dem Rollwiderstandsbeiwert f_R. Dieser Wert kann bei niedrigen Geschwindigkeiten als konstant angenommen werden, bei höheren Geschwindigkeiten steigt er jedoch deutlich an. Im Fahrzeugmodell wird f_R daher als geschwindigkeitsabhängige Kennlinie hinterlegt.

$$F_{Ro} = f_R \cdot m_{Fzg} \cdot g \cdot \cos(\alpha) \tag{5.4}$$

f_R Rollwiderstandsbeiwert $\quad m_{Fzg}$ Fahrzeugmasse

Steigungswiderstand Der Steigungswiderstand muss bei dem Befahren einer Steigung mit dem Winkel α überwunden werden und wird entsprechend Gleichung 5.5 bestimmt.

$$F_{\text{St}} = m_{\text{Fzg}} \cdot g \cdot \sin \alpha \tag{5.5}$$

Luftwiderstand Die Um- und Durchströmung des Fahrzeugs führt zu Luftreibung sowie einem Staudruck und damit zur Luftwiderstandskraft. Sie ist abhängig vom Quadrat der relativen Anströmgeschwindigkeit und hat daher bei hohen Geschwindigkeiten den größten Anteil am Gesamtfahrwiderstand. Der fahrzeugspezifische Einfluss ergibt sich aus der Querschnittfläche A sowie dem Luftwiderstandsbeiwert c_W [16].

$$F_{\text{L}} = c_{\text{W}} \cdot A \cdot \frac{\rho_{\text{L}}}{2} \cdot v_{\text{a}}^2 \tag{5.6}$$

c_{W}	Luftwiderstandsbeiwert	A	Querschnittsfläche
ρ_{L}	Luftdichte	v_{a}	Anströmgeschwindigkeit

Beschleunigungswiderstand Der Beschleunigungswiderstand gibt die Kraft an, die notwendig ist, um das Fahrzeug gegen die Massenträgheiten zu beschleunigen. Sie setzt sich aus einem translatorischen sowie einem rotatorischen Anteil zusammen (siehe Gleichung 5.7). Der translatorische Anteil ergibt sich aus dem Produkt der Fahrzeubeschleunigung a sowie der Fahrzeugmasse m_{Fzg} und kann daher bei vorgegebenem Zyklus direkt berechnet werden. Die Umrechnung des gesamten rotatorischen Anteils in ein reduziertes Trägheitsmoment am Rad würde Massenträgheiten aller rotierenden Teile im Antriebsstrang erfodern. Weil dies die Trennung von Fahrzeug- und Antriebsstrangmodell verhindern würde, wird lediglich der rotatorische Anteil der Räder J_R an dieser Stelle mit $F_{\text{B,rot,Räder}} = a_{\text{Fzg}} \cdot (2 \cdot J_{\text{Rad,VA}} + 2 \cdot J_{\text{Rad,HA}}) / r_{\text{Rad}}^2$ entsprechend Gleichung 5.7 berücksichtigt.[2] Die Massenträgheitsmomente der Räder an Vorder- (VA) und Hinterachse (HA) $J_{\text{Rad,VA}}$ und $J_{\text{Rad,HA}}$ beinhalten dabei die Trägheiten der Reifen, Felgen, Bremsen, ggf. Gelenkwellen sowie aller weiteren rotierenden Bauteile bis zum Achsdifferential bzw. Radlager (je nachdem ob es sich um eine angetriebe oder mitgeschleppte Achse handelt). Alle anderen komponentenspezifischen Anteile des gesamten Massenträgheitsmoments werden innerhalb der Berechnung des spezifischen Antriebsstrangs berücksichtigt.

$$F_{\text{B}} = F_{\text{B,trans}} + F_{\text{B,rot,Räder}} \tag{5.7}$$

Alle Fahrwiderstände summieren sich zum Gesamtwiderstand, der über den Reifenhalbmesser das erforderliche Moment M_{Rad} am Rad ergibt:

$$M_{\text{Rad}} = (F_{\text{Ro}} + F_{\text{St}} + F_{\text{L}} + F_{\text{B}}) \cdot r_{\text{Rad}} \tag{5.8}$$

---

[2] Für den Reifenhalbmesser wird ein konstanter Wert r_{Rad} verwendet. Die tatsächlichen Abhängigkeiten des Reifenhalbmessers von Temperatur, Geschwindigkeit, Last, etc. werden hier einerseits aufgrund der fehlenden Datenlage und andererseits aufgrund des vernachlässigbaren Einflusses auf Energieverbrauch nicht abgebildet. Weiterhin findet keine Unterscheidung zwischen r_{stat} und r_{dyn} statt, weil diese Größen nur für definierte Randbedingungen gelten und die gleichzeitige Verwendung somit nicht zulässig ist.

Die Raddrehzahl ergibt sich durch

$$n_{\text{Rad}} = \frac{v}{2 \cdot \pi \cdot r_{\text{Rad}}}, \tag{5.9}$$

während die Winkelbeschleunigung mit

$$\dot{\omega}_{\text{Rad}} = \frac{a_{\text{Fzg}}}{r_{\text{Rad}}} \tag{5.10}$$

direkt aus der vorgegeben Geschwindigkeit abgeleitet wird. Schließlich werden die berechneten Ausgabewerte M_{Rad}, n_{Rad} und $\dot{\omega}_{\text{Rad}}$ über eine Schnittstelle an das Antriebsstrangmodell weitergegeben. In Tabelle 5.1 sind zusammenfassend alle Daten aufgeführt, die zur Bedatung des Fahrzeugmodells erforderlich sind.

Tabelle 5.1: Zur Bedatung des Fahrzeugmodells erforderliche Parameter

c_{W}	Luftwiderstandsbeiwert
m_{Fzg}	Fahrzeugmasse
A	Querschnittsfläche
$f_{\text{R}}(t)$	Rollwiderstandsbeiwert
r_{Rad}	Dynamischer/statischer Reifenhalbmesser
J_{Rad}	Massenträgheitsmoment Rad

Antriebsstrangmodell

Das in Matlab® erstellte Simulationsmodell basiert auf einem modularen Ansatz (siehe Abbildung 5.4). Dabei wird jede Komponente als Untermodell mit definierten Schnittstellen realisiert. Durch Kopplung der mechanischen und elektrischen Signale können so alle benötigten Antriebsstränge umgesetzt werden ohne jeweils ein vollständig neues Gesamtmodell zu erstellen. Zusätzlich zur Modellierung der Komponenten, die in Kapitel 5.3 beschrieben wird, ist die Steuerung ein wesentlicher Bestandteil der Simulationsumgebung. Diese erfolgt durch die Betriebsstrategie und umfasst die Schaltstrategie zur Auswahl des Gangs sowie das Energiemanagement für die sinnvolle Leistungs- oder Drehmomentaufteilung und die Steuerung des Ladezustands der Batterie (PCU). Das Energiemanagement hat einen großen Anteil an der Erschließung des Verbrauch-Einsparpotenzials von Hybridfahrzeugen. Sie muss zudem für alle betrachteten Architekturen und deren Dimensionierungen anwendbar sein und eine objektive Vergleichbarkeit ermöglichen. Die Umsetzung der Betriebsstrategie wird in Kapitel 6 beschrieben.

Abbildung 5.4 zeigt exemplarisch die aus den Komponentenmodulen erstellte Architektur eines HEV, ausgeführt als Einwellenparallelhybrid. Bei der Rückwärtssimulation werden zunächst die Radgrößen aus dem Fahrzeugmodell dem Getriebemodell übergeben. Zunächst wird zur Auswahl des geeigneten Gangs die Schaltstrategie und anschließend mit der resultierenden Gangübersetzung die Getriebeeingangsgrößen berechnet. Diese werden über ein Kupplungsmodell dem EM-Modell übergeben, das entsprechend der Vorgabe der Betriebsstrategie einen Anteil am erforderlichen Drehmoment übernimmt. Der restliche Teil wird über eine weitere Kupplung an das VM-Modell weitergegeben. Die elektrische Leistung der EM sowie der Leistungsbedarf der NV ergeben die erforderliche Batterieleistung. Die Momentanverbräuche ergeben sich

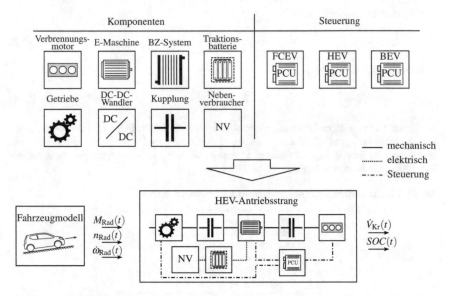

Abbildung 5.4: Modulare Struktur der entwickelten Simulationsumgebung mit einer Beispielkonfiguration als HEV und den Schnittstellengrößen der Rückwärtssimulation

schließlich aus dem Kraftstoffmassenstrom des VM und der chemischen Leistung (d. h. inklusive Verluste) der Batterie.

Bei der Verwendung von Matlab® kann durch Vektorisierungen eine erhebliche Beschleunigung der Berechnungszeit ohne Reduzierung des Detaillierungsgrads erreicht werden [1]. Bei dieser vektorbasierten Berechnung wird statt der seriellen Berechnung jedes einzelnen diskreten Zeitschritts der Zyklus über den gesamten Zeithorizont parallel gerechnet. So kann beispielsweise bei bekanntem Radmomentenverlauf und mit der Achsgetriebeübersetzung das Eingangsmoment des Achsgetriebes für den gesamtem Zyklus in einem Rechenschritt berechnet werden. Dieses Verfahren stößt an Grenzen, sobald eine zeitliche Abhängigkeit besteht. So hängen die Stromgrenzen der Traktionsbatterie vom SOC ab, der sich wiederum aus dem (zum Zeitpunkt der Berechnung unbekannten) Verlauf der Batterieleistung ergibt. Durch eine mehrmalige iterative Berechnung des gesamten Antriebsstrangs mit passenden Initialisierungswerten kann dieser Problematik begegnet werden, was jedoch eine Überprüfung des Konvergenzverhaltens erfordert. Trotz der iterativen Berechnung und der zusätzlichen Überprüfung bzgl. des Konvergenzverhaltens kann die Berechnungsdauer durch dieses Verfahren um ein Vielfaches verringert werden (in diesem Fall um ca. den Faktor 100). Eine kennfeldbasierte quasi-statische Simulation eines BEV ohne Parallelisierung benötigt beispielsweise mit dem erstellten Simulationsmodell eine Berechnungszeit von deutlich weniger als einer Sekunde.

5.2.3 Berechnung der Fahrleistungen

Weitere Fahrzeugeigenschaften, die zur Bewertung der Antriebsstränge herangezogen werden, sind neben dem Verbrauch die Fahrleistungen. Zu diesen zählen die Beschleunigungszeit und Elastizität sowie die erreichbare Höchstgeschwindigkeit. Mit der Beschleunigungszeit wird die minimale Zeit angegeben, in der das Fahrzeug aus dem Stillstand auf eine definierte Geschwindigkeit (z. B. 100 km/h) beschleunigt werden kann. Die Elastizität unterscheidet sich dadurch, dass die Beschleunigungsdauer von einer positiven Startgeschwindigkeit aus angegeben wird. Damit soll die Leistungsentfaltung bei höheren Geschwindigkeiten bewertet werden.

Beschleunigung und Elastizität Die Fahrzeuggeschwindigkeit v_{Fzg} ergibt sich entsprechend Gleichung 5.11 aus der Startgeschwindigkeit sowie dem Integral der zeitabhängigen Fahrzeugbeschleunigung $a_{\text{Fzg}}(t)$.

$$v_{\text{Fzg},v_0-v_1} = v_0 + \int_0^{t_{\text{B}}} a_{\text{Fzg}}(t)dt \qquad (5.11)$$

Die Berechnung der Fahrzeugbeschleunigung erfolgt durch die serielle Vorwärtssimulation aller Komponenten beginnend bei den Quellen bis zum Rad. Ein Energiemanagement zur Steuerung der optimalen Leistungsaufteilung und ein Fahrermodell werden dafür nicht benötigt, da hier stets das maximal verfügbare Drehmoment gefordert wird. Der Einfluss eines sinkenden SOCs wird dagegen berücksichtigt, weil dies zu Leistungseinschränkungen des elektrischen Systems führen kann. Ein Aspekt, der im Vergleich zur rückwärtsbasierten Verbrauchssimulation zusätzlich modelliert wird, ist der Kontakt vom Rad zur Straße im Grenzbereich. So kann es bei einer Volllastbeschleunigung zum Überschreiten der maximal durch Reibung übertragbaren Kraft kommen. Um dies zu verhindern, wird zunächst die maximal übertragbare Kraft infolge der dynamischen Achslastverlagerung nach Gleichung 5.12 bestimmt und bei Überschreiten analog zur Antriebsschlupfregelung (ASR) das Radmoment iterativ bis zum Erreichen des Grenzwerts verringert.[3]

$$F_{\text{Max,VA}} = \mu \left(m_{\text{Fzg}} \cdot g \cdot \frac{l_{\text{H}}}{l} + m_{\text{Fzg}} \cdot a_{\text{Fzg}} \cdot \frac{h_{\text{S}}}{l} + F_{\text{Luft,VA}} \right) \qquad (5.12)$$

l	Radstand	l_{H}	Abstand Schwerpkt. zur Hinterachse
h_{S}	Schwerpunkthöhe	$F_{\text{Luft,VA}}$	Aerodynamischer Auf-/Abtrieb

Ein weiterer Bestandteil der Simulationsumgebung ist die Modellierung des thermischen Verhaltens der elektrischen Antriebskomponenten. Damit wird das Erhitzen insbesondere infolge von starker und dauerhafter Belastung der Bauteile abgebildet. Wird im Betrieb die spezifizierte Maximaltemperatur einer Komponente erreicht, muss die Belastung z. B. in Form einer Leistungsreduzierung verringert werden, um so eine weitere Erwärmung zu vermeiden. Im Rahmen der Optimierungsmethodik ist dieses Verhalten relevant, weil es ggf. die tatsächlich erzielbaren Fahrleistungen reduzieren kann. In der Simulation berücksichtigt wird außerdem die verfügbare

---

[3] Ein iteratives Vorgehen ist notwendig, weil die Begrenzung des Radmoments und damit die Änderung der Fahrzeugbeschleunigung stets auch die maximal übertragbare Kraft beeinflusst.

elektrische Quellenleistung, sodass eine geringe Leistungsfähigkeit der Traktionsbatterie (und ggf. des BZS) direkten Einfluss auf die EM-Leistung hat.

Höchstgeschwindigkeit und Dauersteigfähigkeit   Die Höchstgeschwindigkeit wird erreicht, wenn die vom Antrieb bereitgestellte Kraft am Rad gleich der Summe aus Luft-, Roll-, und Steigungswiderstand ist. Demnach findet keine weitere Beschleunigung mehr statt, es gilt $a_{Fzg} = 0$ und somit $F_B = 0$. Durch Einsetzen der verbleibenden Fahrwiderstände in die Gleichung 5.8 ergibt sich für die Höchstgeschwindigkeit in der Ebene:

$$F_{Rad,Antrieb}(v_{Max}) = c_W \cdot A \cdot \frac{\rho_L}{2} \cdot v_{Max}^2 + m_{Fzg} \cdot g \cdot f_R(v_{Max}) \qquad (5.13)$$

Es kann vorkommen, dass die Maximaldrehzahl einer Antriebskomponente erreicht ist, bevor diese Bedingung erfüllt ist. In diesem Fall wird die Höchstgeschwindigkeit durch die Maximaldrehzahl festgelegt. Da im Vorhinein nicht bekannt ist, in welchem Gang die Höchstgeschwindigkeit erreicht ist, muss die Berechnung für verschiedene Gänge durchgeführt werden.

Bei der Berechnung wird so vorgegangen, dass Fahrwiderstände und Zugkraftangebot für alle Gänge getrennt berechnet werden. Die Höchstgeschwindigkeit ergibt sich entweder wie in Abbildung 5.5 dargestellt aus dem Maximalwert der Schnittpunkte oder – wenn kein Schnittpunkt existiert – aus der drehzahlbedingten Maximalgeschwindigkeit im höchsten Gang.

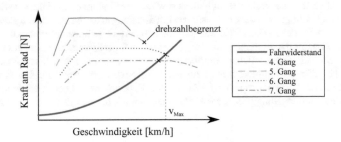

Abbildung 5.5: Zugkraftangebot und Fahrwiderstände zur Ermittlung der Höchstgeschwindigkeit am Beispiel eines Fahrzeugs mit Verbrennungsmotor und 7-Gang-Getriebe

Je nach Antriebsarchitektur unterscheiden sich die für die (dauerhafte) Höchstgeschwindigkeit relevanten Antriebskomponenten. Ausschlaggebend sind stets die Komponenten, die in der jeweiligen Architektur die Leistung dauerhaft bereitstellen. Bei den Parallel- und Misch-PHEVs ist dies aufgrund des begrenzten Batterieenergieinhalts die VM. Beim FCEV begrenzen die Dauerleistungen von EM und BZS die mechanisch bzw. elektrisch für die Höchstgeschwindigkeit zur Verfügung stehende Leistung und beim BEV sind dies die Dauerleistungen von EM und Traktionsbatterie. Ermittelt wird das Zugkraftangebot durch die Simulation des Antriebsstrangs von den zuvor beschriebenen dauerleistungsrelevanten Komponenten bis zum Rad inklusive aller Verluste. Von den Antriebskomponenten wird dabei stets das maximal verfügbare Drehmoment unter Berücksichtigung der Quellenleistung gestellt.

Die Dauersteigfähigkeit α gibt die Steigung an, die ein Fahrzeug bei vorgegebener Geschwindigkeit dauerhaft bewältigen kann. Die Berechnung von α erfolgt anhand der Fahrwiderstandsgleichung 5.8 mit $a_{Fzg} = 0$ und definierter Fahrzeuggeschwindigkeit. Zur Ermittlung der verfügbaren Zugkraft am Rad werden analog zur Höchstgeschwindigkeit die Komponenten berücksichtigt, welche die Leistung in der jeweiligen Antriebsstrangarchitektur dauerhaft bereitstellen. Eine kurzzeitig verfügbare Steigfähigkeit kann darüber hinaus mit der gesamten freigegebenen Systemleistung bestimmt werden.

5.2.4 Fahrszenarien

Verbrauchszyklen Der Fahrzyklus ist ein elementarer Bestandteil der Fahrzeugsimulation, da er den zu fahrenden Geschwindigkeitsverlauf vorgibt und damit Radmoment und -drehzahl definiert. Dementsprechend werden auch die Wirkungsgrade und damit der Gesamtverbrauch vom Zyklus stark beeinflusst. Es ist daher möglich, dass sich für unterschiedliche Zyklen auch verschiedene optimale Komponenteneigenschaften ergeben (vgl. Roy et al. [113]). Im Rahmen der erarbeiteten Methodik werden daher beispielhaft[4] die vier in Tabelle 5.2 beschriebenen repräsentativen Zyklen analysiert.

Tabelle 5.2: Kenndaten der betrachteten Verbrauchszyklen

	s_{ges} [km]	t_{ges} [s]	v_{Max} [km/h]	$v_\varnothing$ [km/h]	a_{Max} [m/s^2]	$a_\varnothing$ [m/s^2][a]
FTP-72	11,96	1373	91,0	31,4	1,5	0,37
NEFZ	11,02	1180	120,0	33,6	0,8	0,25
WLTC (Ver. 5.3)	23,26	1802	131,0	46,5	1,4	0,33
Kundenzyklus	33,26	2216	137,9	54,1	2,5	0,39

[a] Mittelwert des Betrags der Beschleunigung.

Die betrachteten Zyklen sind entsprechend ihrer Anforderungen aufsteigend sortiert (siehe außerdem Abbildung B.1 und B.2 im Anhang für die Geschwindigkeits- und Beschleunigungsverteilungen). Bei dem FTP-72 [134] handelt es sich dabei um einen von vier in den USA vorgeschriebenen Zyklen zur Messung von Emissionen und Verbrauch. Er soll entsprechend der niedrigen Durchschnitts- und Maximalgeschwindigkeit das Fahren im urbanen Raum repräsentieren. Den größten Anteil haben dabei Geschwindigkeiten von 30-50 km/h und niedrige Beschleunigungen bis max. $\pm 1,5$ m/s^2.

Der Neue Europäische Fahrzyklus (NEFZ) [133] wird in Europa voraussichtlich noch bis zum Jahr 2017 zur Zertifizierung von PKW verwendet[5] und besteht aus vier sich wiederholenden Stadtteilen sowie einem außerstädtischen Anteil. Anhand des Geschwindigkeitsverlaufs und der -verteilung in Abbildung B.1 lässt sich deutlich erkennen, dass dieser Zyklus synthetisch erzeugt wurde. Dabei stechen die Geschwindigkeiten von 32, 50, 70 und 100 km/h mit jeweils hohen zeitlichen Anteilen deutlich heraus. Auffällig ist außerdem, dass ausschließlich sehr niedrige Beschleunigungen bis 0,8 m/s^2 vorkommen. Die Gesamtlänge ist mit ca. 11 km etwa 1 km kürzer als der FTP-72.

---

[4] Im Prinzip kann jeder beliebige Zyklus verwendet werden.
[5] Darüber hinaus gilt von 2017 bis 2020 eine Übergangsregelung in Bezug auf die Emissionnierung der Fahrzeugflotten [24].

Mit dem WLTP plant das UNECE World Forum for Harmonization of Vehicle Regulations einen globalen Standard zur Messung von Emissionen, Verbrauch und elektrischer Reichweiten einzuführen, wodurch die regionalen bzw. nationalen Regelungen abgelöst werden sollen. Der dazugehörige Worldwide Harmonized Light Vehicles Test Cycle (WLTC, Version 5.3) zeigt ein dynamisches Verhalten und sieht eine gleichmäßige Geschwindigkeitsverteilung vor, wobei der zeitliche Anteil mit höheren Geschwindigkeiten bis zur Maximalgeschwindigkeit von 131 km/h leicht abnimmt (siehe Abbildung B.2). Die Verteilung von Beschleunigungen und Verzögerungen ist nahezu symmetrisch. Die Gesamtstrecke des Profils ist mit über 23 km mehr als doppelt so lang wie die des NEFZ, während die Durchschnittsgeschwindigkeit ca. 13 km/h höher ist.

Als weiterer Zyklus wird eine in Deutschland real gemessene Fahrt mit Stadt-, Überland- und Autobahnanteil verwendet. Dieser wird im folgenden als Kundenzyklus bezeichnet. Er hat im Vergleich zu den Normzyklen nochmals höhere Anforderungen an Höchstgeschwindigkeit, Durchschnittsgeschwindigkeit und Gesamtstrecke. In der Geschwindigkeitsverteilung spiegeln sich die einzelnen Fahranteile durch häufiges Aufhalten in den Geschwindigkeitsbereichen um 50, 80 und 120 km/h wider. Es werden außerdem im Vergleich aller betrachteten Zyklen mit $\pm 2,5\,\text{m/s}^2$ die höchsten Beschleunigungen und Verzögerungen erreicht.

Grenzbetrieb In Kapitel 4.1.3 wurde die Reproduzierbarkeit der (maximalen) Fahrleistungen als Randbedingung definiert. Anhand von fahrleistungsorientierten Grenzfahrprofilen wird überprüft, ob diese von der jeweiligen Antriebsstrangkonfiguration erfüllt wird. Ein Grenzfahrprofil besteht hier beispielhaft aus mehreren aufeinanderfolgenden Vollastbeschleunigungen (siehe Abbildung 5.6). Diese beginnen stets mit der Beschleunigung bei maximal freigegebener Systemleistung auf eine definierte Geschwindigkeit. Darauf folgt ein starkes Verzögern bis zum Stillstand. Nach einer Pause beginnt schließlich die nächste Beschleunigung. Wenn die Zunahme

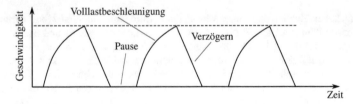

Abbildung 5.6: Qualitativer Verlauf eines Grenzfahrprofils

der Beschleunigungszeit eine gewisse Schwelle überschreitet, ist die Reproduzierbarkeit nicht gegeben und die Randbedingung damit nicht erfüllt. Ursachen können eine verringerte Leistung der Traktionsbatterie bei geringem SOC, eine vollständig leere Batterie und die Leistungsreduzierung von Antriebskomponenten zum Schutz vor Überhitzung sein.

5.3 Modellierung und Skalierung der Antriebsstrangkomponenten

Die Komponentenmodellierung beschreibt die Formulierung der Zusammenhänge und Abhängigkeiten zwischen den Schnittstellengrößen (bzw. den Ein- und Ausgangsgrößen) der Antriebsstrangkomponenten. So gilt es beispielsweise beim VM für eine Drehmomoment- und Drehzahlanforderung den erforderlichen Kraftstoffvolumenstrom zu bestimmen. Die Dimensionierung beschreibt eine bestimmte Ausprägung einer Komponente. Diese wird durch den Optimierungsalgorithmus anhand der Variationsparameter vorgegeben. Bei der Suche nach den optimalen Antriebsstrangkonfigurationen müssen viele unterschiedliche Dimensionierungen untersucht werden. Dies wird durch Skalierungsansätze ermöglicht, mit denen die Komponenteneigenschaften, wie z. B. Drehmomenten-Drehzahlverlauf, Massenträgheitsmoment, Verlustleistungskennfeld entsprechend der gewünschten Dimensionierung aus bekannten Referenzkomponenten der Komponentenbibliothek abgeleitet werden.

Die Anforderungen an die Komponentenmodellierung sind, wie in Abschnitt 5.1 beschrieben, eine ausreichend hohe Ergebnisgüte bei geringer Berechnungsdauer sowie eine einfache und automatisierbare Parametrierbarkeit. Die Abweichung bezüglich des Gesamtenergieumsatzes in den verwendeten Fahrzyklen soll mit den erstellten Simulationsmodellen gegenüber der Referenz-Simulationsumgebung (siehe Anhang B.1) nicht mehr als 1 % betragen.

Entsprechend des quasi-statischen Ansatzes werden bei der Modellierung keine transienten Vorgänge abgebildet, die in sehr kurzen Zeitskalen im Bereich von Millisekunden oder kleiner stattfinden. Die wesentlichen Bestandteile der Modellierung sind die Berechnung der Verlustleistungen aller Komponenten, weil diese sowohl den Verbrauch als auch die Fahrleistungen beeinflussen, und die Bereitstellung der Schnittstellengrößen. Neben den physikalischen Größen gehören zu diesen Schnittstellengrößen auch (Steuergeräte-)Signale, wie betriebspunktabhängige Komponentengrenzen.

Die Komponentenmodellierung lässt sich grundsätzlich auf verschiedene Arten realisieren. Die im Rahmen der Fahrzeugentwicklung aufwendigste und detaillierteste Variante ist die Berechnung einer einzelnen Komponente durch spezielle Software, welche die Prozesse zeitlich und räumlich hoch aufgelöst möglichst physikalisch korrekt abbildet (z. B. FEM-Auslegungstools für EMs). Zur Modellierung von thermischen, elektrischen und mechanischen Eigenschaften besteht eine weitere Möglichkeit in der Verwendung von Ersatzschaltbildern. Dabei werden Teilelemente wie Widerstände und Induktivitäten zu einem Netzwerk verschaltet, die ein komplexes Differentialgleichungssystem ergeben, das mit entsprechenden Werkzeugen berechnet werden kann. Beide Varianten eignen sich prinzipiell für detaillierte Komponentenauslegungen und beliebige Dimensionierungen. Sie erfordern jedoch einen sehr hohen Bedatungs- und Berechnungsaufwand und dementsprechend detaillierte Kenntnisse über die zu modellierenden Komponenten. Im Fahrzeugentwicklungsprozess werden diese Methoden i. d. R. erst nach der groben Konzeptauslegung eingesetzt, sie sind daher für einen Einsatz in der hier entwickelten Methodik ungeeignet.

Eine Möglichkeit zur Komponentenmodellierung in der frühen Konzeptphase mit geringer Komplexität ist die Abbildung von vereinfachten analytischen Zusammenhängen, wie z. B. dem Willans-Ansatz für VMs und EMs (vgl. [58]). Diese ermöglichen eine sehr kurze Berechnungszeit sowie eine einfache Skalierbarkeit für unterschiedliche Dimensionierungen. Aufgrund der starken Vereinfachungen ist die Ergebnisgüte jedoch gering.

Eine weitere Modellierungsvariante ist die Verwendung von Kennfeldern. Für eine solche kennfeldbasierte Simulation werden die quasi-statischen Verluste in Abhängigkeit verschiedener Eingangsgrößen in einem Kennfeld abgelegt, um anschließend die Verluste je nach Betriebspunkt durch Interpolation zu berechnen. Weil im Kennfeld beliebige stationäre Effekte berücksichtigt werden können, ist die Ergebnisgüte im Vergleich zum zuvor genannten analytischen Ansatz höher, durch die erforderlichen Interpolationen steigt jedoch auch der Berechnungsaufwand. Im Vergleich zu den FEM- und Ersatzschaltbildmodellen ist der Detaillierungsgrad dagegen geringer. Ein Vorteil des kennfeldbasierten Ansatzes ist jedoch die Möglichkeit, die Resultate dieser Modelle in Form von Kennfeldern nutzbar zu machen. Dafür werden mit den Detailmodellen bestimmte Technologievarianten in einem der Methodik vorgelagerten Prozess berechnet und das resultierende Komponentenverhalten sowie die auftretenden Verluste mit den wesentlichen Abhängigkeiten abgespeichert. Weitere Vorteile der kennfeldbasierten Simulation sind die Möglichkeiten, die Messergebnisse realer Komponenten zu verwenden sowie beliebige Technologievarianten ohne Modellanpassungen und nur durch das Ersetzen der Kennfelder zu simulieren. Eine Herausforderung ist die erforderliche Skalierung der Kennfelder, da es nicht praktikabel ist, für alle möglichen Dimensionierungen jeweils ein separates Kennfeld zu hinterlegen.

Aufgrund der genannten Vorteile wird für die zu erarbeitende Methodik die kennfeldbasierte Komponentenmodellierung verwendet. Die Kennfelder und Kennlinien können dabei sowohl Verlustleistungen als auch Komponentengrenzen und andere Eigenschaften abbilden. Im Folgenden wird für jede Antriebsstrangkomponente die Modellierung und Skalierung beschrieben.

5.3.1 E-Maschine und Inverter

Modellierung Abbildung 5.7 zeigt die Schnittstellengrößen des EM-Modells. Die Eingangsgrößen umfassen ein effektives Drehmoment M_{EM}, eine Drehzahl n_{EM} sowie die Winkelbeschleunigung $\dot{\omega}_{EM}$. Als Ausgangsgrößen werden die erforderliche elektrische Leistung $P_{EM,el}$ und die aktuellen Drehmomentengrenzen $M_{EM,Max/Min}$ berechnet. Zusätzlich zum Drehmoment M_{EM} muss die EM ein Drehmoment zur Beschleunigung der eigenen Massenträgheit J_{EM} stellen, mit dem sich das gesamte an der Ausgangswelle zu stellende EM-Drehmoment ergibt:

$$M_{EM,Erf} = M_{EM} + \dot{\omega}_{EM} \cdot J_{EM} \tag{5.14}$$

In Abhängigkeit von Drehzahl und -moment wird anschließend eine bilineare Interpolation[6] im für eine bestimmte Gleichspannung $U_{EM,DC}$ hinterlegten Verlustleistungskennfeld durchgeführt und dadurch die Verlustleistung $P_{EM,Verl}$ ermittelt. Die elektrische Leistung ergibt sich anschließend durch

$$P_{EM,el} = P_{EM,Verl} + P_{EM,mech}. \tag{5.15}$$

Zur Analyse von Verlusten bzw. Effizienzen wird häufig der Wirkungsgrad verwendet, da er als normierte Größe eine gute Vergleichbarkeit ermöglicht. Zur Modellierung der Komponentenverluste ist der Wirkungsgrad jedoch grundsätzlich nicht geeignet, u. a. weil Grundverluste, welche die gesamte Eingangsleistung kompensieren, nicht abgebildet werden können. Dies hat zur Folge, dass nicht auf die korrekte elektrische Eingangsleistung zurückgerechnet werden kann.[7] Bei der EM ist dies beispielsweise der Fall, wenn ein Nullmoment bei positiver Drehzahl gestellt werden soll. Dabei wird elektrische Eingangsleistung benötigt, u. a. um die Reibwiderstände zu überwinden. Nur wenn diese elektrische Leistung bekannt ist, kann die Energiebilanz der Batterie

---

[6] Trilineare Interpolation bei variabler Gleichspannung.
[7] Beispiel: $P_{Aus} = 0\,kW$ ergibt für $P_{Ein} > 0$ stets $\eta = P_{Aus}/P_{Ein} = 0$.

exakt berechnet werden. Ein weiterer Grund Verlustleistungen an Stelle von Wirkungsgraden zu verwenden, ist die Sensitivität gegenüber Ungenauigkeiten. So kann in Bereichen hoher Wirkungsgrade eine kleine Ungenauigkeit z. B. durch Interpolation zu einer großen Abweichung der Verlustleistung führen.[8]

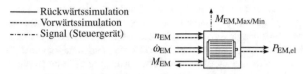

Abbildung 5.7: Schnittstellengrößen des EM-Modells

Skalierung   Vor jeder Simulation einer Antriebsstrangkonfiguration wird für jede Komponente eine Technologievariante aus der Komponentenbibliothek ausgewählt, für die ein oder mehrere Kennfelder sowie alle weiteren Komponentendaten hinterlegt sind. Anschließend wird die Technologievariante entsprechend einer vom Optimierungsalgorithmus vorgegebenen Dimensionierung skaliert. Entsprechend der zur Dimensionierung verwendbaren Variationsparameter erfolgt die Dimensionierung der EMs anhand der Nennleistung bei einer definierten Spannungslage. Die Aufgabe der Skalierung besteht somit darin, den Einfluss einer Änderung der Nennleistung auf andere Komponenteneigenschaften wie die Verlustleistung zu bestimmen. Dieser Einfluss hängt u. a. von den Maßnahmen ab, mit denen die Leistungssteigerung oder -reduktion erreicht wird. Dies kann beispielsweise durch Änderungen der geometrischen Abmessungen wie Länge und Durchmesser oder der detaillierten Auslegung erfolgen.

Eine Möglichkeit zur Skalierung von Referenzparametrierungen ist die Anwendung von Wachstumsgesetzen. Diese Gesetze beschreiben den Einfluss von Änderungen der geometrischen Abmessungen auf bestimmte Systemeigenschaften. Diese Vorgehensweise kann auf Kennfelder angewendet werden und erfordert nur einen geringen Berechnungsaufwand. Sie ist daher gut für den vorliegenden Anwendungsfall geeignet. Tabelle 5.3 zeigt eine Übersicht verschiedener Wachstumsgesetze aus der Literatur.

Tabelle 5.3: Wachstumsgesetze und angewandte Skalierungsmethoden für E-Maschinen in der Literatur

Quelle	Abgeleitet von	Gesetzmäßigkeit	
Spring [126]	Transformator	$P_{Nenn} \sim L^4$	$P_{Verl} \sim L^3$
Gerling [55]	Transformator	$P_{Nenn} \sim L^4$	$P_{Verl} \sim L^3$
Reichert [108]	E-Maschinen	$P_{Nenn} \sim L^3$	$P_{Verl} \sim L^2$
Balazs et al. [4]	PSM	$P_{Nenn} \sim l$ (D = konst.)	$P_{Verl} \sim l$
Finken [48]	PSM	$P_{Nenn} \sim a$ (D = konst.)	$P_{Verl} \sim a$

L: lineare Abmessungen, l: Länge, a: aktive Länge, D: Durchmesser

Spring [126] und Gerling [55] leiten die Wachstumsgesetze von den physikalischen Eigenschaften eines Transformators ab, woraus sich die Abhängigkeit der Nennleistung einer EM von der

---

[8] Wenn fälschlicherweise ein Wirkungsgrad von $\eta = 98{,}5\%$ statt einem angenommenen korrekten Wert von $\eta = 99\%$ verwendet wird, führt dies zu einer Verdopplung der Verlustleistung.

vierten Potenz ihrer linearen Abmessungen ergibt. Nach Reichert [108] verhält sich die Nennleistung dagegen proportional zum Volumen der Maschine. Gleiches gilt für die Ansätze von Balazs et al. [4] und Finken [48], wobei diese lediglich die Länge bei konstantem Durchmesser skalieren. In letzterem Fall wird davon ausgegangen, dass bei gleichem Maschinentyp, gleicher Wicklungsart und identischer Auslegung des Magnetkreises der Wickelkopf eine konstante axiale Längenausdehnung besitzt (vgl. Abbildung 5.3). Die drehmomenterzeugende Fläche ergibt sich daher nur innerhalb der aktiven Länge und damit ohne Berücksichtigung des Wickelkopfs.[9] Die Skalierung der Aktivlänge erhöht die Luftspaltfläche und damit das maximale Drehmoment der Maschine, während die Drehzahlcharakteristik näherungsweise unverändert bleibt. In dieser Arbeit wird für die Kennfeldskalierung der Ansatz der Skalierung dieser aktiven Länge verfolgt, weil es sich dabei um den praxisnahen Ansatz im Sinne von Modulstrategien handelt [109] (für den Einsatz längenskalierter EMs zur Darstellung unterschiedlicher Leistungsklassen in der Automobilindustrie siehe auch Zillmer et al. [147]).

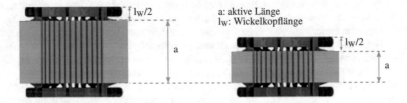

Abbildung 5.8: Skalierung der aktiven Länge [48] (leicht modifiziert)

Die Verlustleistung einer EM setzt sich im Wesentlichen zusammen aus den ohmschen Verlusten in den Wicklungen, den Eisenverlusten durch Hystereseeffekte und Wirbelströme sowie den Reibungsverlusten durch Lager- und Luftreibung [94]. Die proportionale Abhängigkeit der Nennleistung von der aktiven Länge der EM kann ebenso auf diese Verluste übertragen werden, da sie hauptsächlich innerhalb dieses Bereichs auftreten.[10] Die Verlustleistung skaliert somit wie die Nennleistung annähernd proportional zur aktiven Länge [48]. Im Verlustleistungskennfeld äußert sich dies durch eine Streckung bzw. Stauchung des Kennfelds inklusive der Maximalmomente proportional zur aktiven Länge. Abbildung 5.9 zeigt beispielhaft die Kennfeldskalierung eines Referenzkennfelds einer PSM bei Verringerung der Nennleistung/Aktivlänge um 30 %. Im erstellen EM-Modell beinhalten die Verlustleistungskennfelder sowohl die Verluste der EM als auch des zugehörigen Inverters. Bei der Skalierung wird angenommen, dass die Verlustleistung des Inverters ebenso proportional zur EM-Leistung skaliert.

Bei der Berechnung des EM-Gewichts nach der Längenskalierung wird der Einfluss der konstanten Länge (und Gewichts) des Wickelkopfs auf die gravimetrische Leistungsdichte berücksichtigt. Weil dessen relativer Anteil an der Gesamtlänge bei sinkender Aktivlänge zunimmt, nimmt dementsprechend die Leistungsdichte ab [48].

Die Kennfeldskalierung ist nur innerhalb bestimmter Grenzen sinnvoll und zulässig. Der Grund dafür ist, dass die beschriebene Vorgehensweise nur für die Anpassung der Aktivlänge bei sonst identischer konstruktiver Bauweise gültig ist. Wesentliche Änderungen der Kenndaten der EM

---

[9] Bei einer EM mit Einzelzahnwicklung ist die aktive Länge nahezu identisch mit der Gesamtlänge l.
[10] Der Einfluss der konstanten ohmschen Verluste im Wickelkopf wird dabei vernachlässigt.

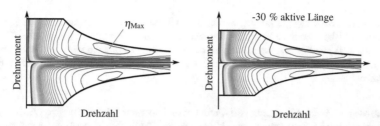

Abbildung 5.9: Resultierendes Wirkungsgradkennfeld einer PSM-Ausprägung bei Verringerung der Leistung um 30 %

würden in der Praxis jedoch eine neue Auslegung erfordern. Als Beispiel dafür dient wiederum die Wickelkopflänge der EM: Eine deutliche Verringerung der Nennleistung würde die aktive Länge stark verkürzen und damit bei konstanter Wickelkopflänge die Leistungsdichte verringern. Um dies zu vermeiden, ist es ab einer bestimmten Mindestleistung sinnvoll, die Polpaarzahl zu erhöhen [48]. Ein weiterer Punkt ist die nötige Anpassung des Inverters. Dieser wird i. d. R. von den Herstellern in unterschiedlichen Leistungsklassen ausgeführt. Eine große Änderung der Nennleistung würde folglich einen Wechsel des Inverters erfordern und hätte ggf. Einfluss auf die Charakteristik der Antriebseinheit. Die tatsächlichen Grenzen der Skalierung hängen somit von den betrachteten Komponenten ab und müssen für einen konkreten Anwendungsfall definiert oder abgeschätzt werden.

5.3.2 Getriebe

Modellierung Die Schnittstellengrößen des Getriebemodells in der Antriebsstrangsimulation sind entsprechend Abbildung 5.10 die Ein- und Ausgangsdrehmomente $M_{\text{Getr,Ein/Aus}}$ und -drehzahlen $n_{\text{Getr,Ein/Aus}}$. Die Antriebsseite wird dabei unabhängig von der Kraftflussrichtung als Eingang definiert. Eine weitere Schnittstellengröße ist der ausgewählte Gang, aus dem sich die Getriebeübersetzung i_{Getr} ergibt. Die Gangwahl erfolgt dabei durch die Schaltstrategie.

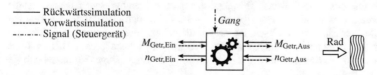

Abbildung 5.10: Schnittstellengrößen des Getriebemodells

In der Rückwärtssimulation werden die Getriebeeingangsgrößen durch die Gleichungen 5.16 ermittelt. Weil das Verlustmoment $M_{\text{Getr,Verl}}$ stets positiv ist, sind diese Beziehungen unabhängig von der Kraftflussrichtung.

$$n_{\text{Getr,Ein}} = n_{\text{Getr,Aus}} \cdot i_{\text{Getr}}$$
$$M_{\text{Getr,Ein}} = M_{\text{Getr,Aus}} / i_{\text{Getr}} + M_{\text{Getr,Verl}} \tag{5.16}$$

Bei der Antriebsstrangoptimierung werden unterschiedliche Getriebetypen mit variablen Ganganzahlen und Übersetzungen betrachtet. Die Verlustmodellierung der unterschiedlichen Getriebetypen erfolgt durch Verlustmomentkennfelder. Bei diesen Kennfeldern wird das Verlustmoment[11] für jeden Gang bzw. jede Übersetzung in Abhängigkeit von Eingangsdrehmoment und -drehzahl angeben.

Skalierung Bei der Skalierung der Getriebekennfelder muss der Einfluss von Änderungen der Ganganzahl und Übersetzungen abgebildet werden. Die Änderung der Ganganzahl kann große Auswirkungen auf die konstruktive Gestaltung des Getriebes und damit auf die Verlustmomente aller Gänge haben und ist stark vom betrachteten Getriebe abhängig. Aus diesem Grund wird für jede auszuwählende Ganganzahl jeweils mindestens eine Technologievariante mit entsprechenden Kennfeldern in der Komponentenbibliothek hinterlegt. Bei einer Erhöhung der Ganganzahl ohne grundsätzliche Änderungen der Bauweise (z. B. durch eine zusätzliche Zahnradpaarung) nehmen aufgrund der zusätzlichen Bauteile die Verluste in allen anderen Gängen zu.

Tabelle 5.4: Verlustarten und Abhängigkeiten im Fahrzeuggetriebe nach [10]

Verlustart	Abhängigkeit
Verzahnungsverluste	Lastabh. und lastunabh. Anteile
Lagerverluste	Lastabh. und lastunabh. Anteile
Dichtungsverluste	Lastunabh. [116]
Synchronisierungsverluste	Drehzahlabh., quadratisch[a]
Kupplungsverluste	Drehzahlabh., quadratisch[b]
Nebenaggregate	Drehzahlabh.[c]

[a] durch Fluidreibung
[b] durch Fluidreibung bei nassl. Kupplungen
[c] bei direkt angetriebenen Pumpen

Um den Einfluss der Übersetzung auf das Verlustmoment zu ermitteln, sind in Tabelle 5.4 zunächst allgemein die Verlustarten und deren Abhängigkeiten aufgeführt. Demnach können die Verluste in lastabhängige, drehzahlabhängige sowie last- und drehzahlunabhängige Anteile eingeteilt werden. Aus diesen Abhängigkeiten wird im Folgenden eine Modellfunktion zur Berechnung des Verlustmoments abgeleitet, bei der die unbekannte Aufteilung der einzelnen Verluste durch freie Parameter beschrieben werden. Bei einem gegebenen Kennfeld können diese freien Parameter mittels Regression ermittelt und so ein skalierungsfähiges Verlustmodell für dieses Getriebe erstellt werden.

Zur Ableitung der Modellfunktion werden zunächst die auftretenden Verluste, die im Kennfeld durch ein Verlusteingangsmoment $M_{\mathrm{Getr,Verl,Ein,ges}}$ angegeben werden, in ein getriebeeingangsseitiges und -ausgangsseitiges Verlustmoment aufgeteilt:

$$M_{\mathrm{Getr,Verl,Ein,ges}} = M_{\mathrm{Getr,Verl,Ein}} + \frac{M_{\mathrm{Getr,Verl,Aus}}}{i_{\mathrm{Getr}}} \qquad (5.17)$$

---

[11] Die Verwendung des Verlustmoments ist bei der Auslegung laut Fischer et al. [50] dem Wirkungsgrad vorzuziehen, da dieses für das gesamte Kennfeld eindeutig und stetig definiert werden kann (siehe auch EM-Modellierung).

Mit den in Tabelle 5.4 beschriebenen Abhängigkeiten (konstante, lastabhängige und linear/quadratisch drehzahlabhängige Anteile) der Einzelverluste können die beiden Verlustmomente durch Gleichung 5.18 beschrieben werden. Dabei stellen a_j und b_j die freien Parameter dar, aus denen sich die Aufteilung der Verlustarten ergibt.

$$M_{\text{Getr,Verl,Ein}} = a_1 + a_2 \cdot n_{\text{Getr,Ein}} + a_3 \cdot n_{\text{Getr,Ein}}^2 + a_4 \cdot M_{\text{Getr,Ein}}$$
$$M_{\text{Getr,Verl,Aus}} = b_1 + b_2 \cdot n_{\text{Getr,Aus}} + b_3 \cdot n_{\text{Getr,Aus}}^2 + b_4 \cdot M_{\text{Getr,Aus}} \tag{5.18}$$

Diese Beziehungen können wiederum mit Gleichungen 5.16 und 5.17 zu folgender Modellfunktion zusammengefasst werden:

$$M_{\text{Getr,Verl,Ein,ges}} = c_1 + \frac{c_2}{i_{\text{Getr}}} + n_{\text{Getr,Ein}} \cdot \left(c_3 + \frac{c_4}{i_{\text{Getr}}^2} \right) + n_{\text{Getr,Ein}}^2 \cdot \left(c_5 + \frac{c_6}{i_{\text{Getr}}^3} \right)$$
$$+ M_{\text{Getr,Ein}} \cdot c_7 \tag{5.19}$$

$$\text{mit} \quad c_1 = a_1/(1+b_4) \quad c_2 = b_1/(1+b_4) \quad c_3 = a_2/(1+b_4) \quad c_4 = b_2/(1+b_4)$$
$$c_5 = a_3/(1+b_4) \quad c_6 = b_3/(1+b_4) \quad c_7 = a_4 + b_4$$

Zur Bestimmung der unbekannten Parameter c_j wird eine Regression eines bekannten Kennfeldes mit der in Gleichung 5.19 beschriebenen Modellfunktion durchgeführt. Dies erfolgt mit dem Levenberg-Marquardt-Algorithmus, der dafür die Methode der kleinsten Quadrate nutzt.[12] Abbildung 5.11 zeigt beispielhaft die Modellierungsgüte der Modellfunktion. Links dargestellt ist das Verlustmoment eines Referenzgetriebes, mittig das Kennfeld basierend auf der Modellfunktion nach Gleichung 5.19. Die prozentuale Abweichung des Verlustmoments beträgt in weiten Bereichen des Kennfelds nicht mehr als zwei Prozent. Bei einem angenommenen Getriebewirkungsgrad im Referenzkennfeld von 98 % würde ein um 2 % höhes Verlustmoment zu einem Wirkungsgrad von 97,96 % führen. Der Einfluss des Fehlers auf den gesamten Antriebswirkungsgrad ist somit sehr gering.

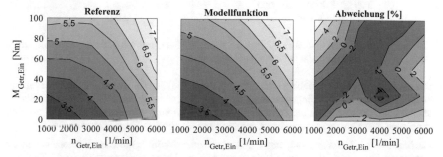

Abbildung 5.11: Verlustmomentkennfeld eines Getriebes für den 2. Gang: Referenz (links), Modellfunktion (mittig), prozentuale Abweichung (rechts)

---

[12] Für eine genaue Beschreibung des Levenberg-Marquardt-Algorithmus siehe Seber und Wild [121].

Da die Abhängigkeiten des Verlustmoments von Drehzahl, Drehmoment und Übersetzung durch die Modellfunktion beschrieben werden, kann eine Skalierung des Kennfelds erfolgen. Dafür wird lediglich die Getriebeübersetzung i_{Getr} in der Modellfunktion angepasst. Abbildung 5.12 (links) zeigt das Verlustmoment aus Abbildung 5.11, nachdem die Übersetzung um 20 % verringert wurde. Dabei wird im Differenzkennfeld (rechts) deutlich, dass sich das Differenzverlustmoment mit steigendem Drehmoment verringert, mit steigender Drehzahl dagegen zunimmt. Dies ist insofern plausibel, da mit der niedrigeren Übersetzung das Moment am Getriebeausgang sinkt und entsprechend niedrigere Verluste auftreten. Die Drehzahl am Getriebeausgang steigt dabei mit der Folge, dass die Verluste bei hoher Drehzahl größer werden. Bei der Regression von 1-Gang Getrieben kann die Abhängigkeit des Verlustmoments von der Übersetzung nicht ermittelt werden, weil die Verlustmomente im Referenzkennfeld lediglich für eine Übersetzung bekannt sind. In diesem Fall wird für die Berechnung der Abhängigkeiten ein weiteres Kennfeld eines ähnlichen 1-Gang Getriebes mit anderer Übersetzung verwendet.

Eine Skalierung des Verlustmomentkennfelds muss außerdem erfolgen, wenn das maximal zulässige Getriebeeingangsmoment angepasst werden muss (z. B. aufgrund von leistungsstärkeren Antriebsaggregaten im Vergleich zu einem Referenzfahrzeug). In diesem Fall wird angenommen, dass die Zahnradbreiten proportional angepasst werden mit näherungsweise linearen Auswirkungen auf die lastabhängigen Verluste. Dies resultiert in der proportionalen Skalierung des gesamten Kennfelds zum maximalen Getriebeeingangsmoment.

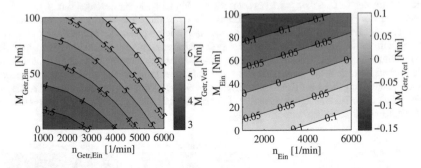

Abbildung 5.12: Verlustkennfeld eines Getriebes für den 2. Gang nach Verringerung der Übersetzung (links) und das Differenzkennfeld (rechts)

Die Modellierung des Getriebegewichts erfolgt durch die Angabe einer Drehmomentendichte bezogen auf das Getriebeeingangsmoment. Dadurch wird berücksichtigt, dass mit größerem übertragbaren Drehmoment die Zahnradbreiten in jedem Gang und entsprechend die -gewichte zunehmen. Das Gesamtgewicht nimmt demnach mit steigendem Eingangsmoment zu.

Die beschriebene Methode ermöglicht die Skalierung von Verlustkennfeldern unterschiedlichster Getriebevarianten und -bauarten mit den wesentlichen Abhängigkeiten von Drehzahl, Drehmoment und Übersetzung, ohne für jede Variante aufwendige detaillierte Simulationen durchführen zu müssen. Als Basis dient jeweils das Referenzkennfeld einer Technologievariante, das einem bestimmten Getriebetyp entspricht. Die Skalierung der Übersetzung ist dabei nur in einem definierten Bereich (bis zu einer maximalen Spreizung) zulässig, da im Getriebe sonst ggf.

Übersetzungsstufen hinzugefügt werden müssten, was in den Skalierungsmethoden jedoch nicht berücksichtigt wird.

5.3.3 Traktionsbatterie

Wie in Abbildung 5.13 dargestellt, stellen die elektrische Leistung $P_{Batt,el}$, die Leistungsgrenzen $P_{Batt,Max/Min}$ und der SOC die Schnittstellengrößen des Batteriemodells dar. Die chemische Leistung $P_{Batt,chem}$ setzt sich zusammen aus dieser elektrischen Leistung und der im Betrieb auftretenden Verlustleistung. Durch die Integration der chemischen Leistung über den simulierten Zeithorizont ergibt sich der Energieumsatz und der zeitliche Verlauf des SOC.

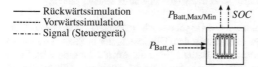

Abbildung 5.13: Schnittstellengrößen des Batteriemodells

Das im Batteriemodell verwendete Kennfeld gibt die Abhängigkeit der Verlustleistung von der elektrischen Ausgangleistung $P_{Batt,el}$ und vom SOC wieder. Anders als bei den meisten anderen Komponenten wird in der Komponentenbibliothek jedoch kein Kennfeld für das gesamte System abgelegt. Stattdessen wird dabei eine Batteriezelle als Technologievariante hinterlegt. Das Gesamtsystem ergibt sich aus einer geeigneten Anzahl seriell und parallel verschalteter Einzelzellen. Wie in Abbildung 5.14 dargestellt, werden dabei entsprechend der Variationsparameter s Zellen seriell zu Strängen und p Stränge parallel verschaltet. Der daraus resultierende Zellverbund ergibt zusammen mit der Peripherie (Gehäuse, Kühlung, Steuergeräte, usw.) das Batteriesystem.

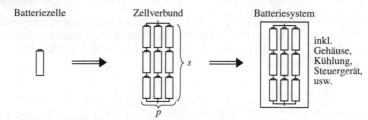

Abbildung 5.14: Von der Zelle zum Batteriesystem

Die Einzelzelle wird entsprechend des quasi-statischen Ansatzes der Simulationsumgebung als eine ideale Spannungsquelle mit der Leerlaufspannung U_{OCV} in Reihe geschaltet mit einem inneren ohmschen Widerstand $R_{i,Zelle}$ modelliert (siehe Abbildung 5.15). Mit diesem Modell können die für die Antriebsstrangsimulation relevanten Einflüsse, insbesondere die Verlustleistung infolge des Widerstands, bestimmt werden. Die Modellierung dynamischer Vorgänge, wie z. B. die verzögerte Spannungsantwort einer realen Zelle auf Stromänderungen, ist für diesen Anwendungszweck nicht erforderlich und aufgrund des zusätzlichen Berechnungsaufwands auch nicht sinnvoll. Die Verlustleistung innerhalb einer Zelle ergibt sich durch

$$P_{\text{Zelle,Verl}} = R_{\text{i,Zelle}} \cdot I_{\text{Zelle}}^2. \qquad (5.20)$$

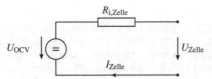

Abbildung 5.15: Ersatzschaltbild zur Modellierung einer Batteriezelle, in Anlehnung an [58]

Die elektrischen Eigenschaften des Gesamtsystems ergeben sich im Wesentlichen aus der Zell-verschaltung in Kombination mit den Systemwiderständen. Die Anzahl der in Serie geschalteten Zellen bestimmt dabei den Spannungsbereich der Batterie, über die Anzahl der parallelen Strän-ge wird dagegen der minimale und maximale Strom festgelegt. Leistung und Energieinhalt ergeben sich aus der Gesamtanzahl der Zellen. Die Zellwiderstände werden als SOC-abhängige Kennlinien hinterlegt, die aus Herstellerdatenblättern oder Messungen stammen. Der System-widerstand wird in Abhängigkeit der Verschaltung nach Gleichung 5.21[13] berechnet. Dabei werden die parallelen und seriellen Verbindungswiderstände $R_{\text{i,s}}$ und $R_{\text{i,p}}$ sowie ein zusätzlicher Systemwiderstand $R_{\text{i,Sys}}$ berücksichtigt.

$$R_{\text{i,Batt}}(SOC) = p \cdot R_{\text{i,p}} + \frac{s \cdot R_{\text{i,Zelle}}(SOC) + s \cdot R_{\text{i,s}}}{p} + R_{\text{i,Sys}} \qquad (5.21)$$

| $R_{\text{i,p}}$ | Innenwiderstand je paralleler Verbindung | $R_{\text{i,Zelle}}$ | Innenwiderstand einer Zelle |
| $R_{\text{i,s}}$ | Innenwiderstand je serieller Verbindung | $R_{\text{i,Sys}}$ | Innenwiderstand je System |

Zur Berechnung der Verlustleistung in Abhängigkeit der Ausgangsleistung wird das Innenwider-standskennfeld in ein Verlustleistungskennfeld umgeformt. Mit den grundlegenden Beziehungen $U_{\text{Batt}} = U_{\text{Batt,OCV}} + I_{\text{Batt}} \cdot R_{\text{i,Batt}}$ und $P_{\text{Soll}} = U_{\text{Batt}} \cdot I_{\text{Batt}}$ ergibt sich die SOC-abhängige Batterie-spannung nach Gleichung 5.22.

$$U_{\text{Batt}}(SOC) = \frac{U_{\text{Batt,OCV}}(SOC)}{2} \pm \sqrt{\left(-\frac{U_{\text{Batt,OCV}}(SOC)}{2}\right)^2 + P_{\text{Batt,el}} \cdot R_{\text{i,Batt}}(SOC)} \qquad (5.22)$$

Schließlich folgt die Verlustleistung aus

$$P_{\text{Batt,Verl}}(SOC) = \frac{(U_{\text{Batt}}(SOC) - U_{\text{Batt,OCV}}(SOC))^2}{R_{\text{i,Batt}}(SOC)}. \qquad (5.23)$$

I. d. R. müssen Traktionsbatterien aufgrund von Restriktionen anderer Komponenten im Trakti-onsnetz neben den Anforderungen an Leistung und Energieinhalt zusätzlich bestimmte Span-

---

[13] Diese gilt für die parallele Verschaltung von Seriellsträngen entsprechend Abbildung 5.14.

nungsgrenzen einhalten. Da bei drei Anforderungen lediglich zwei Freiheitsgrade bei der Verschaltung bestehen, kommt es zu Zwangsbedingungen, sodass stets eine Anforderung übererfüllt wird. Um die Einsatzmöglichkeiten einer Zelle bei vorgegebenem Spannungsbereich zu bewerten, werden die mit dieser Zelle realisierbaren Systemleistungen und -energien berechnet.

In Abbildung 5.16 ist ein charakteristisches Spannungskennfeld einer Traktionsbatterie in Abhängigkeit von Leistung und SOC dargestellt. Dabei ist zu erkennen, dass die Batteriespannung zum einen bei Nullleistung mit steigendem SOC steigt und zum anderen in Abhängigkeit der Leistung variiert. Die niedrigste Spannung ergibt sich meist bei maximaler Entladeleistung (negativ) und minimalem SOC[14], die höchste Spannung dagegen bei maximaler Ladeleistung (positiv) und maximalem SOC. Eine Zellverschaltung ist zulässig, wenn die resultierende Spannung bei maximaler Entladeleistung und bei erforderlicher Ladeleistung innerhalb der zulässigen Grenzen liegt.[15] Weil sich der Spannungsbereich aus der Anzahl der seriell verschalteten Zellen s ergibt, können aus dem vorgegebenen Spannungsfenster Grenzen für diese Anzahl abgeleitet werden.

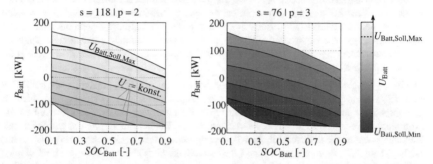

Abbildung 5.16: Spannungskennfelder zweier Verschaltungen mit zwei bzw. drei parallelen Strängen und identischem Energieinhalt

Eine beispielhafte Batterieauslegung soll diese Zusammenhänge verdeutlichen. Dabei wird untersucht, mit welchen Verschaltungen einer bestimmten Zelle die Anforderungen an den Energieinhalt ($E_{Batt,Soll}$) und an die Spannungslage ($U_{Soll} = U_{Batt,Soll,Min}...U_{Batt,Soll,Max}$) erfüllt werden. Die Abbildung 5.17 zeigt dazu die möglichen Verschaltungen. Die Rechtecke stellen die möglichen Energieinhalte in Abhängigkeit der Anzahl paralleler Stränge p dar, wobei der Energieinhalt E_{Batt} über die Anzahl der seriell verschalteten Zellen s variiert wird. Die Grenzen s_{Min} und s_{Max} werden durch die Leerlaufspannung der Batterie definiert. Bei einer Anzahl serieller Zellen kleiner als s_{Min} liegt beispielsweise die minimale Leerlaufspannung der Batterie unter der definierten unteren Spannungsgrenze $U_{Batt,Soll,Min}$. In den schraffierten Bereichen werden zusätzlich die Spannungsgrenzen unter Last unter- bzw. überschritten. Der erforderliche Energieinhalt $E_{Batt,Soll}$ kann in diesem Beispiel unter Einhaltung der Spannungsgrenzen ohne Belastung mit zwei bis vier parallelen Strängen (2p-4p) erreicht werden. Die 4p-Verschaltung ist jedoch nicht zulässig, da beim Entladen die untere Spannungsgrenze unterschritten wird. Mit der

---

[14]Die zulässigen Grenzen des Zell-SOC werden vom Hersteller vorgegeben. Der vollständige SOC-Bereich der Zelle wird aufgrund des kritischen Verhaltens bei Über- und Tiefentladung nicht ausgenutzt [67].

[15]I. d. R. wird die Batterie beim Laden nicht bis zum maximal zulässigen Strom belastet. Die Mindestanforderung ist, dass die Ladeschlussspannung innerhalb der zulässigen Grenzen liegt.

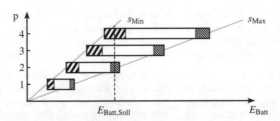

Abbildung 5.17: Mögliche Zellverschaltungen bei definiertem zulässigen Spannungsbereich eines beispielhaften Batteriesystems

2p-Verschaltung wird dagegen beim Laden die obere Spannungsgrenze $U_{Batt,Max}$ überschritten. Mit der 3p-Verschaltung wird der zulässige Spannungsbereich im gesamten Kennfeld eingehalten. Für diese Zelle ergibt sich somit bei den gestellten Anforderungen nur eine mögliche Verschaltung. Eine Möglichkeit, zuvor ausgeschlossene Verschaltungen doch unter Einhaltung der Spannungsgrenzen verwenden zu können, ist die Einschränkung der nutzbaren Leistung oder des nutzbaren SOC-Bereichs. Im Sinne der optimalen Ausnutzung der Batteriezellen erfolgt dies innerhalb der Methodik jedoch nicht.

Die Berechnung des Batteriegewichts ist von großer Bedeutung, weil es insbesondere bei PHEVs und BEVs einen großen Anteil am Antriebsstranggewicht hat und daher auch den Antriebsenergiebedarf stark beeinflusst. Das Gewicht des Batteriesystems wirkt sich sowohl auf den Kraftstoffverbrauch als auch auf die Fahrleistungen aus. Bei der Skalierung des gesamten Batteriesystems werden die unterschiedlichen Skalierungseffekte der einzelnen Bauteile berücksichtigt (siehe Tabelle 5.5). Es wird angenommen, dass sowohl das Gewicht der Kühlung (eine Kühlplatte je Zelle) als auch das der Polverbinder, Kabel und Befestigungsmaterialien proportional zur Anzahl der Zellen zunimmt. Für die reinen BEVs wird dagegen analog zu heutigen Serienfahrzeugen keine aktive Kühlung vorgesehen. Einige Teilkomponenten des Batteriesystems (in der Tabelle als E-Komponenten bezeichnet) sind in ihrer Größe und Anzahl näherungsweise unabhängig von der Zellanzahl. Dazu gehören beispielsweise die Schütze oder das BMS. Ihr Gewicht wird als konstant angenommen. Bei der Gewichtsskalierung des Gehäuses wird ange-

Tabelle 5.5: Skalierung des Gewichts einzelner Komponenten des Batteriesystems

Bauteil	Skalierung Masse	Abhängigkeit
Zelle	Linear	$\sim i_Z$
Polverbinder, Kabel, Befestigungsmaterial	Linear	$\sim i_Z$
Kühlung Hybrid	Linear	$\sim i_Z$
Kühlung BEV	keine (BEV)	0
Gehäuse	Wurzelfkt.	$\sim i_Z^{2/3}$
E-Komponenten	Konstant	konst.

i_Z: Anzahl Zellen

nommen, dass es sich um einzelnes quaderförmiges Bauteil handelt, dessen äußere Dimensionen mit steigender Zellanzahl zunehmen. Wenn das Gewicht proportional zur Oberfläche und das

Volumen proportial zur Zellanzahl skaliert, ergibt sich eine Wurzelfunktion für die Skalierung des Gehäusegewichts in Abhängigkeit der Zellanzahl. Für konkrete Problemstellungen werden alle Teilgewichte als Basis in der Komponentenbibliothek definiert, sodass das Gesamtgewicht eines Batteriesystem in Abhängigkeit der Zellanzahl ermittelt werden kann.

5.3.4 Brennstoffzellensystem

Modellierung Die Schnittstellen des BZS-Modells sind entsprechend Abbildung 5.18 die elektrische Ausgangsleistung P_{el} sowie der resultierende Wasserstoffmassenstrom $\dot{m}_{H_2}$ und die verfügbare maximale Leistung $P_{BZS,Max}$. Analog zur Traktionsbatterie setzt sich der BZ-Stapel aus einer Vielzahl von Zellen zusammen. Daher wird für die Modellierung die Basiskennlinie einer Einzelzelle verwendet. Dabei handelt es sich um eine gemessene oder simulierte Polarisationskurve (bzw. Strom-Spannungs-Kennlinie, siehe Abbildung 3.4 rechts) einer BZ mit einem zugehörigen Wasserstoffverbrauch. Durch elektrisch serielles Verschalten ergibt sich die Nennleistung und der Spannungsbereich des gesamten Stapels, während sich der Gesamtverbrauch aus der Summe der Zellverbräuche zusammensetzt. Bei der Modellierung des Gesamtsystems müssen außerdem die Nebenaggregate berücksichtigt werden. Dafür wird eine weitere Kennlinie verwendet, die den elektrischen Leistungsbedarf aller BZS-Nebenverbraucher in Abhängigkeit der Stapelleistung angibt.

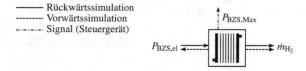

——— Rückwärtssimulation
-------- Vorwärtssimulation
--·--·--·· Signal (Steuergerät)

Abbildung 5.18: Schnittstellengrößen des Brennstoffzellensystemmodells

Die Differenz der chemischen Leistung des Wasserstoffmassenstroms und der elektrischen Systemleistung stellt die Verlustleistung des Systems dar. Die charakteristische Wirkungsgradkennlinie ergibt sich zum einen aus der Kennlinie des Stapels, bei dem der Wirkungsgrad mit der Leistung abnimmt, und zum anderen aus dem Bedarf der Nebenaggregate, die auch bei kleinen Stapelleistungen einen Mindestbetrag an elektrischer Leistung benötigen. Die Kombination führt zu schlechten Wirkungsgraden bei sehr kleinen Leistungen, einem Maximum im niedrigen Lastbereich und einem anschließend fallenden Verlauf bis zur Nennleistung.

Skalierung Grundsätzlich bestehen zwei Möglichkeiten zur Leistungsskalierung eines BZS: durch Anpassung der aktiven Zellfläche oder der Zellanzahl. Ersteres wirkt sich auf den maximalen Strom, das Zweite auf die Systemspannung aus. Für die Auswahl einer Skalierungsmethode ist insbesondere die Kenntnis über die Auswirkungen der Skalierung auf die Eigenschaften der Teilkomponenten von Bedeutung. Wie Tabelle 5.6 zeigt, hat die Variation der Zellanzahl keine Auswirkungen auf die Polarisationskurve einer einzelnen Zelle. Lediglich die Spannungslage und der Luftbedarf steigen mit der Zellanzahl. Diese Skalierungsmethode hat den Vorteil, dass mit einer bekannten Zelle sehr genau die Stapeleigenschaften für verschiedene Zellanzahlen abgeleitet werden können. Das Flussfeld leitet die Reaktionsmedien durch die Zelle und sorgt u. a. für deren homogene Verteilung. Weil das Design des Flussfelds speziell an die Zellgeometrie (und andere Eigenschaften) angepasst wird, kann der Einfluss von Änderungen der Zellfläche und dementsprechend des Flussfelds nicht allgemeingültig bewertet werden. Daher wird die Variation der Zellanzahl zur Skalierung der Stapelleistung verwendet.

Tabelle 5.6: Einfluss der Skalierung des Brennstoffzellenstapels durch Variation der Zellanzahl und Änderung der aktiven Fläche

	Zellanzahl	Aktive Fläche
Polarisationskurve	$\approx$ konst.	ggf. var.
Spannungslage System	$\sim$ Anz. serieller Zellen	konst.
Stromgrenzen	konst.	$\sim$ aktiven Fläche
Druckverhältnis	konst.	var.
(Nenn-)Luftbedarf	$\sim P_{\text{Stapel,Nenn}}$	$\sim P_{\text{Stapel,Nenn}}$

Neben der Erhöhung der Stapelspannung bei konstantem Maximalstrom hat eine größere Zellanzahl zur Folge, dass die Wärmeentwicklung sowie der Bedarf an Luft und Wasserstoff proportional ansteigt. Daher müssen die Rezirkulationspumpe, Kühlmittelpumpe sowie Verdichter an die gestiegenen Anforderungen angepasst werden. Da nach Kim und Peng [76] die Leistungsaufnahme der Rezirkulations- und Kühlmittelpumpe jedoch deutlich kleiner als die des Verdichters ist, werden diese zunächst bei der Herleitung der Skalierungsmethode vernachlässigt. Anschließend wird angenommen, dass deren Leistungsbedarf entsprechend dem des Verdichters skaliert.

Der proportional zur Stapelleistung steigende Luftbedarf ergibt sich nach Larminie und Dicks [85] durch:

$$\dot{m}_{\text{Luft}} = 3{,}57 \cdot 10^{-7} \cdot \lambda \cdot \frac{P_{\text{S}}}{V_{\text{Z}}} \, \text{kg s}^{-1} \qquad (5.24)$$

$\dot{m}_{\text{Luft}}$	Luftmassenstrom	λ	Stöchiometrie
P_{S}	Stapelleistung	V_{Z}	Zellspannung

Ein größerer Luftmassenstrom erfordert die Anpassung des Verdichters. Grundsätzlich können dafür unterschiedliche Verdichtertypen verwendet werden. Für automobile Anwendungen kommen häufig die kompakten und zuverlässigen Turboverdichter zum Einsatz. Bei einem größeren Luftbedarf im Vergleich zu einem Referenzsystem muss dementsprechend ein leistungsstärkerer Turboverdichter eingesetzt werden. Bei gleichen Randbedingungen[16] steigt die isentrope Verdichtungsleistung $P_{\text{Verdichter,S}}$ eines Turboverdichters proportional zum Luftmassenstrom (vgl. Gleichung 5.25 [34]):

$$P_{\text{Verdichter,S}} = R_{\text{Luft}} \cdot T_{\text{Außen}} \cdot \frac{\kappa}{\kappa - 1} \left[\left(\frac{p}{p_{\text{Außen}}} \right)^{\frac{\kappa}{\kappa-1}} - 1 \right] \cdot \dot{m}_{\text{Luft}} \qquad (5.25)$$

R_{Luft}	Spez. Gaskonstante Luft	$T_{\text{Außen}}$	Außentemperatur
κ	Isentropenverhältnis	$p_{\text{Außen}}$	Außendruck

---

[16]Druckverhältnis und Außentemperatur konstant

Die erforderliche elektrische Verdichterleistung $P_{\text{Verdichter,eff}}$ ergibt sich durch Berücksichtigung des isentropen Wirkungsgrads $\eta_{s,i}$ sowie des Wirkungsgrads η_{EM} der E-Maschine, die den Verdichter antreibt:

$$P_{\text{Verdichter,eff}} = \frac{P_{\text{Verdichter,S}}}{\eta_{EM} \cdot \eta_{s,i}} \qquad (5.26)$$

Der isentrope Wirkungsgrad lässt sich anhand von Verdichterkennfeldern ermitteln. Die Auslegung der Betriebskurve erfolgt dabei i. d. R. entlang des höchsten Wirkungsgrads. Bei der Skalierung, wie z. B. bei einer Vergrößerung des Stapels und der damit verbundenen Erhöhung des Luftbedarfs, wird angenommen, dass der Verdichter ebenso vergrößert und damit das Kennfeld gestreckt wird. Dabei gilt, dass die Verlustleistung des Verdichters proportional zur Nennleistung steigt. Mit der Näherung $\eta_{EM} \cdot \eta_{s,i} =$ konst. und den Gleichungen 5.24, 5.25 und 5.26 ergibt sich bei konstanten Randbedingungen schließlich:

$$P_{\text{Verdichter,eff}} \sim P_{\text{Stapel,Nenn}} \qquad (5.27)$$

Abbildung 5.19 zeigt die Auswirkung der Skalierung eines Referenz-Brennstoffzellensystems mit der Nennleistung P_1 auf die Leistung P_2. Links ist zu erkennen, wie die elektrische Verdichterleistung proportional zum Stapelstrom steigt. Der daraus resultierende Verlauf der Systemleistung ist in der Mitte und die Auswirkung der beschriebenen Leistungsskalierung auf den Wirkungsgradverlauf ist rechts dargestellt. Es zeigt sich, dass der maximale Wirkungsgrad aufgrund der Proportionalitäten konstant bleibt. Die gesamte Kurve wird dabei entlang der horizontalen Achse gestreckt bzw. gestaucht.

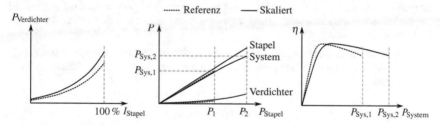

Abbildung 5.19: Skalierung der Verdichterleistung (links); Stapel, Verdichter und Systemleistung (mittig); Wirkungsgradverlauf (rechts)

Das Gesamtgewicht des BZS ergibt sich einerseits aus einem variablen Anteil, der mit der Nennleistung skaliert. Dieser Anteil setzt sich aus den Zellen, den Nebenaggregaten sowie Schläuchen, Kabeln und Gehäusen zusammen. Andererseits gibt es einige Bestandteile, die nahezu unabhängig von der Nennleistung sind. Dazu gehören u. a. Sensorik und Steuerung des Brennstoffzellensystems. Daraus ergibt sich, dass die Leistungsdichte mit sinkender Gesamtleistung ebenfalls leicht abnimmt.

5.3.5 Verbrennungsmotor

Modellierung Abbildung 5.20 zeigt die Schnittstellengrößen des VM-Modells. Diese sind das Drehmoment M_{VM}, die Drehzahl n_{VM}, die Winkelbeschleunigung $\dot{\omega}_{VM}$, der resultierende Kraftstoffvolumenstrom $\dot{V}_{Kr}$ sowie das verfügbare maximale Drehmoment $M_{VM,Max}$ bzw. das Schubmoment $M_{VM,Min}$. Die Modellierung des Kraftstoffverbrauchs erfolgt auf Basis eines in der Komponentenbibliothek hinterlegten b_e-Kennfelds. Dieses gibt den leistungsspezifischen Kraftstoffverbrauch in Abhängigkeit von Drehmoment und Drehzahl an, sodass bei bekannten Ausgangsgrößen der zugehörige Kraftstoffvolumenstrom durch Interpolation ermittelt werden kann. Analog zur EM muss bei Drehzahländerungen das eigene Massenträgheitsmoment und das des Zweimassenschwungrads überwunden werden. Dies wird im Modell durch ein zusätzliches Moment $M_{VM,Beschl} = \dot{\omega}_{VM} \cdot J_{VM}$ berücksichtigt.

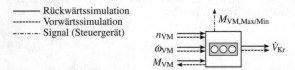

Abbildung 5.20: Schnittstellengrößen des Verbrennungsmotormodells

Skalierung Das Ziel der VM-Skalierung ist es, eine Vorgehensweise für eine kontinuierliche Leistungsskalierung von Technologievarianten aus den grundlegenden physikalischen Zusammenhängen abzuleiten. Bekannte Verfahren zur Skalierung von VMs (siehe z. B. [4, 70]) erfordern eine umfangreiche Datenbasis und basieren u. a. auf gemessenen, nicht öffentlich zugänglichen Zusammenhängen bestimmter Motoren und eignen sich daher nicht für den hier betrachteten Anwendungsfall.

Nach Gleichung 5.28 bestehen bei Festlegung des Verfahrens (4-Takt) grundsätzlich drei Möglichkeiten der Leistungsskalierung [16]: Über das Hubvolumen, den indizierten Mitteldruck oder die Drehzahl.

$$P_{VM,i} = i \cdot n_{VM} \cdot V_H \cdot p_{mi} \tag{5.28}$$

$P_{VM,i}$	Indizierte VM-Leistung	V_H	Hubvolumen
p_{mi}	Indizierter Mitteldruck	i	2-Takt: $i = 1$; 4-Takt: $i = 0{,}5$

Die maximale VM-Drehzahl hat großen Einfluss auf die im Motor wirkenden Massenkräfte und auf das Brennverfahren, weil bei steigender Drehzahl weniger Zeit für einen Brennvorgang zur Verfügung steht (z. B. zur Gemischaufbereitung). Die Auswirkungen dieser Einflüsse können nicht ausreichend genau abgebildet werden. Daher eignet sich die Drehzahlanpassung nicht zur Leistungsskalierung innerhalb der Methodik. Darüber hinaus erfolgt auch in der Praxis die Ausprägung unterschiedlicher Leistungsklassen einer Motorbauart nicht durch die Anpassung des Drehzahlbereichs.

Der indizierte Mitteldruck lässt sich bei konstanter Verdichtungsverhältnis durch eine stärkere Aufladung erhöhen. Es wird jedoch davon ausgegangen, dass bei den als Technologievarianten verwendeten Basismotoren bereits Downsizing in einem sinnvollen Maß durchgeführt wurde. Beim Downsizing wird bei gleicher Leistung der Hubraum durch eine höhere Aufladung verkleinert, wodurch eine Wirkungsgradsteigerung erreicht werden kann.[17] Für einen ausgewählten Motor ist eine höhere Aufladung ggf. jedoch nicht möglich, da dies die Abgastemperatur oder die mechanische Beanspruchung zu stark erhöht (siehe Abbildung 5.21 rechts). Nachteilig bei dieser Art der Leistungsskalierung wäre außerdem, dass Änderungen des Turboladers Einfluss auf den Betriebsbereich des Motors haben (siehe Abbildung 5.21 links). Der Grund dafür ist, dass Radialverdichter i. d. R. nicht in der Lage sind, ausreichend Luftvolumenstrom über den gesamten Drehzahlbereich zur Verfügung zu stellen. Bei der Auslegung des Verdichters muss daher besonders beim Ottomotor ein Kompromiss zwischen ausreichendem Ladedruck bei niedrigen Drehzahlen (kleiner Verdichter) und maximaler Leistung im oberen Drehzahlbereich (großer Verdichter) eingegangen werden [57]. Für die Kennfeldskalierung ist entscheidend, dass der Einfluss auf den Betriebsbereich nicht durch einfache Zusammenhänge beschrieben werden kann. Weiterhin stellt eine Änderung der Aufladung einen starken Eingriff in das Brennverfahren dar, was eine Prognose des resultierenden be-Kennfelds erschwert. Zusammenfassend lässt sich sagen, dass die Leistungsskalierung eines vorhandenen Motors durch Anpassung der Aufladung mechanisch und thermodynamisch begrenzt ist, Einfluss auf den Betriebsbereich hat sowie das Brennverfahren wesentlich beeinflusst. Da diese komplexen Zusammenhänge in einer einfachen Skalierungsmethode nicht mit ausreichender Genauigkeit abgebildet werden können, eignet sich diese Vorgehensweise nicht.

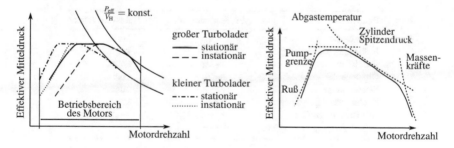

Abbildung 5.21: Einfluss der Aufladung auf Leistung und Betriebsbereich des Motors (links) [57], Begrenzungen des maximalen effektiven Mitteldrucks (rechts) [57]

Der Skalierung der Leistung über das Hubvolumen sind dagegen aus mechanischer und thermodynamischer Sicht geringere Grenzen gesetzt, da die Systemkomponenten entsprechend mit angepasst werden können. Da kleine Änderungen des Hubvolumens darüber hinaus bei gleicher (bzw. lediglich an den geänderten Luftbedarf angepasster) Aufladung einen geringeren Eingriff in das Brennverfahren darstellen, wird im Rahmen dieser Arbeit zur Skalierung des VM das Hubvolumen eines Basismotors variiert. Nach Gleichung 5.29 steigt das Verbrennungsmotormoment M_{VM} proportional mit dem Hubvolumen V_H. Dabei muss jedoch berücksichtigt werden, dass eine Veränderung des Hubvolumens Auswirkungen auf den Reibmitteldruck p_{mr} und mit $p_{me} = p_{mi} - p_{mr}$ auf den effektiven Mitteldruck p_{me} hat.

---

[17]Der Hauptgrund dafür ist, dass der indizierte Mitteldruck dabei stärker zunimmt als der Reibmitteldruck [57].

$$M_{VM} = \frac{p_{me} \cdot V_H \cdot i}{2\pi} \qquad (5.29)$$

Der Reibmitteldruck ergibt sich aus den Reibanteilen der unterschiedlichen Baugruppen des Verbrennungsmotors. Bei diesen handelt es sich um die rein mechanischen Reibungsverluste ohne Gaswechselverluste. Dazu gehören z. B. die Kurbelwelle, Kolben und Pleuel, Ventiltrieb, Ölpumpe sowie Wasserpumpe und Generator [7].[18]

Bei Vergrößerung des Hubvolumens zur Steigerung der VM-Leistung wird angenommen, dass die Nebenaggregate zum Betrieb des Motors, wie Öl- und Wasserpumpe sowie Hochdruckeinspritzpumpe, entsprechend angepasst werden. Die höhere Belastung hat zur Folge, dass das Reibmoment proportional ansteigt bzw. der Reibmitteldruck konstant bleibt. Wie in Tabelle 5.7 aufgeführt, bilden der Generator und der Klimakompressor eine Ausnahme. Diese müssen nicht mit dem Hubraum skaliert werden, da sich deren Größe aus anderen Fahrzeuganforderungen ergibt. Bei den in dieser Arbeit betrachteten höherer elektrifizierten Antriebsarchitekturen können diese jedoch entfallen und durch elektrisch angetriebene ersetzt werden. Insgesamt bleibt der Reibmitteldruck bei Skalierung des Hubvolumens von VM für Hybridanwendungen näherungsweise konstant (bei VM in konventionellen Fahrzeugen sinkt der Reibmitteldruck tendenziell mit dem Hubvolumen [7]).

Tabelle 5.7: Einfluss der Hubraumskalierung auf Reibmoment und Reibmitteldruck

Bauteil	Abh. Reibmoment	Abh. Reibmitteldruck
Kurbelwelle	$\sim V_H$	konst.
Kolbengruppe, Pleuellager	$\sim V_H$	konst.
Ventiltrieb	$\sim V_H$	konst.
Ölpumpe	$\sim V_H$	konst.
Wasserpumpe	$\sim V_H$	konst.
Hochdruckeinspritzpumpe	$\sim V_H$	konst.
Generator $\rightarrow$ entfällt	konst.	$\sim \frac{1}{V_H}$
Klimakompressor $\rightarrow$ entfällt	konst.	$\sim \frac{1}{V_H}$

Ein mögliches Ergebnis der Kennfeldskalierung eines VM zeigt Abbildung 5.22. Dafür wird mit den Reibmitteldrücken aus einer Stripmessung sowie den indizierten Mitteldrücken in Kombination mit dem spezifischen Verbrauch ein be-Kennfeld über Drehmoment und Drehzahl erstellt und ausgehend davon ein Kennfeld für einen in diesem Fall leistungsstärkeren Motor abgeleitet. Dies erfolgt durch eine Vergrößerung des Hubraums, die zu entsprechend der Proportionalitäten höheren Drehmomenten führt. Aufgrund des konstanten Reibmitteldrucks ergibt sich eine identische spezifische Verbrauchscharakteristik (siehe Abbildung 5.22 rechts). Die Gewichtsskalierung erfolgt innerhalb definierter Grenzen proportional zur Nennleistung.

---

[18] Die Reibanteile werden in einer sogenannten Stripmessung ermittelt. Dabei wird zunächst das Antriebsmoment des geschleppten Motors gemessen. Anschließend werden die Baugruppen Schritt für Schritt demontiert, um die jeweiligen Anteile an der Gesamtreibung zu ermitteln. Die Reibwerte des unbelasteten Motors sind ausreichend zur Erstellung des gesamten Kennfelds, weil die Abhängigkeiten von der Motorlast gering sind und diese sich teilweise gegenseitig kompensieren [7].

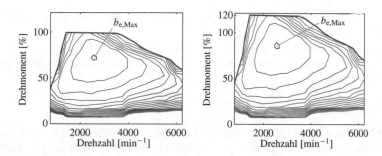

Abbildung 5.22: be-Kennfeld des Referenzmotors (links) und des skalierten Motors (rechts)

Das beschriebene Skalierungsverfahren ist nur für kleine Änderungen des Hubvolumens zulässig. Bei einem großen zu untersuchenden Leistungsbereich des VMs ist es daher ggf. sinnvoll, in der Technologiebibliothek Varianten verschiedener Leistungsklassen als Basis zu hinterlegen.

5.3.6 Kupplung

Die Schnittstellgrößen der Kupplung sind, wie in Abbildung 5.23 dargestellt, ein Signal zum Öffnen oder Schließen der Kupplung sowie ein- und ausgangsseitig Drehmoment und Drehzahl, die je nach Kraftfluss in beide Richtungen wirken können. Bei geschlossener Kupplung werden beide Größen nahezu verlustfrei übertragen. Reihkupplungen werden in der Antriebsstrangsimulation u. a. als Drehzahlwandler für den Anfahrvorgang verwendet.[19] Die bei schlupfender Kupplung auftretenden Drehzahldifferenzen werden in Wärme umgewandelt und führen zu Verlustleistungen in der Kupplung.

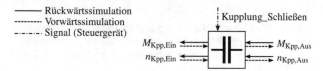

Abbildung 5.23: Schnittstellengrößen des Kupplungsmodells

Aufgrund der insbesondere bei Doppelkupplungsgetrieben sehr kurzen Schaltzeiten sind die energetischen Auswirkungen der dabei auftretenden Kupplungsverluste während der Kupplungsvorgänge auf die Gesamtenergiebilanz gering. Aus diesem Grund werden die getriebeinternen Kupplungen bei der Modellierung vernachlässigt. Gleiches gilt in Bezug auf die Verlustberechnung und die Simulation der transienten Trenn- und Schließvorgänge weiterer Kupplungen im Antriebsstrang. Der Übergang vom geöffneten zum geschlossenen Zustand, wie z. B. bei Ankopplung des VM aus dem E-Fahren, erfolgt in der Simulation daher ohne zeitliche Verzögerung. Eine Skalierung der Kupplungsmodelle ist darüber hinaus nicht erforderlich, da der

---

[19] I. d. R. erfolgt dieser jedoch mit den betrachteten Antriebsstrangarchitekturen rein elektrisch.

für die Verlustleistung verantwortliche Kupplungschlupf nicht vom übertragbaren Drehmoment abhängt.

Mit dem Kupplungsmodell werden außerdem formschlüssige Schaltelemente abgebildet. Diese werden in der Simulation entsprechend des Signals aus der Betriebsstrategie verlustfrei geöffnet oder geschlossen.

5.3.7 Gleichspannungswandler

Modellierung   Abbildung 5.24 zeigt das Modell eines Gleichspannungs- bzw. DC/DC-Wandlers, dessen Schnittstellen die Ein- und Ausgangsleistung $P_{\text{DCDC,Ein}}$ bzw. $P_{\text{DCDC,Aus}}$ umfassen. Die Differenz ergibt die zu modellierende Gesamtverlustleistung $P_{\text{DCDC,Verl}}$. Weitere Schnittstellengrößen des Modells sind die Bemessungsspannungen $U_{\text{DCDC,BM,Ein}}$ und $U_{\text{DCDC,BM,Aus}}$.[20]

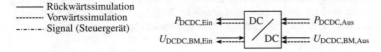

Abbildung 5.24: Ein- und Ausgangsgrößen des Gleichspannungswandlermodells

Die Gesamtverluste im DCDC-Wandler setzen sich aus unterschiedlichen Anteilen zusammen, die sich aus zyklisch auftretenden statischen und dynamischen Zuständen der Leistungshalbleiter (Freilaufdiode und IGBTs) ergeben. Diese sind nach Wintrich et al. [139]

- Durchlassverluste P_{Cond},

- Ein- und Ausschaltverluste P_{sw}, sowie

- statische Verluste P_{Stat}.

Die Summe dieser Verlustanteile aus allen Leistungshalbleitern ergeben demnach die Gesamtverluste. Beispielhaft für einen Hochsetzsteller als Halbbrücke, bei dem die Eingangsspannung U_{Ein} in eine höhere Ausgangsspannung U_{Aus} gewandelt wird, ergeben sich folgende Abhängigkeiten der Durchlass- und Schaltverluste [139]:

Durchlassverluste:

$$P_{\text{Cond}} = (I_{\text{Ein}} \cdot (U_{0,\,25\,°\text{C}} + TC_{\text{U}} \cdot (T_{\text{j}} - 25\,°\text{C})) + I_{\text{Ein}}^2 \cdot (R_{25\,°\text{C}} + TC_{\text{R}} \cdot (T_{\text{j}} - 25\,°\text{C}))) \cdot DC \quad (5.30)$$

Ein- und Ausschaltverluste:

$$P_{\text{sw}} = f_{\text{sw}} \cdot E_{\text{Ref}} \cdot \left(\frac{I_{\text{Ein}}}{I_{\text{Ref}}}\right)^{K_{\text{I}}} \cdot \left(\frac{U_{\text{Aus}}}{U_{\text{Ref}}}\right)^{K_{\text{U}}} \cdot (1 + TC_{\text{sw}} \cdot (T_{\text{j}} - T_{\text{Ref}})) \quad (5.31)$$

---

[20]Diese werden im Rahmen der Auslegung als konstant angenommen, vgl. Abschnitt 4.2.3.

DC	Tastverhältnis	f_{sw}	Schaltfrequenz
T_j	Sperrschichttemperatur	E_{Ref}	Schaltenergie im Referenzpunkt
$U_{0,25\,°C}, R_{25\,°C}$	Kennwerte der Ersatzgraden zur Nachbildung der Durchlasskennlinie		
TC_U, TC_R, TC_{sw}	Temperaturkoeffizienten der Durchlasskennlinie bzw. der Schaltverluste		
$I_{Ref}, U_{Ref}, T_{Ref}$	Referenzwerte der Schaltverlustmessung		
K_I, K_U	Exponenten für Strom- und Spannungsabhängigkeit		

Bei einem bekannten Wandler wird eine konstante Schaltfrequenz vorausgesetzt.[21] Für die Summe der Teilverluste aller Leistungshalbleiter ergibt sich somit die Abhängigkeit nach Gleichung 5.32. Der Parameter a_0 repräsentiert dabei die statischen Verluste P_{Stat}.

$$P_{DCDC,Verl} = a_0 + a_1 \cdot I_{Ein} + a_2 \cdot I_{Ein}^2 + a_3 \cdot I_{Ein} \cdot U_{Aus} \tag{5.32}$$

a_j wandlerspezifische konstante Parameter

Mit $I_{Ein} = P_{Ein}/U_{Ein}$, $\Delta U = U_{Aus} - U_{Ein}$ und folglich $\Delta U \sim U_{Aus}$[22] ergibt sich

$$P_{DCDC,Verl} = a_0 + a_1 \cdot P_{Ein} + a_2 \cdot P_{Ein}^2 + a_3 \cdot P_{Ein} \cdot \Delta U. \tag{5.33}$$

Analog zur Getriebemodellierung kann diese Modellfunktion genutzt werden, um das Verlustleistungskennfeld eines bekannten Gleichspannungswanders abzubilden. Dafür werden durch Regression die unbekannten Parameter a_j an ein (aus Messung oder Simulation) bekanntes Kennfeld angepasst. Für den Fall, dass keine detaillierten Informationen zu den Betriebspunkten zur Verfügung stehen, kann die Charakteristik des Wandlers auch durch die Angabe einiger weniger Punkte abgebildet werden. So beträgt der Wirkungsgrad eines automotivetauglichen Gleichspannungswanders bei Nennleistung $> 96\,\%$ [89], wobei dieser mit zunehmender Spannungsdifferenz sinkt (vgl. Gleichung 5.31). Wird zusätzlich ein geringer, von der Nennleistung abhängiger Grundverlust a_0 angenommen, können Verlustleistungskennfelder bzw. Wirkungsgradkennlinien entsprechend Abbildung 5.25 abgeleitet werden. Durch den Vergleich mit Kennfeldern von Gleichspannungswandlern aus der Literatur zeigt sich, dass der qualitative Wirkungsgradverlauf mit dem verwendeten Modell korrekt abgebildet wird (siehe B.3). Die absoluten Werte ergeben sich aus der gewählten Parametrierung.

Im Realbetrieb können die Ein- und Ausgangsspannungen des Wandlers je nach Antriebsstrangkonfiguration in einem bestimmten Bereich variieren. Bei der Modellierung des Antriebsstrangs wird jedoch die elektrische Leistung als Schnittstellengröße verwendet. Um den Einfluss der Spannungsdifferenz auf die Verlustleistung des Wandlers dennoch zu berücksichtigen, werden für die Simulation charakteristische Bemessungsspannungen für Ein- und Ausgang verwendet (vgl. Abschnitt 4.2.3). In der Verbrauchsimulation handelt es sich dabei näherungsweise um eine mittlere Spannung der Leistungsquellen, für die Fahrleistungen dagegen um die Minimalspannung bei Volllast. Die Verwendung der konstanten Bemessungsspannung für die Berechnung der

---

[21] Das Tastverhältnis des idealen Hochsetzstellers ist $DC_{IGBT} = 1 - U_{Ein}/U_{Aus}$ bzw. $DC_{Diode} = U_{Ein}/U_{Aus}$ und definiert damit die Aufteilung der Durchlassverluste zwischen IGBT und Diode. Für die hier betrachteten Gesamtdurchlassverluste gilt $DC_{ges} = 1$. Für die Exponenten K gilt je nach Art des Leistungshalbleiters näherungsweise $K_I \approx 1$ (IGBT) und $K_I \approx 0{,}6$ (Diode) bzw. $K_U \approx 1{,}3..\ 1{,}4$ (IGBT) und $K_U \approx 0{,}6$ (Diode) [139]. Vereinfachend wird $K_I = K_U = 1$ angenommen.

[22] Dies gilt für den Hochsetzsteller mit $U_{Aus} > U_{Ein}$ und $U_{Ein} = $ konst.

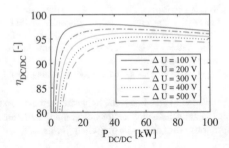

Abbildung 5.25: Mit der Modellgleichung 5.33 berechnete Wirkungsgradverläufe eines Hochsetzstellers über der Eingangsleistung

Wandlerverlustleistung stellt eine Vereinfachung gegenüber des tatsächlich im Betrieb variierenden Spannungsverlaufs dar. Die daraus resultierenden Fehler sind bei der Zyklussimulation vernachlässigbar klein, der Ansatz führt jedoch zu einem deutlich einfacheren und schnelleren Simulationsmodell.

Für den Fall, dass sich die Spannungsbereiche von Ein- und Ausgang überlappen, muss für den Gleichspannungswandler eine Vollbrückenschaltung verwendet werden. Dabei fließt der Strom im Vergleich zur Halbbrücke durch einen zusätzlichen Leistungshalbleiter, wodurch der Wirkungsgrad dieses Wandlers etwas niedriger ist [36]. Bei der Modellierung wird dies durch einen etwas niedrigeren Wirkungsgrad des Vollbrückenwandlers bei Nennleistung berücksichtigt. Infolge dessen sinkt die gesamte Wirkungsgradkennlinie über der Last.

Entsprechend der Abbildung 5.24 dient in der Rückwärtssimulation (wie auch bei den weiteren Antriebsstrangkomponenten) $P_{\text{Komponente,Aus}}$ als Eingangsgröße. Die Berechnung der Ausgangsgröße $P_{\text{DCDC,Ein}}$ erfolgt iterativ nach Gleichung 5.34, wobei im ersten Berechnungsdurchlauf als Startwert eine Verlustleistung von Null angenommen wird.

$$P_{\text{DCDC,Ein}} = P_{\text{DCDC,Aus}} + P_{\text{DCDC,Verl}}(P_{\text{DCDC,Ein}}) \qquad (5.34)$$

Skalierung Die erforderliche Nennleistung des DC/DC-Wandlers ergibt sich aus der maximalen Aus- bzw. Eingangsleistung der angebundenen Leistungsquelle. Soll beispielsweise die Spannung der Traktionsbatterie hochgesetzt werden, definiert deren maximale Entladeleistung die maximale Belastung des Wandlers. Ausgehend von der aus den Bemessungsspannungen resultierenden Spannungsdifferenz ΔU wird anschließend mit Gleichung 5.33 die Wirkungsgradkennlinie bzw. der Wirkungsgrad bei Vollast berechnet (die Parameter a_j werden dafür vorher in der Komponentenbibliothek hinterlegt bzw. berechnet). Als Ergebnis ergibt sich unabhängig von der Nennleistung für die gleichen Modellierungsparameter a_j stets qualitativ ein identischer Wirkungsgradverlauf. Die Leistungsskalierung des Wandlers entspricht daher einer Streckung bzw. Stauchung der Kennlinie über der Leistungsachse. Zur Berechnung des Gewichts wird eine konstante Leistungsdichte angenommen.

5.4 Reproduzierbarkeit der Fahrleistungen

In Abschnitt 4.1.3 wird die Reproduzierbarkeit der Fahrleistungen im Hinblick auf mögliche Leistungseinschränkungen als Randbedingung für die Zielkonfiguration definiert. Zur Überprüfung der Reproduzierbarkeit werden entsprechend eines Grenzfahrprofils mehrere aufeinanderfolgende Volllastbeschleunigungen durchgeführt (siehe Abschnitt 5.2.4). Die Anforderung an die Reproduzierbarkeit wird erfüllt, wenn die Abweichung der Beschleunigungszeiten untereinander eine bestimmte Toleranz nicht überschreitet.

Verringerungen der verfügbaren (elektrischen) Leistung sind die Folge einer leeren Traktionsbatterie oder einer drohenden Überhitzung verschiedener Antriebsstrangkomponenten. Insbesondere bei der E-Maschine, der Traktionsbatterie sowie dem Inverter kann im Betrieb die Maximaltemperatur erreicht werden. Zum Schutz vor irreversiblen Schäden wird die Leistungsfreigabe der jeweiligen Komponenten in diesem Fall durch das sogenannte *Derating* verringert. Die Auslegung der Kühlkreisläufe stellt einen der frühen Konzeptentwicklung nachgelagerten Prozess dar. Daher wird im Rahmen der Methodik davon ausgegangen, dass die Kühler in der Lage sind, die in das Kühlmedium eingebrachte Wärmemenge wieder abzugeben. Zur Modellierung des Deratingverhaltens muss demnach der Wärmeeintrag der Komponenten in den Kühlkreislauf betrachtet werden. Aus diesem ergibt sich die Komponententemperatur und schließlich ggf. die Notwendigkeit eines Deratings.

Ein Derating kann zum Schutz des Inverters, der E-Maschine oder der Traktionsbatterie erfolgen, je nachdem welche Komponente zuerst ihre Maximaltemperatur erreicht. Daher wird ein einfaches thermisches Modell erstellt, dass das Aufwärmverhalten infolge eines Wärmeeintrags abbildet und je nach Bedatung auf alle zuvor benannten Komponenten angewendet werden kann. Entsprechend der Verfügbarkeit der Daten ist es dabei auch möglich, nur eine Auswahl der elektrischen Komponenten hinsichtlich des Deratingverhaltens zu simulieren. Weil die Komponenten in den Grenzfahrprofilen deutlich stärker belastet werden als in den relativ niedriglastigen Verbrauchszyklen wie dem NEFZ oder dem WLTC, werden diese Grenzfahrprofile zur Bewertung des Deratingverhaltens herangezogen.

Nulldimensionales thermisches Modell Die während des Betriebs auftretenden Verluste werden in den Komponenten in Wärme umgewandelt und zum Teil vom Kühlmedium abgeführt (siehe Abbildung 5.26 links). Bei diesem kann es sich um ein flüssiges Medium wie Wasser oder auch um Luft handeln. Die Differenz aus Wärmeeintrag und Kühlleistung führt zur Erwärmung der Komponente. Um die Bauteile vor Überhitzung zu schützen, werden zulässige Maximaltemperaturen definiert, die im Betrieb nicht überschritten werden dürfen. Dies wird dadurch erreicht, dass die Ausgangsleistung bei Erreichen der Maximaltemperatur abgesteuert und damit die Verlustleistung verringert wird. Dies erfolgt so weit, bis keine weitere Erwärmung mehr stattfindet und somit ein stationärer thermischer Zustand erreicht ist. In diesem Zustand entspricht die auftretende Verlustleistung dem von der Kühlung abgeführten Wärmestrom. Die dabei abgegebene Leistung wird als Dauerleistung bezeichnet. Weil die geometrischen Abmessungen der Komponenten in der Konzeptphase noch nicht bekannt sind und außerdem eine geringe Berechnungsdauer erforderlich ist, werden diese Zusammenhänge mit einem nulldimensionalen thermischen Modell abgebildet.

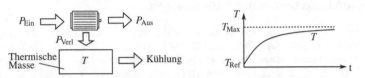

Abbildung 5.26: Leistungsfluss (links) und Erwärmungskurve (rechts) exemplarisch für die EM

Bei geschlossenen thermodynamischen Systemen gilt entsprechend des 1. Hauptsatzes der Thermodynamik für die Änderung der inneren Energie U_{System} ohne Volumenänderungsarbeit [124]:

$$\frac{dU_{\text{System}}}{dt} = \sum_j \dot{Q}_j \qquad (5.35)$$

$\dot{Q}_j$ bezeichnet dabei die über die Systemgrenzen zu- und abgeführte Wärme. Für eine Zustandsänderung von der Temperatur T_1 zu T_2 gilt entsprechend $\Delta U = U(T_2) - U(T_1)$.

Nach der kalorischen Zustandsgleichung kann diese Änderung der inneren Energie in einem Festkörper für kleine Temperaturdifferenzen nach Gleichung 5.36 bestimmt werden [54].

$$\Delta U = c_v \cdot m \cdot (T_2 - T_1) \qquad (5.36)$$

$\qquad\quad$ c_v $\quad$ Isochore Wärmekapazität $\quad$ m $\quad$ Masse

Aus der Gleichung 5.36 ergibt sich die Proportionalität:

$$\Delta U \sim \Delta T \qquad (5.37)$$

Für die Bilanz der Wärmeströme gilt $\sum_j \dot{Q}_j = \dot{Q}_{\text{Verl}} - \dot{Q}_{\text{Kühlung}}$. Die Kühlung erfolgt dabei bei den betrachteten Komponenten im Wesentlichen durch Konvektion in ein Kühlmedium [48]. Der dabei abgeführte Wärmestrom ergibt sich durch [14]:

$$\dot{Q}_{\text{Konvektion}} = \alpha \cdot A \cdot (T_W - T_F) \qquad (5.38)$$

$\qquad\quad$ α $\quad$ Wärmeübergangskoeffizient $\quad$ A $\quad$ Kontaktfläche
$\qquad\quad$ T_W $\quad$ Wandtemperatur $\qquad\qquad\qquad$ T_F $\quad$ Fluidtemperatur

Im betrachteten Fall steigt somit die Temperatur proportional zur inneren Energie, dessen Änderung sich wiederum aus der Bilanz der Wärmeströme ergibt. Das in in Abbildung 5.27 dargestellte nulldimensionale thermische Modell bildet dieses Verhalten ab. Es handelt sich um ein geschlossenes System ohne Volumenänderungsarbeit mit einer Wärmezufuhr durch die Verlustleistung $\dot{Q}_{\text{Verl}}$ sowie einer Wärmeabfuhr durch die Kühlung $\dot{Q}_{\text{Kühlung}}$. Die Differenz führt zu einer Änderung der inneren Energie U und somit zur Temperaturänderung. Die Wandtemperatur T_W aus Gleichnug 5.38 entspricht im nulldimensionalen Fall der Komponententemperatur T. Die Kühlung erfolgt über ein Kühlmedium mit einer konstanten Referenztemperatur $T_F = T_{\text{Ref}}$.

Abbildung 5.27: Thermisches Modell (links), Abhängigkeit des Kühlungswärmestroms von der in der Komponente gespeicherten Wärmemenge (rechts)

Zu Beginn einer Simulation entspricht die Komponententemperatur der Referenztemperatur. Die unter Last auftretenden Verluste $\dot{Q}_{Verl}$ stellen eine Wärmequelle dar und führen zum Anstieg der inneren Energie U und Temperatur T. Sobald sich eine Temperaturdifferenz zwischen EM und Kühlmedium ergibt, wird Wärme als Kühlleistung $\dot{Q}_{Kühlung}$ abgeführt, sodass sich im Folgenden die Änderung der Temperatur aus der Differenz von Verlust- und Kühlleistung ergibt. Kurz vor Erreichen der maximal zulässigen Temperatur T_{Max} wird die verfügbare Ausgangsleistung der Komponente reduziert. Dies führt dazu, dass die Leistung so lange sinkt, bis sich ein stationärer Zustand mit $\dot{Q}_{Verl} = \dot{Q}_{Kühlung}$ und einer entsprechenden Dauerleistung eingestellt hat. Die Bedatung des thermischen Modells erfolgt anhand der maximalen Temperatur T_{Max}, der thermischen Masse m, einer mittleren isochoren Wärmekapazität c_v sowie der maximalen Kühlleistung $\dot{Q}_{Kühlung,Max}$.

Das Dauerleistungsverhalten der Traktionsbatterie beruht sowohl auf elektrochemischen als auch auf thermodynamischen Effekten. Die Zellhersteller geben i. d. R. den freigegebenen Strom für definierte Belastungsdauern an, wobei die Freigabe bei längerer Belastungsdauer meist stark reduziert wird. Diese Angaben gelten jedoch nur für den Fall, dass der angegebene maximale Strom auch dauerhaft abgefordert wird. Bei der Simulation von dynamischen Vorgängen müssen aber auch Zeiträume mit geringer oder gar keiner Leistungsabgabe berücksichtigt werden, die ggf. zur „Erholung" der Batteriezellen und damit zur Erhöhung der verfügbaren Leistung führen. Um dies abzubilden, wird ebenfalls das erarbeitete Modell genutzt. Es ist jedoch in diesem Fall als heuristischer Ansatz mit entsprechend normierten Größen zu interpretieren, da es sich nicht um ein rein thermisches Phänomen handelt. Als Ein- und Ausgänge des geschlossenen Systems werden hier statt der Wärmeströme die aktuelle Peak- bzw. die maximale Dauerleistung verwendet.[23] Die Differenz aus beiden Leistungen wird über der Zeit zu einer Energie $E_{Drtg,Batt}$ integriert (ein negativer Wert ist dabei nicht zulässig). Wenn diese Energie einen maximalen Wert $E_{Drtg,Batt,Max}$ erreicht, wird die verfügbare Batterieleistung auf die Dauerleistung begrenzt, wodurch ein weiterer Anstieg verhindert wird. Sobald die Leistung niedriger als die maximale Dauerleistung ist, sinkt die Energie im System, was wiederum zu einer Erhöhung der verfügbaren Leistung führt. Die maximale Energie ist vergleichbar mit der Maximaltemperatur im thermischen Modell und wird anhand der Herstellerangaben zu den Peak- und Dauerleistungsangaben sowie den entsprechenden Maximaldauern bestimmt.

---

[23] Die Peakleistung wird dem System zugeführt, die maximale Dauerleistung wird abgeführt.

5.5 Kostenmodelle

Zur Berechnung der Herstellkosten des Antriebsstrangs werden für jede Technologievariante die zwei Kenngrößen Fixkosten $K_{Komp,Fix}$ und spezifische Kosten $K_{Komp,Spez}$ hinterlegt. Die Fixkosten repräsentieren dabei den von der Dimensionierung unabhängigen Anteil der Komponente. Bei den betrachteten Anwendungsfällen hat die Nennleistung der EM beispielsweise keine Auswirkungen auf die Größe und Komplexität (und damit auf die Kosten) des Steuergeräts. Mit den spezifischen Kosten wird der von der Dimensionierung abhängige Anteil charakterisiert. Sie beziehen sich jeweils auf den Kennwerte, die maßgeblich für Größe und Kosten der Komponenten sind (siehe Tabelle 5.8).

Tabelle 5.8: Spezifische Kosten der Antriebsstrangkomponenten

	Abhängigkeit spez. Kosten
Verbrennungsmotor	Nennleistung
E-Maschine und Inverter	Nennleistung
Getriebe	max. Drehmoment
Kupplung	-
Batteriezelle	Energieinhalt (Kosten auf Systemebene)
Brennstoffzellensystem	Nennleistung
Gleichspannungswandler	max. Strom

Sowohl Fix- als auch spezifische Kosten können sich für unterschiedliche Technologievarianten einer Komponente unterscheiden. Dadurch können beispielsweise zwei Traktionsbatterien mit gleichem Energieinhalt unterschiedliche Kosten verursachen, wenn sie jeweils andere Batteriezellen verwenden.

5.6 Ergebnisgüte der Simulationsmodelle

5.6.1 Vergleich Messung und quasi-statische Kennfeldsimulation

Die Verlustberechnung als Teil der Komponentenmodellierung erfolgt mittels quasi-statischer Kennfelder, bei denen hochfrequente dynamische Vorgänge vernachlässigt werden. Um den Einfluss dieser Vereinfachung zu bewerten, wird beispielhaft die Messung eines Dieselmotors mit dessen quasi-statischer Simulation verglichen. Als Basis dienen Last- und Drehzahlprofile eines konventionellen Referenzfahrzeugs mit VM im NEFZ und WLTC. Mit diesen Profilen wird der Motor auf einem Prüfstand beaufschlagt, woraus sich Ist-Drehmomenten-, Ist-Drehzahl und Kraftstoffvolumenstromverläufe ergeben. Dieser aus der Messung resultierende Kraftstoffvolumenstrom beinhaltet alle dynamischen Einflüsse. Zum Vergleich wird der Kraftstoffvolumenstrom außerdem mit einem quasi-statischen Kennfeld simuliert. Dieses Kennfeld wurde mit dem identischen Motor auf dem Prüfstand gemessen. Anders als bei der dynamischen Messung zuvor, wird dabei jedoch jeder Kennfeldbetriebspunkt für eine längere Dauer gehalten und der Kraftstoffvolumenstrom somit in einem stationären Zustand angegeben. Die Simulation des quasi-statischen Verbrauchs erfolgt durch Interpolation der Drehmoment- und Drehzahlverläufe aus der dynamischen Messung im Kennfeld.

Abbildung 5.28 zeigt einen Ausschnitt des WLTC beider Profile. Dabei zeigen sich leichte Abweichungen, insbesondere während der instationären Phasen. So findet die Zu- und Abnahme des Kraftstoffvolumenstroms bei der Messung im Vergleich zur Simulation leicht verzögert statt. Auf die von den Kurven eingeschlossene Fläche haben diese Abweichungen jedoch einen geringen Einfluss. Die Differenz des Gesamtverbrauchs zwischen Messung und kennfeldbasier-

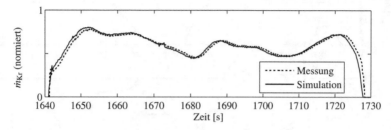

Abbildung 5.28: Vergleich von Messung und quasi-statischer Simulation anhand des Kraftstoffvolumenstroms eines Dieselmotors

ter Simulation beträgt im NEFZ lediglich 0,3 % und im dynamischeren WLTC 0,4 %. Diese geringen Unterschiede zeigen am Beispiel des VM, dass die dynamischen Einflüsse bei den hier angestellten Verbrauchssimulationen vernachlässigt werden können und die quasi-statische kennfeldbasierte Simulation für den hier betrachteten Einsatzzweck hinsichtlich der Ergebnisgüte geeignet ist.

5.6.2 Vergleich Vorwärts- und Rückwärtssimulation

In Abschnitt 5.3 wurde als Anforderung an die Genauigkeit der Simulationsumgebung eine maximale Abweichung von 1 % gegenüber der Referenz-Simulationsumgebung (siehe Anhang B.1) gefordert. Die zulässige Abweichung bezieht sich auf den Gesamtenergieumsatz, d. h. absolute Differenzen z. B. aufgrund von Schwingungen können größer sein. Zur Überprüfung dieser Anforderung wird mit der erstellten rückwärtsbasierten Längsdynamiksimulation ein von einer zentralen EM angetriebenes BEV für verschiedene Fahrzyklen simuliert und der Energieverbrauch ermittelt. Für einen objektiven Vergleich wird das identische Fahrzeug (mit den gleichen Komponentenkennfeldern) anschließend mit einer vorwärtsbasierten Längsdynamiksimulation simuliert. Die Berechnungsdauer der Referenz-Simulationsumgebung ist aufgrund abweichender Simulationsmethoden und eines höheren Detaillierungsgrads um ca. den Faktor 100 höher. Das BEV eignet sich besonders gut für diesen Vergleich, weil bei diesem keine Freiheiten bezüglich der Leistungs- oder Drehmomentenaufteilung bestehen und somit die Güte der Betriebsstrategie keinen Einfluss auf die Drehmomentenverläufe hat.

Abbildung 5.29 zeigt die Fahrzeuggeschwindigkeits- und EM-Drehmomentenverläufe beider Simulationen für die ersten 200 s des NEFZ. Prinzipbedingt folgt das Fahrzeug bei der Rückwärtssimulation exakt der vorgegebenen Sollgeschwindigkeit. Auch bei der Vorwärtssimulation kann der Fahrer dieser sehr genau folgen. Deutliche Unterschiede zeigen sich erst beim Drehmomentenverlauf. Das Aufbauen des EM-Drehmoments zu Beginn einer Beschleunigung beginnt

bei der Vorwärtssimulation stets etwas später und schwingt dann leicht über den Wert der Rückwärtssimulation. Dieses Verhalten ist charakteristisch für das Regelverhalten des Fahrermodells.

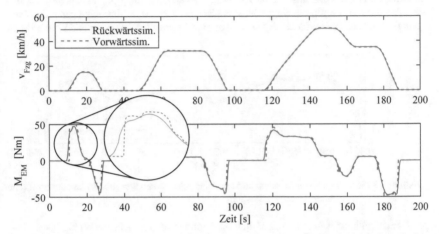

Abbildung 5.29: Vergleich der für die Optimierungsmethodik erstellten Rückwärtssimulation mit einer
Vorwärtssimulation

Die absoluten Energieverbräuche beider Simulationen sind für alle betrachteten Fahrzyklen in
Tabelle 5.9 aufgeführt. Der absolute Energieverbrauch nimmt dabei jeweils vom FTP-72, über
den NEFZ und WLTC bis zum Kundenzyklus zu. Die prozentuale Abweichung ist dagegen beim
NEFZ mit 0,06 % am geringsten und bleibt bei allen Normzyklen unter 0,5 %. Lediglich im
Kundenzyklus ist die Abweichung mit 1,67 % größer als gefordert.

Tabelle 5.9: Verbrauchsunterschiede eines Elektrofahrzeugs zwischen Rückwärts- und Vorwärtssimulation

Energieverbrauch BEV [kWh/100km]	Rückwärtssim.	Vorwärtssim.	Abweichung
FTP-72	10,401	10,417	0,16 %
NEFZ	11,060	11,053	0,06 %
WLTC	12,123	12,183	0,49 %
Kundenzyklus	12,590	12,804	1,67 %

Die prozentuale Verbrauchsabweichung steigt mit zunehmender Dynamik und Geschwindigkeit
im Fahrzyklus (vgl. Tabelle 5.2.4). Der primäre Grund dafür ist, dass das Fahrermodell der
Vorwärtssimulation mit steigender Dynamik der Sollgeschwindigkeit nur noch mit größeren
Abweichungen folgen kann. Die energetischen Auswirkungen dieser Abweichungen nehmen
bei höherer Geschwindigkeit zu. Im Kundenzyklus führt das Regelverhalten des Fahrermodells
in der Vorwärtssimulation zu einem ca. 1,7 % höheren Energiebedarf am Rad im Vergleich zur
Rückwärtssimulation. Bei einem anderen Fahrerverhalten könnte der Energiebedarf prinzipiell
ebenso um den gleichen Betrag geringer sein, weil stets eine absolute Geschwindigkeitsab-
weichung vom Sollverlauf toleriert wird. Die Unterschiede beider Simulation sind somit auf

einen abweichenden Radenergiebedarf und nicht auf Ungenauigkeiten bei der Modellierung des Antriebsstrangs zurückzuführen. Aus diesem Grund werden die Anforderung an die Ergebnisgüte mit der Rückwärtssimulation als erfüllt angesehen.

6 Betriebsstrategie

Hybridfahrzeuge bieten den Freiheitsgrad der Leistungsaufteilung zwischen verschiedenen Komponenten. Diese Leistung dient dem Antrieb, der Versorgung der Nebenaggregate und dem Energietransfer zwischen den Komponenten. Die Aufteilung erfolgt durch die Betriebsstrategie und hat einen wesentlichen Einfluss auf den Energieverbrauch des betrachteten Antriebsstrangs. Somit ist das Auslegungskriterium Verbrauch für einen gegebenen Antriebsstrang keine Größe, die sich eindeutig direkt aus den Komponenteneigenschaften ableiten lässt. Ein Vergleich von Antriebsstrangkonfigurationen hinsichtlich des Verbrauchs kann jedoch nur anhand konkreter Zahlenwerte erfolgen. Damit dieser Vergleich objektiv und reproduzierbar ist, muss das Energie- bzw. Kraftstoffeinsparpotenzial aller betrachteten Antriebsstränge und Dimensionierungen durch eine entsprechende Betriebsstrategie (BS) möglichst optimal bzw. für alle gleichwertig ausgenutzt werden.

Um den Einfluss der Betriebsstrategie zu verdeutlichen, werden beispielhaft zwei Antriebsstrangkonfigurationen angenommen, die sich lediglich darin unterscheiden, dass die Antriebs-EM einer Konfiguration in einem bestimmten Betriebsbereich deutlich effizienter als die Referenzmaschine der anderen Konfiguration betrieben werden kann. Die Betriebsstrategie sollte in diesem Fall das Betriebsverhalten so anpassen, dass das daraus resultierende Einsparpotenzial genutzt wird (z. B. durch eine Lastpunktverschiebung in diesem Bereich) falls die Gesamteffizienz unter Berücksichtigung der Verluste weiterer Komponenten dadurch erhöht wird. Nur so können verbesserte Komponenteneigenschaften bzw. ein besser aufeinander abgestimmtes Gesamtsystem durch den Verbrauchswert abgebildet werden. Dies ermöglicht die Identifikation der Antriebsstrangkonfigurationen, die zur Verbesserung der Gesamteffizienz führen.

Eine optimale Betriebsstrategie würde demnach einen objektiven Vergleich unterschiedlicher Konfigurationen hinsichtlich des Verbrauchs ermöglichen. Nachteilig ist dabei jedoch, dass ein ausschließlich auf die Minimierung des Energieverbrauchs optimiertes Drehmomenten- oder Leistungsaufteilungsprofil andere Aspekte wie Akustik vernachlässigt und daher ggf. für eine reale Umsetzung nicht geeignet ist. Beispielsweise könnte das optimale Profil zu häufigen Zustandswechseln oder sehr hohen Gradienten führen, die aus Komfort- oder Lebensdauergründen nicht zulässig sind. Die Betriebsstrategie muss daher die Möglichkeit bieten, solche fahrbarkeitsbezogenen Kriterien zu berücksichtigen.

Für eine Optimierung wurde in Abschnitt 5.1 eine maximale Berechnungsdauer von 1-2 Tagen definiert. Da die Verbrauchsberechnung nur einen Teil der Simulationsumfänge darstellt und i. d. R. viele Tausend Konfigurationen simuliert werden, ist auch die zulässige Berechnungsdauer der Betriebsstrategie stark begrenzt. Darüber hinaus muss die Betriebsstrategie für alle in dieser Arbeit betrachteten Antriebsstrangarchitekturen anwendbar sein und automatisiert für unterschiedliche Dimensionierungen appliziert werden können. Diese Applikation muss robust sein, d. h. für die unterschiedlichen Konfigurationen fehlerfrei und reproduzierbar mit gleicher Qualität erfolgen. Dies ist erforderlich, da einzelne Simulationen nur eingeschränkt automatisiert auf Plausibilität geprüft werden können. Weiterhin muss die Betriebsstrategie für beliebige unterschiedliche Zyklen anwendbar sein.

Zusammenfassend ergeben sich folgende Anforderungen an die im Rahmen der Methodik zu verwendende Betriebsstrategie:

- Optimale Leistungs- oder Drehmomentaufteilung bei realitätsnahen Randbedingungen

© Springer Fachmedien Wiesbaden GmbH, ein Teil von Springer Nature 2018
F. Weiß, *Optimale Konzeptauslegung elektrifizierter Fahrzeugantriebsstränge*,
AutoUni – Schriftenreihe 122, https://doi.org/10.1007/978-3-658-22097-6_6

- In gleicher Ergebnisqualität automatisiert anwendbar auf alle hier betrachteten Hybridantriebe (P2-Hybrid, parallel-serieller Mischhybrid, serieller Hybrid, FCEV) und deren Dimensionierungen (HEV, PHEV)

- Geringe Rechenzeit

- Robust und reproduzierbar

- Zyklusunabhängig

6.1 Eignung existierender Betriebsstrategien

Es existieren viele verschiedene Konzepte zur Umsetzung einer Betriebsstrategie, die sich u. a. in Praxistauglichkeit, Umfang, Anwendungsgebiet und Methoden unterscheiden. Abbildung 6.1 zeigt eine mögliche Klassifizierung anhand charakteristischer Eigenschaften, die zur Auswahl und Berechnung der Betriebsmodi bzw. zur Leistungs-/Drehmomentenaufteilung genutzt werden. Dabei findet zunächst eine Unterteilung in regelbasierte und optimierungsbasierte Betriebsstrategie statt.

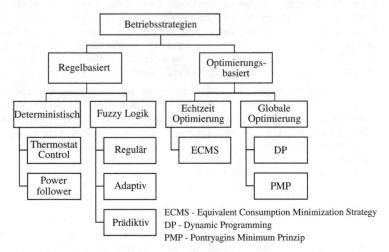

Abbildung 6.1: Klassifizierung von Betriebsstrategien in Anlehnung an [32]

Bei den regelbasierten Strategien wird durch klar formulierte Regeln der gewünschte Betriebsmodus anhand bestimmter Bedingungen wie Geschwindigkeit, Fahrpedalwert oder Batterie-SOC ausgewählt. Die Regeln werden auf Basis von Expertenwissen, heuristischen Methoden, Intuition oder mathematischen Modellen formuliert und erfordern aufgrund ihrer Allgemeingültigkeit hinsichtlich der Fahrsituation keine Kenntnis des zu fahrenden Zyklus [114]. Durch die eindeutige Zuordnung von Bedingung und Steuerung kann das Verhalten des Antriebsstrangs je nach Randbedingung prädiziert und unerwünschte Zustände vermieden werden. Aufgrund dieser Robustheit, der guten Implementierbarkeit im Steuergerät sowie der Echtzeitfähigkeit eignen sich die regelbasierten Betriebsstrategie insbesondere für den realen Fahrzeugeinsatz. Die Regeln für eine solche Strategie können deterministisch oder mit Hilfe der sogenannten Fuzzy Logik formuliert werden. Deterministische Regeln basieren auf eindeutigen Entscheidungsstrukturen, wodurch je nach Erfüllung der Bedingungen eine klar definierte Steuerung ausgeführt wird. Eine Implementierung kann z. B. durch einfache if-then Anweisungen oder durch Zustandsautomaten erfolgen [141].

Beispiele für Betriebsstrategie, die auf deterministischen Regeln basieren, sind die Thermostat Control Strategy und der Power Follower bzw. Electric Assist [141, 32]. Bei der Thermostat Control Strategy handelt es sich um eine sehr einfache Struktur, die im Wesentlichen auf dem SOC als Entscheidungskriterium basiert. Dabei wird im Normalzustand rein elektrisch gefahren und dadurch die Traktionsbatterie entladen. Erst ab einer unteren Schwelle wird das zweite Aggregat eingeschaltet und zusätzliche elektrische Energie generiert, bis eine bestimmte obere SOC-Schwelle erreicht ist. Dieser Ansatz eignet sich aufgrund des Fokus auf das E-Fahren und der damit erforderlichen hohen EM- und Batterieleistung nur für stärker elektrifizierte Fahrzeuge [114] (Anwendungen siehe [21, 73]). Die Power Follower Strategie wird in vielen Serien-Hybridfahrzeugen, wie dem Toyota Prius oder dem Honda Insight Hybrid, verwendet [141]. Im Gegensatz zur Thermostat Control Strategy wird dabei im Normalzustand die primäre Antriebsleistung vom VM bereitgestellt. Die EM wird dabei mit dem Fokus eingesetzt, Betriebsbereiche mit besonders niedrigem VM-Wirkungsgrad zu vermeiden. Eine typische Regel ist, dass rein elektrisch gefahren wird, sobald das erforderliche Drehmoment unter einer bestimmten Grenze liegt, um so den Teillastbetrieb des VM zu vermeiden. Um eine hohe Effizienz zu erreichen, ist es notwendig, die Regeln durch die Applikation auf die Eigenschaften der jeweiligen Antriebsstrangkomponenten abzustimmen. Anwendungen dieser Strategien für verschiedene Antriebsarchitekturen finden sich in [6, 21, 46, 125, 146].

Die Fuzzy Logik zeichnet sich dadurch aus, dass neben den eindeutigen Aussagen wahr und falsch kontinuierliche Zwischenzustände existieren. Dadurch kann ausgedrückt werden, dass eine Aussage nur zu einem gewissen Grad erfüllt und die zugehörige Steuerung dementsprechend nur teilweise ausgeführt wird [132]. Die Umsetzung erfolgt ähnlich den deterministischen Regeln, ist jedoch mit deutlich höherem Aufwand verbunden, da die betrachteten Größen an dieses Verfahren angepasst und anschließend wieder in die Ursprungsform umgewandelt werden müssen. Dies erfolgt durch die zusätzlichen Schritte der Fuzzifizierung, Inferenz und Defuzzifizierung. Ein wesentlicher Vorteil dieser Methode sind die resultierenden kontinuierlichen Übergänge zwischen den Betriebszuständen und der damit verbundenen effizienten Regelung. Nachteilig ist, dass die mehrfache Umwandlung der Größen die Nachvollziehbarkeit des Betriebsverhaltens deutlich erschwert. Erweiterungen entsprechender Betriebsstrategie sind adaptive Verfahren, bei denen die Regeln automatisch an die Fahrweise des Fahrers angepasst werden, sowie prädikative Verfahren, die Echtzeitinformationen mit einbeziehen [141, 32]. Anwendungen werden beschrieben in [117, 42, 79].

Bei den optimierungsbasierten Betriebsstrategie wird die Drehmomenten- oder Leistungsaufteilung gesucht, die eine bestimmte Zielgröße (z. B. den Kraftstoffverbrauch) minimiert. Anders als bei den regelbasierten Strategien gibt daher es keinen direkten Zusammenhang zwischen Fahrzeuggrößen wie Geschwindigkeit, Radmoment oder Raddrehzahl und dem Betriebsmodus. Basis dieser Methoden ist eine sogenannte Kostenfunktion, die in Abhängigkeit der Prozessvariablen die Zielgröße berechnet und vom Optimierungsalgorithmus minimiert wird.

Zur Ermittlung der optimalen Steuerung für einen bekannten Fahrzyklus werden globale Optimie-rungsalgorithmen eingesetzt. Dabei wird die optimale Steuerungstrajektorie über den gesamten betrachteten Zeithorizont gesucht, die zur Minimierung des Integrals der Kostenfunktion führt. Ein Fahrzeugeinsatz dieser Betriebsstrategie ist aufgrund der Akausalität (es wird Kenntnis über zukünftige Ereignisse benötigt) und des sehr hohen Berechnungsaufwands nicht möglich. Die Ergebnisse eignen sich jedoch sehr gut als Benchmark oder zur Anpassung anderer Betriebsstra-tegie [114]. Als wichtigstes Verfahren der globalen Optimierungsalgorithmen ist die Dynamische Programmierung (DP) zu nennen. Bei dieser handelt es sich um ein allgemeingültiges Lö-sungsverfahren für dynamische Optimierungsprobleme, sodass es auch auf fahrzeugspezifische Problemstellungen angewandt werden kann. Basierend auf dem Optimalitätsprinzip von Bell-mann [8] wird beim DP i. d. R. beginnend am Ende des Zyklus schrittweise rückwärts gerechnet. Da in jedem Schritt alle zulässigen Steuerungsvarianten berechnet werden müssen, erfordert dieses Verfahren eine sehr hohe Berechnungsdauer [114]. Eine weitere Möglichkeit zur Lösung des globalen Optimierungsproblems is das Pontryaginsche Minimumprinzip (PMP). Das Ziel dieses Verfahrens ist die Minimierung der Hamilton Funktion H [58]:

$$H = L(\omega(t), u) + \mu \cdot f(\omega(t), u, x) \tag{6.1}$$

L	Primärer Verbrauch	ω	Last
μ	Anpassungsvariable	u	Steuerung/Aufteilungsfaktor
x	Zustand (hier SOC)	f	Zustandsdynamik ($f = \dot{x}$)

Wenn die Abhängigkeiten vom SOC vernachlässigt werden (d. h. $H = L(\omega(t), u) + \mu \cdot f(\omega(t), u)$ mit $\mu = $ konst., keine Berücksichtigung von SOC-Grenzen) kann die globale Lösung durch eine lokale Optimierung von u zu jedem Zeitpunkt t_i und einer iterativen Anpassung[1] von μ zur Sicherstellung des SOC-neutralen Betriebs identifiziert werden [58]. Im Vergleich zu DP, bei dem alle Möglichkeiten zu jedem Zeitpunkt berechnet werden müssen, bringt dies eine erhebliche Reduzierung des Berechnungsaufwands mit sich. Nachteilig ist jedoch, dass durch die Annahmen von der ursprünglichen Problemstellung abgewichen werden muss, was ggf. zu einer suboptimalen Lösung führt [77]. Eine Erweiterung des PMP insbesondere zur Berücksichtigung der SOC-Grenzen wird von Kutter und Bäker [84] beschrieben. Dies erfolgt durch Segmentierung des Zyklus bei Verletzung der Grenzen und der anschließenden Neuberechnung der Segmente mit zulässigen Start- bzw. End-SOC.

Strategien, welche die Verwendung von Optimierungsalgorithmen in Echtzeitanwendungen ermöglichen, bilden die zweite Gruppe der optimierungsbasierten Betriebsstrategien. Dabei erfolgt die Minimierung der Kostenfunktion in diskreten Zeitschritten zur Ermittlung des lokal optimalen Aufteilungsfaktors. Die Kostenfunktion basiert dabei auf aktuellen Ist-Größen und ggf. zusätzlich auf Daten aus der Vergangenheit oder Prognosen über die Zukunft. Die Beschränkung auf lokale Minima führt notwendigerweise zu suboptimalen Ergebnissen, bietet jedoch das Potenzial, der optimalen Lösung nahe zu kommen. Nachteilig gegenüber den regelbasierten Strategien - insbesondere für die Anwendung im Fahrzeug - ist die geringere Robustheit und die schlechtere Nachvollziehbarkeit des Systemverhaltens.

Der populärste Vertreter der echtzeitfähigen optimierungsbasierten Betriebsstrategie ist die Äqui-valenzverbrauch-Minimierungsstrategie (ECMS), erstmals beschrieben von Paganelli et al. [96].

---

[1] Wenn das System analytisch beschrieben werden kann, ist auch eine direkte Lösung möglich [58].

Das Ziel dieser Strategie ist es, den SOC-neutralen Kraftstoffverbrauch eines Vollhybriden durch die Verwendung einer geeigneten Momentenaufteilung zwischen VM und EM zu minimieren. Das Prinzip lässt sich jedoch auch für andere hybride Antriebsarchitekturen anwenden. Grundlage ist eine Kostenfunktion nach Gleichung 6.2, die den Energiebedarf in Abhängigkeit der Momentenaufteilung u für den aktuell betrachteten Zeithorizont Δt angibt. Die Herausforderung dabei ist, zwei unterschiedliche Energieformen (die chemische Energie des VM sowie die elektrische aus der Batterie) in einer Größe zusammenzufassen. Dafür wird der Äquivalenzfaktor s eingeführt. Dieser Umrechnungsfaktor gibt an, wie viel chemische Energie E_{chem} benötigt wird, um die verbrauchte elektrische Energie E_{el} nachzuladen bzw. wieviel chemische durch die Verwendung zuvor geladener elektrischer Energie eingespart werden kann. Er wird a priori mit Hilfe von mittleren Wirkungsgraden (siehe [96]) oder in Echtzeit durch die Berücksichtigung eines Wahrscheinlichkeitsfaktors bestimmt [120]. Um einen SOC-neutralen Verbrauch zu erreichen, erfolgt eine Anpassung des Äquivalenzfaktors, wodurch von der lokal optimalen Aufteilung abgewichen werden muss. Verschiedene Arbeiten haben gezeigt, dass ECMS für die Echtzeitanwendung aus der allgemeinen Formulierung des PMP abgeleitet werden kann.[2] Der Unterschied besteht im Wesentlichen darin, dass statt des optimalen μ ein abgeschätzter Aufteilungsfaktor s verwendet wird [58].

$$J(t,u) = P_{\text{chem}}(t,u) + s(t) \cdot P_{\text{el}}(t,u) \tag{6.2}$$

Fazit Die Anforderung einer optimalen Steuerung kann mit den globalen Optimierungen wie DP erreicht werden, jedoch ist die Anwendung innerhalb der Methodik aufgrund der sehr langen Berechnungsdauer nicht zielführend. Diese Verfahren haben zudem den Nachteil, dass fahrbarkeitsbezogene Aspekte nicht oder nur mit großem Aufwand berücksichtigt werden können. Die bekannten regelbasierten Betriebsstrategie (Power Follower, Thermostat Control und basierend auf Fuzzy Logic) ermöglichen dies und haben einen im Vergleich sehr geringen Berechnungsaufwand. Um einen niedrigen Verbrauch zu erreichen, ist es jedoch notwendig, für jede betrachtete Konfiguration eine aufwändige Anpassung der Regeln an die jeweiligen Komponenten durchzuführen (hoher Applikationsaufwand). Den Anforderungen am nächsten kommen die Betriebsstrategien basierend auf ECMS und PMP. Insbesondere PMP hat das Potenzial, eine nahezu optimale Steuerung zu berechnen, es ist zudem anwendbar auf alle betrachteten Topologien und erfordert keine zusätzlichen Anpassungen an die individuellen Antriebsstrangauslegungen. Der Berechnungsaufwand ist eine Größenordnung geringer im Vergleich zu DP, er ist allerdings dennoch mit einer lokalen Optimierung zu jedem diskreten Zeitschritt verbunden. Bei dieser müssen die Verluste der Antriebsstrangkomponenten vielfach neu ermittelt werden. Eine zusätzliche Optimierung des Aufteilungsfaktors erhöht daher die Gesamtsimulationszeit für eine Antriebsstrangkonfiguration deutlich, wodurch die Erfüllung der zeitlichen Anforderung nicht möglich ist. Wie in Tabelle 6.1 aufgeführt, erfüllt somit keine der betrachteten Ansätze alle Randbedingungen vollständig. Aus diesem Grund wird im Folgenden ein neuartiger Ansatz mit dem Ziel entwickelt, ein nahezu optimales Ergebnis ohne rechenzeitintensive Optimierung zu erreichen. Als Referenz wird das mit diesem Ansatz erzielte Ergebnis mit der global optimalen Lösung nach DP verglichen.

---

[2] PMP wird daher auch als offline ECMS bezeichnet.

Tabelle 6.1: Erfüllung der Anforderungen unterschiedlicher Betriebsstrategien

	Power Follower	Therm. Control	Fuzzy Logic	ECMS/PMP	DP
Optimale Aufteilung	-	-	-	o	+
Rechenzeit	+	+	o	-	–
Fahrbarkeitsbez. Krit.	+	+	o	+	–
Untersch. Architekturen	+	-	+	+	+
Robust, reproduzierbar	+	+	+	+	+
Aufwand Applikation	-	-	-	+	+

6.2 Entwicklung einer allgemeingültigen regelbasierten Strategie

In diesem Abschnitt wird ein allgemeingültiger regelbasierter Ansatz einer Betriebsstrategie mit dem Ziel hergeleitet, die Anforderungen hinsichtlich Rechenzeit, Ergebnisgüte und automatisierter Applikation zu erfüllen. Dafür werden zunächst die Betriebsmodi der betrachteten Antriebsarchitekturen verallgemeinert formuliert und anschließend analytisch Steuerungsvorschriften für eine regelbasierte Betriebsstrategie hergeleitet.

Verallgemeinerte Formulierung der Betriebsmodi Die Hauptaufgabe der Betriebsstrategie in der Verbrauchssimulation ist die Aufteilung der erforderlichen Leistung bzw. des Drehmoments zwischen den vorhandenen Quellen unter Berücksichtigung der Komponentengrenzen. Daraus ergeben sich die für Hybridfahrzeuge charakteristischen Betriebsmodi [67], die sich je nach Antriebsstrangarchitektur und Dimensionierung des betrachteten Antriebsstrangs unterscheiden können. Auch wenn die in dieser Arbeit betrachteten Architekturen (Parallelhybrid, serieller Hybrid, parallel-serieller Mischhybrid, FCEV, BEV[3]) hinsichtlich der Art und Anordnung der Komponenten sehr unterschiedlich sind, haben sie in Bezug auf die möglichen Leistungsflüsse eine ähnliche Struktur. Abbildung 6.2 zeigt diese verallgemeinerte Hybridstruktur, die im Wesentlichen durch die mögliche Aufteilung der Last zwischen zwei Leistungs- und/oder Energiequellen – der Primären Quelle PQ und der Reversiblen Quelle RQ – gekennzeichnet ist. Beide Quellen unterscheiden sich hinsichtlich der Richtung des Leistungsflusses. Ein reversibler Betrieb ist dabei nur mit der RQ möglich, d. h. sie kann durch eine negative Last (Rekuperation) und/oder die PQ geladen werden.[4] Die dargestellten Leistungen können dabei je nach Topologie mechanisch oder elektrisch übertragen werden.

Beim Parallelhybriden stellt beispielsweise der VM (mit Kraftstofftank) die PQ und die Kombination aus EM und Traktionsbatterie die RQ dar. Bei der Last handelt es sich um das für die Beschleunigungsanforderung erforderliche Getriebeeingangsmoment. Die Leistungsübertragung erfolgt dementsprechend mechanisch. Da die Drehzahlen von VM und EM kinematisch gekoppelt sind, kann in diesem Fall lediglich das Drehmoment zwischen den Quellen aufgeteilt werden. Daher wird beim P2-Hybriden von einer Drehmomentaufteilung gesprochen.

---

[3] Das in dieser Arbeit betrachtete BEV ist für die Betriebsstrategie jedoch aufgrund des fehlenden Freiheitsgrads in der Leistungs- bzw. Drehmomentaufteilung nicht relevant.

[4] Im Schubbetrieb nimmt auch der VM als primäre Quelle Leistung auf. Diese wird jedoch durch Reibung in Wärme umgewandelt und kann im Gegensatz zur reversiblen Quelle nicht wieder genutzt werden.

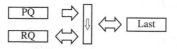

PQ Primäre Quelle   RQ   Reversible Quelle

Abbildung 6.2: Verallgemeinerter Energiefluss der betrachteten hybriden Antriebsstränge

Bei der betrachteten FCEV-Architektur erfolgt der mechanische Antrieb ausschließlich über eine EM. Bei der Last handelt es sich somit um die elektrische EM-Leistung sowie die elektrischen Nebenverbraucher. Diese Last wird vom BZS (und ggf. DC/DC-Wandler) als PQ und der Traktionsbatterie (und ggf. DC/DC-Wandler) als RQ bereitgestellt.

Die mit den betrachteten hybriden Architekturen anwendbaren Betriebsmodi sind:

Lastfolgebetrieb Im Lastfolgebetrieb wird die im Betrieb erforderliche Last ausschließlich von der PQ bereitgestellt. Der Ladezustand der RQ bleibt dabei konstant.[5]

E-Fahren (batterieelektrisch) Der Antrieb erfolgt rein elektrisch über die Antriebs-EM. Die dafür erforderliche elektrische Leistung wird von der RQ bereitgestellt.

Boosten Als Boosten wird der Betriebsmodus bezeichnet, bei dem die RQ bei hoher oder maximaler PQ-Leistung zusätzliche Quellenleistung zur Verfügung stellt. Dadurch können Leistungen/Drehmomente bereitgestellt werden, die größer sind als die jeweiligen Maximalwerte der einzelnen Quellen.

Lastpunktverschiebung Ausgehend von dem Lastfolgebetrieb als „Normalzustand" stellt die Lastpunktverschiebung eine Anhebung oder Absenkung des Betriebspunkts der PQ dar. Die Differenz wird von der RQ übernommen und führt zu deren Laden oder Entladen. Sowohl Boosten als auch E-Fahren kann als Lastpunktverschiebung auf einen niedrigeren Betriebspunkt (Lastpunktabsenkung) interpretiert werden, wobei das E-Fahren den Sonderfall für das Absenken bis zur Nullleistung darstellt. Mit einer Lastpunktanhebung wird stets die RQ geladen.

Start/Stopp Dies bezeichnet das Ausschalten der PQ bei Fahrzeugstillstand.

Rekuperation Bei der Rekuperation wird während der Fahrzeugverzögerung elektrische Leistung generiert und die RQ geladen.

Alle zuvor genannten Betriebsmodi können als eine Lastpunktverschiebung formuliert werden. Wie in Abbildung 6.3 dargestellt, ist die Belastung der RQ direkt an den Betrieb der PQ gekoppelt: Im reinen Lastfolgebetrieb übernimmt die PQ die vollständige Last, die RQ wird entsprechend nicht belastet. Ausgehend davon kann der PQ-Betriebspunkt angehoben oder abgesenkt werden. Dies resultiert jeweils im Laden oder Entladen der RQ.

Herleitung der Regeln Die oben gezeigte Formulierung der Leistungsaufteilung anhand der Lastpunktverschiebung stellt die Basis der folgenden Herleitung dar. Dabei wird stets der Lastfolgebetrieb als Referenz verwendet, die hybridischen Betriebsmodi werden anhand einer Lastpunktanhebung (LP+) oder -absenkung (LP-) beschrieben. Das Ziel ist die Identifikation

---

[5] Beim Parallel- und Mischhybriden wird die Traktionsbatterie ggf. durch Nebenverbraucher entladen.

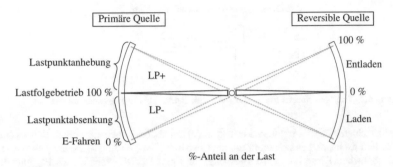

Abbildung 6.3: Veranschaulichung der möglichen Leistungsaufteilung zwischen den Quellen

von Regeln, mit denen der Gesamtverbrauch der PQ (hier E_{Chem}) in einem Fahrzyklus bei definiertem Ziel-Ladezustand der RQ minimiert wird. Dafür wird zunächst der in Abbildung 6.4 dargestellte idealisierte Lastverlauf betrachtet. Dieser gliedert sich in zwei Bestandteile auf: In eine erste Phase der Dauer Δt_0 mit einer geringen Leistungsanforderung $P_{Erf,0}$ und eine darauf folgende zweite Phase der Dauer Δt_1 mit einer hohen Leistungsanforderung $P_{Erf,1}$. Die für diesen Betrieb erforderlichen Energien sind $E_{Erf,0}$ und $E_{Erf,1}$. In der Abbildung 6.4 sind außerdem zwei Szenarien mit unterschiedlichen Betriebsweisen dargestellt. Bei dem ersten Szenario a)

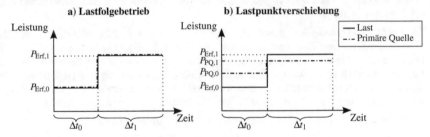

Abbildung 6.4: Exemplarisches Lastprofil für ein Hybridfahrzeug bestehend aus einer Phase mit niedriger und einer mit hoher Lastanforderung, die a) im Lastfolgebetrieb und b) mit Lastpunktverschiebung erfüllt wird

handelt sich um den Lastfolgebetrieb. Die erforderliche Leistung wird dementsprechend in beiden Phasen vollständig von der PQ bedient. Eine Änderung des Ladezustands der RQ findet dabei (bei Vernachlässigung weiterer Verbraucher im Traktionsnetz) nicht statt. Im Szenario b) wird dagegen in beiden Phasen eine Lastpunktverschiebung durchgeführt. In der Phase mit niedriger Last wird der Lastpunkt der PQ angehoben, sodass die RQ mit der Energie $E_{RQ,b0}$ geladen wird. Anschließend wird durch eine Lastpunktabsenkung die erforderliche Leistung auf beide Quellen aufgeteilt, mit der Folge, dass die RQ mit der Energie $E_{RQ,b1}$ entladen wird. Die Herleitung erfolgt zunächst unter der Annahme, dass bei der Lastpunktabsenkung nur die Energie aus der RQ entnommen wird, die zuvor nachgeladen wurde (SOC-neutraler Betrieb ohne Rekuperation).

Im Szenario a), bei dem ausschließlich die PQ betrieben wird, ergibt sich die erforderliche chemische Energie unter Berücksichtigung der auftretenden Wirkungsgrade nach Gleichung 6.3.

$$\text{Szenario a):} \quad E_{\text{Chem,a}} = \frac{E_{\text{Erf,0}}}{\eta_{\text{PQ,a0}}} + \frac{E_{\text{Erf,1}}}{\eta_{\text{PQ,a1}}} \tag{6.3}$$

Die Energieflüsse im Szenario b) sind in Abbildung 6.5 dargestellt, aufgeteilt in die beiden Phasen mit LP+ in b_0) und LP- in b_1). Im Vergleich zum Szenario a) wird dabei neben der erforderlichen Energie $E_{\text{Erf,0}}$ zunächst eine zusätzliche Energie $E_{\text{RQ,b0}}$ bereitgestellt, von der abzüglich der Ladeverluste die RQ mit der Energie E_{Rev} geladen wird. Bei der LP- in Phase b_1) wird diese Energie E_{Rev} wieder abgegeben und der Lastpunkt der PQ entsprechend abgesenkt. Die Lade- bzw. Entladeleistung der RQ ergibt sich somit zu $E_{\text{RQ}} = E_{\text{Rev}} + E_{\text{RQ,Verl}}$.

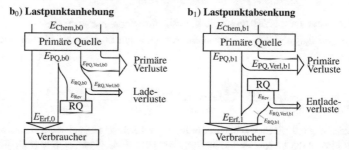

Abbildung 6.5: Energieflussdiagramme für b_0) Lastpunktanhebung und b_1) Lastpunktabsenkung

Analog zu Gleichung 6.3 ergibt sich im zweiten Szenario mit ausgeglichenem Ladezustand der Gesamtverbrauch zu

$$\text{Szenario b):} \quad E_{\text{Chem,b}} = \frac{E_{\text{PQ,b0}}}{\eta_{\text{PQ,b0}}} + \frac{E_{\text{PQ,b1}}}{\eta_{\text{PQ,b1}}}. \tag{6.4}$$

Aus $E_{\text{PQ,b0}} = E_{\text{Erf,0}} + E_{\text{RQ,b0}}$ und $E_{\text{PQ,b1}} = E_{\text{Erf,1}} - E_{\text{RQ,b1}}$ folgt Gleichung 6.5.

$$E_{\text{Chem,b}} = \frac{E_{\text{Erf,0}} + E_{\text{Rev}} + E_{\text{RQ,Verl,b0}}}{\eta_{\text{PQ,b0}}} + \frac{E_{\text{Erf,1}} - E_{\text{Rev}} + E_{\text{RQ,Verl,b1}}}{\eta_{\text{PQ,b1}}} \tag{6.5}$$

Als übergeordnetes Ziel gilt, dass durch den hybridischen Betrieb mit Lastpunktverschiebung ein Verbrauchsvorteil im Vergleich zum Lastfolgebetrieb erzielt werden soll:

$$E_{\text{Chem,a}} \overset{!}{>} E_{\text{Chem,b}} \tag{6.6}$$

Durch Einsetzen der Gleichungen 6.3 und 6.5 ergibt sich folgende Bedingung für die Reduzierung des Verbrauchs mittels Lastpunktverschiebung:

$$\frac{E_{\text{Erf,0}}}{\eta_{\text{PQ,a0}}} + \frac{E_{\text{Erf,1}}}{\eta_{\text{PQ,a1}}} \overset{!}{>} \frac{E_{\text{Erf,0}} + E_{\text{Rev}} + E_{\text{RQ,Verl,b0}}}{\eta_{\text{PQ,b0}}} + \frac{E_{\text{Erf,1}} - E_{\text{Rev}} + E_{\text{RQ,Verl,b1}}}{\eta_{\text{PQ,b1}}} \tag{6.7}$$

Die reversible Energie E_{Rev} ist ein Bestandteil beider Terme auf der rechten Seite der Gleichung 6.7. Die Annahme in Gleichung 6.8 erfolgt mit dem Ziel, E_{Rev} aus der Gleichung zu eliminieren und beruht darauf, dass der Einfluss der reversiblen Energie auf den Gesamtverbrauch an chemischer Energie vernachlässigbar ist. Dem wiederum liegt die Annahme zugrunde, dass der Wirkungsgrad der PQ bei LP+ und LP- vergleichbar ist. Dies begründet sich darin, dass die Lastpunktverschiebung (sowohl LP+ als auch LP-) i. d. R. so durchgeführt wird, dass sich der Betriebspunkt der PQ in einen Bereich mit hohem Wirkungsgrad verschiebt. Der Einfluss dieser Annahme auf die Gesamtenergiebilanz reduziert sich dadurch, dass die durch LP+ geladene Energie E_{Rev} i. d. R. wesentlich geringer als die erforderliche Gesamtenergie $E_{Erf,0} + E_{Erf,1}$ ist.

$$\frac{E_{Rev}}{\eta_{PQ,b0}} - \frac{E_{Rev}}{\eta_{PQ,b1}} \approx 0 \tag{6.8}$$

Zur Einbindung des Wirkungsgrads der RQ mit $E_{RQ,Verl,b0} = E_{RQ,b0} \cdot (1 - \eta_{RQ,b0})$ sowie $E_{RQ,Verl,b1} = E_{RQ,b1} \cdot \left(\frac{1}{\eta_{RQ,b1}} - 1\right)$ und der Annahme aus Gleichung 6.8, ergibt sich aus Gleichung 6.7:

$$\frac{E_{Erf,0}}{\eta_{PQ,a0}} + \frac{E_{Erf,1}}{\eta_{PQ,a1}} \overset{!}{>} \frac{E_{Erf,0} + E_{RQ,b0} \cdot (1 - \eta_{RQ,b0})}{\eta_{PQ,b0}} + \frac{E_{Erf,1} + E_{RQ,b1} \cdot \left(\frac{1}{\eta_{RQ,b1}} - 1\right)}{\eta_{PQ,b1}} \tag{6.9}$$

Die Gleichung 6.9 gilt für das bei der Herleitung betrachtete exemplarische Leistungsprofil mit beiden Phasen der Lastpunktverschiebung. Mit dem Ziel, allgemeingültige Bedingungen für beliebige Lastprofile zu erhalten, werden beide Phasen im nächsten Schritt getrennt betrachtet. Es wird die Bedingung 6.9 erfüllt, wenn bei der LP+ die Bedingung 6.10 und bei LP- die Bedingung 6.11 erfüllt wird.

$$\text{Lastpunktanhebung} \left(E_{PQ,b0} > E_{Erf,0}\right): \quad \frac{E_{Erf,0}}{\eta_{PQ,a0}} \overset{!}{\geq} \frac{E_{Erf,0} + E_{RQb,0} \cdot (1 - \eta_{RQ,b0})}{\eta_{PQ,b0}} \tag{6.10}$$

$$\text{Lastpunktabsenkung} \left(E_{PQ,b1} < E_{Erf,1}\right): \quad \frac{E_{Erf,1}}{\eta_{PQ,a1}} \overset{!}{>} \frac{E_{Erf,1} + E_{RQ,b1} \cdot \left(\frac{1}{\eta_{RQ,b1}} - 1\right)}{\eta_{PQ,b1}} \tag{6.11}$$

Diese Trennung hat jedoch zur Folge, dass mögliche Lösungen der ursprünglichen Gleichung verloren gehen. Dabei handelt es sich um die Fälle, wenn die Bedingung nach Gleichung 6.10 aufgrund von hohen Verlusten bei der LP+ nicht erfüllt wird, jedoch so viel Energie während LP- eingespart wird, dass die Verluste überkompensiert werden (oder umgekehrt). Durch den Vergleich mit der optimalen Strategie gilt es daher zu zeigen, dass dies vernachlässigbar ist.

Da die Energien in beiden Gleichungen jeweils für den gleichen Zeithorizont gelten, kann eine Umformung in Leistungen erfolgen. Zur Unterscheidung der Wirkrichtung wird die Entladeleistung $P_{RQ,b1}$ als negativer Wert angegeben und daher im Folgenden durch ein negatives Vorzeichen berücksichtigt.

Lastpunktanhebung $(P_{PQ,b0} > P_{Erf,0})$:
$$\frac{P_{Erf,0}}{\eta_{PQ,a0}} \overset{!}{\geq} \frac{P_{Erf,0} + P_{RQ,b0} \cdot (1 - \eta_{RQ,b0})}{\eta_{PQ,b0}} \qquad (6.12)$$

Lastpunktabsenkung $(P_{PQ,b1} < P_{Erf,1})$:
$$\frac{P_{Erf,1}}{\eta_{PQ,a1}} \overset{!}{>} \frac{P_{Erf,1} - P_{RQ,b1} \cdot \left(\frac{1}{\eta_{RQ,b1}} - 1\right)}{\eta_{PQ,b1}} \qquad (6.13)$$

Der Ausdruck auf der rechten Seite der Gleichungen 6.12 und 6.13 entspricht der für die Lastpunktverschiebung erforderlichen nicht-reversiblen chemischen Leistung der PQ. Sie setzt sich zum einen aus der Lastanforderung und zum anderen aus den Verlusten der RQ beim Laden zusammen. $\eta_{PQ,a}$ ist die Referenzwirkungsgrad der PQ im Lastfolgebetrieb.

Ein Sonderfall der LP- muss bei dieser Betrachtung separat berücksichtigt werden. Bei diesem handelt es sich um das rein elektrische Fahren, bei dem die gesamte Lastanforderung von der RQ erfüllt wird (es gilt $P_{RQ,b1} = -P_{Erf,1}$ und $P_{PQ,b1} = P_{Erf,1}$).

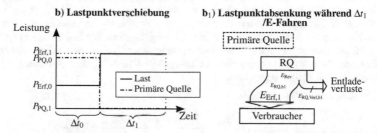

Abbildung 6.6: Leistungsverlauf und Energiefluss für den Sonderfall der maximalen Lastpunktabsenkung zum rein elektrischen Fahren

Für $P_{PQ} = 0$ ist der Wirkungsgrad $\eta_{PQ,b1}$ nicht definiert und daher die Annahme nach Gleichung 6.8 ungültig. Mit $E_{PQ,b1} = E_{Erf,1} - E_{Rev} + E_{RQ,Verl,b1} = 0$ vereinfacht sich die Gleichung 6.5 zu:

$$E_{Chem,LS} = \frac{E_{Erf,0} + E_{Rev} + E_{RQ,Verl,0}}{\eta_{PQ,b0}}. \qquad (6.14)$$

Mit $E_{Rev} = E_{Erf,1} + E_{RQ,Verl,b1}$ folgt

$$E_{Chem,b} = \frac{E_{Erf,0} + E_{Erf,1} + E_{RQ,Verl,b1} + E_{RQ,Verl,b0}}{\eta_{PQ,b0}}. \qquad (6.15)$$

Schließlich wird Gleichung 6.6 durch Einsetzen von $E_{RQ,Verl,0} = E_{RQ,b0} \cdot (1 - \eta_{RQ,b0})$ und $E_{RQ,Verl,b1} = E_{RQ,b1} \cdot \left(\frac{1}{\eta_{RQ,b1}} - 1\right)$ zu

$$\frac{E_{Erf,0}}{\eta_{PQ,a0}} + \frac{E_{Erf,1}}{\eta_{PQ,a1}} \overset{!}{>} \frac{E_{Erf,0} + E_{RQb,0} \cdot (1 - \eta_{RQ,b0})}{\eta_{PQ,b0}} + \frac{E_{Erf,1} + E_{RQ,b1} \cdot \left(\frac{1}{\eta_{RQ,b1}} - 1\right)}{\eta_{PQ,b0}}. \qquad (6.16)$$

Daraus ergibt sich folgende Bedingung zur Reduzierung des Gesamtenergieverbrauchs durch rein elektrisches Fahren:

$$\text{Lastpunktabsenkung}\,(P_{\text{PQ,b1}} = 0): \quad \frac{P_{\text{Erf,1}}}{\eta_{\text{PQ,1}}} \overset{!}{>} \frac{P_{\text{Erf,1}} - P_{\text{RQ,b1}} \cdot \left(\frac{1}{\eta_{\text{RQ,b1}}} - 1 \right)}{\eta_{\text{PQ,b0}}} \qquad (6.17)$$

Der Unterschied im Vergleich zur Bedingung nach Gleichung 6.13 betrifft den zu berücksichtigenden Wirkungsgrad der PQ. In diesem Fall muss statt des für die betrachtete LP- aktuellen Wirkungsgrads $\eta_{\text{PQ,b1}}$ der unbekannte Wirkungsgrad $\eta_{\text{PQ,b0}}$ für die LP+ verwendet werden. Je nach Anwendungsfall muss für diesen eine Abschätzung (z. B. mit Hilfe der Bedingung zur LP+) oder Prognose ermittelt werden.

Im nächsten Schritt werden die Bedingungen zur Reduzierung des Kraftstoffverbrauchs (6.12, 6.13 und 6.17) umgestellt, um zu ermitteln, bei welchen Leistungsanforderungen P_{Erf} eine Lastpunktverschiebung zur Reduzierung des Verbrauchs sinnvoll ist und wie groß diese dafür sein sollte. Dadurch ergeben sich die Größen $P_{\text{Einsparung,LP+/-}}$, mit denen der Erfüllungsgrad der ursprünglichen Bedingungen quantifiziert werden kann. Für $P_{\text{Einsparung,LP+/-}} > 0$ sind die Bedingungen erfüllt, wobei ein größerer Wert eine größere Einsparung bzw. stärkere Verringerung der Verlustleistung im Vergleich zum Lastfolgebetrieb repräsentiert. Die Ladeleistung $P_{\text{RQ}} > 0$ kann dabei als Nutzleistung interpretiert werden, die im weiteren Zyklusverlauf wiederverwendet wird. Daher kann die Erhöhung der primären Leistung $P_{\text{PQ}} = P_{\text{Erf}} + P_{\text{RQ}}$ bei konstanter erforderlicher Leistung P_{Erf} zu Einsparungen führen.

Lastpunktanhebung $(P_{\text{PQ}} > P_{\text{Erf}})$:

$$P_{\text{Einsparung,LP+}} = \frac{P_{\text{Erf}}}{\eta_{\text{PQ}}} - \frac{P_{\text{Erf}} + P_{\text{RQ}} \cdot (1 - \eta_{\text{RQ}})}{\eta_{\text{PQ,LP+}}} \text{ mit } P_{\text{RQ}} > 0 \qquad (6.18)$$

Lastpunktabsenkung $(P_{\text{PQ}} < P_{\text{Erf}})$:

$$P_{\text{Einsparung,LP-}} = \frac{P_{\text{Erf}}}{\eta_{\text{PQ}}} - \frac{P_{\text{Erf}} - P_{\text{RQ}} \cdot \left(\frac{1}{\eta_{\text{RQ}}} - 1 \right)}{\eta_{\text{PQ,LP+/-}}} \text{ mit } P_{\text{RQ}} < 0 \qquad (6.19)$$

$$\eta_{\text{PQ,LP+/-}} = \eta_{\text{PQ,LP-}} \text{ für } P_{\text{PQ}} = P_{\text{Erf}} + P_{\text{RQ}} > 0$$
$$\eta_{\text{PQ,LP+/-}} = \eta_{\text{PQ,LP+}} \text{ für } P_{\text{PQ}} = P_{\text{Erf}} + P_{\text{RQ}} = 0 \text{ (E-Fahren)}$$

Die Gleichungen 6.18 und 6.19 zur Berechnung der Einsparungen in Abhängigkeit der Lastpunktverschiebung gelten unabhängig vom Lastprofil. Darüber hinaus können sie unabhängig voneinander angewandt werden. Bei der LP+ wird die RQ geladen, während bei der LP- Energie aus dieser genutzt wird. Für die Einsparungen bei der LP- ist es nicht relevant, wie oder ob die RQ nachgeladen wird. Sie gilt somit auch, wenn die Energie aus Rekuperation stammt und wenn die RQ über den Zyklus entladen wird. Somit sind die Bedingungen für den Betrieb mit beliebigen Ziel-SOC geeignet. Ein Beispiel soll dies verdeutlichen: Angenommen, über ein Lastprofil wird keine LP+ durchgeführt und der Ziel-SOC soll gleich dem Start-SOC sein. Somit kann nur die elektrische Energie genutzt werden, die durch Rekuperation nachgeladen wird. In diesem Fall sollte die dadurch zur Verfügung stehende Energie über den Zyklus so genutzt werden, dass die eingesparte Energie maximal ist. Grundsätzlich muss berücksichtigt werden, dass ggf.

nicht ausreichend Leistung oder Energie zur Verfügung steht, um die anhand der Gleichungen ermittelte maximale Einsparung zu erreichen. Je nach Verfügbarkeit und gefordertem Ziel-SOC muss demnach von dieser abgewichen werden.

Entsprechend der Herleitung wird durch den Betrieb der Leistungsquellen eines Hybridantriebs in einem beliebigen Lastprofil, bei dem die Bedingungen aus den Gleichungen 6.12, 6.13 und 6.17 erfüllt werden, der Gesamtverbrauch im Vergleich zum Lastfolgebetrieb reduziert. Der wesentliche Vorteil dieser Bedingungen ist, dass sie aus einem universell gültigen Zusammenhang hergeleitet werden und daher für alle hybriden Architekturen entsprechend Abbildung 6.2 gültig sind. Außerdem basieren sie lediglich auf zeitaktuellen Größen (mit der Ausnahme der E-Fahren-Bedingung nach Gleichung 6.17), sodass das Lastprofil nicht im Vorhinein bekannt sein muss. Demnach ist es möglich, in Echtzeit zu berechnen, welcher Betriebsmodus (ausgedrückt durch die Lastpunktverschiebung) in Abhängigkeit der erforderlichen Leistung sinnvoll ist, um den Gesamtenergieverbrauch zu reduzieren.

Im Folgenden wird die aus den zuvor genannten Gleichungen resultierende regelbasierte Betriebsstrategie mit ROLV (**R**egeln zur **O**ptimalen **L**astpunkt**V**erschiebung) abgekürzt.

Anwendung der Bedingungen zur Minimierung des Gesamtverbrauchs Im Folgenden wird gezeigt, wie die hergeleiteten Bedingungen für eine konkrete Problemstellung angewandt werden können. Dafür wird exemplarisch ein FCEV betrachtet, bei dem die Leistungsaufteilung zwischen BZS (als PQ) und Traktionsbatterie mit vorgeschaltetem Gleichspannungswandler (als RQ) durchgeführt wird (vgl. auch Abbildung C.5). Für den Gleichspannungswandler wird in diesem Beispiel ein konstanter Wirkungsgrad[6] verwendet, wohingegen die hier verwendeten Wirkungsgradkennfelder von BZS und Traktionsbatterie entsprechend Abbildung 6.7 lastabhängig bzw. im Falle der Batterie zusätzlich ladezustandsabhängig sind.

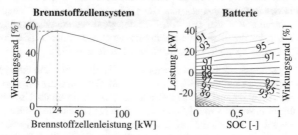

Abbildung 6.7: Exemplarische Wirkungsgradkennfelder des Brennstoffzellensystems (links) und der Traktionsbatterie (rechts)

Zunächst werden die Einsparungen durch LP+ mit diesem System nach Gleichung 6.18 ermittelt. Dafür werden verschiedene Leistungsanforderung P_{Erf} definiert, jeweils die Ladeleistung P_{Batt} kontinuierlich gesteigert und die Einsparung $P_{Einsparung,LP+}$ berechnet.[7] Die Abbildung 6.8 zeigt

---

[6] Dies dient hier lediglich zur besseren Veranschaulichung der Beispielanwendung. Zur Berücksichtigung einer lastabhängigen Wirkungsgradkennlinie des Wandlers wird diese mit der Wirkungsgradkennlinie des Brennstoffzellensystems zu einer kombinierten Kennlinie zusammengefasst.

[7] Zur Berechnung des Batteriewirkungsgrads wird ein SOC von 50 % angenommen. Es besteht jedoch die Möglichkeit, die Betrachtung für unterschiedliche Ladezustände durchzuführen, um diese Abhängigkeit zu berücksichtigen.

beispielhaft den resultierenden Verlauf bei einer Leistungsanforderung von $P_{Erf} = 2\,kW$ (bei anderen Leistungsanforderungen ergeben sich entsprechend andere Verläufe). Die Kurve steigt zunächst bis auf einen Maximalwert von $P_{Einsparung,LP+} = 1,8\,kW$ bei $P_{BZS} = P_{Erf} + P_{Batt} = 7\,kW$ stark an und sinkt anschließend kontinuierlich bis zur Nennleistung des BZS. Die Schwelle zur negativen Einsparung wird bei einer Brennstoffzellenleistung von 23 kW erreicht. Daraus ergibt sich, dass eine LP+ um bis zu $P_{Batt} = 23\,kW - 2\,kW = 21\,kW$ bei dieser Leistungsanforderung zu Einsparungen führt, wobei $P_{Batt} = 5\,kW$ das Optimum mit maximaler Einsparung und $P_{Batt} = 21\,kW$ die maximale Nachladeleistung ohne zusätzliche Verluste bzw. negative Einsparungen darstellt.

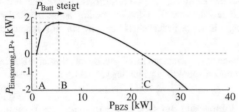

A: Lastfolgebetrieb $P_{BZS} = P_{Erf} = 2\,kW$
B: Maximale Einsparung bei $P_{BZS} = 7\,kW$
C: Maximale Ladeleistung ohne
   zusätzliche Verluste $P_{BZS} = 23\,kW$

Abbildung 6.8: Einsparung durch Lastpunktanhebung in Abhängigkeit der Brennstoffzellenleistung bei einer Leistungsanforderung von 2 kW

Der grundsätzliche Verlauf von Abbildung 6.8 lässt sich anhand der Komponentenkennfelder plausibel erklären. Der BZS-Wirkungsgrad ist im unteren Teillastbereich von 2 kW sehr niedrig. Durch eine Anhebung des Lastpunkts kann dieser jedoch stark erhöht werden. Die dabei auftretenden zusätzlichen Verluste im reversiblen Pfad können aufgrund des hohen Batteriewirkungsgrads zunächst kompensiert werden. Bei größeren LP+ wird der Batteriewirkungsgrad jedoch immer schlechter und auch der BZS-Wirkungsgrad beginnt wieder zu fallen. Demnach existiert eine Grenze, bei der diese Nachteile in Summe größer werden als die Vorteile durch den ggf. höheren BZS-Wirkungsgrad im Vergleich zum Lastfolgebetrieb.

Obwohl die Einsparung durch LP+ für diese Leistungsanforderung ein eindeutiges Optimum zeigt, muss dieser Betriebsmodus im Hinblick auf die Minimierung des Gesamtverbrauchs nicht notwendigerweise global optimal sein. Der Grund dafür ist, dass sich die Gesamteinsparung erst durch die Kombination von LP+ und LP- ergibt. Außerdem besteht eine Abhängigkeit zwischen beiden Betriebsmodi, da je nach Ziel-SOC nur eine begrenzte Menge an elektrischer Energie genutzt werden kann. Unter Umständen kann es daher optimal sein, LP+ über das Optimum hinaus durchzuführen und die zusätzliche geladene Energie für LP- zu verwenden.

Die Vorgehensweise zur Berechnung der Einsparungen durch LP- erfolgt analog. Die Besonderheit dabei ist, dass für das E-Fahren der Wirkungsgrad bei der LP+ angegeben werden muss. Dieser Wert wird mit der Annahme approximiert, dass der LP+-Betrieb immer mit maximaler Einsparung durchgeführt wird. In diesem Fall wird das BZS bei jeder LP+ in einen Bereich mit hohem Wirkungsgrad angehoben. Für die Berechnung der Gleichung 6.19 wird schließlich der Mittelwert $\eta_{LP+,m}$ dieses Bereichs verwendet (vgl. Abbildung 6.11). Für eine exemplarische Leistungsanforderung von 47 kW ergibt sich die in Abbildung 6.9 dargestellte Kennlinie. Auch dieser

---

Dies ist insbesondere sinnvoll, wenn sich der Wirkungsgrad innerhalb des Betriebsbereichs stark über dem SOC ändert.

Verlauf zeigt ein ausgeprägtes Optimum mit einer positiven Einsparung. Diese ist zurückzuführen auf die gegenläufigen Einflüsse von steigendem BZS- und sinkendem Batteriewirkungsgrad bei Erhöhung der absoluten Entladeleistung der RQ.

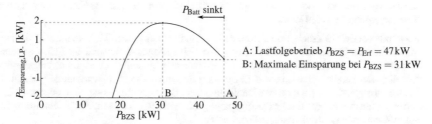

A: Lastfolgebetrieb $P_{BZS} = P_{Erf} = 47\,\mathrm{kW}$
B: Maximale Einsparung bei $P_{BZS} = 31\,\mathrm{kW}$

Abbildung 6.9: Einsparung durch Lastpunktabsenkung in Abhängigkeit der Brennstoffzellenleistung bei einer Leistungsanforderung von 47 kW

Abbildung 6.10 zeigt die Einsparungen in Abhängigkeit der Leistungsanforderungen und beliebigen Lastpunktverschiebungen. Die Diagonale stellt den Lastfolgebetrieb dar. Oberhalb dieser wird LP+ und unterhalb LP- durchgeführt. Die positiven Einsparungen sind dabei als Isolinien dargestellt. Die maximalen Einsparungen für LP+ und LP- ergeben die optimalen Steuerungskennlinien. Im Bereich mit einer Leistungsanforderung über 24 kW führt LP- zu Einsparungen, wohingegen bei Leistungen darunter LP+ zielführend ist. Wie in Abbildung 6.7 dargestellt, wird bei dieser Leistung der maximale BZS-Wirkungsgrad erreicht. Einen Sonderfall stellt der Leistungsbereich bis 9,5 kW dar. Dabei können sowohl durch LP+ als auch durch E-Fahren Einsparungen erzielt werden. Aufgrund der größeren Einsparungen insbesondere bei sehr niedrigen Leistungen sollte das E-Fahren bevorzugt werden.

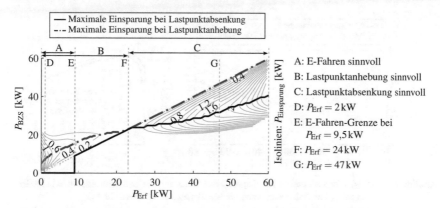

A: E-Fahren sinnvoll
B: Lastpunktanhebung sinnvoll
C: Lastpunktabsenkung sinnvoll
D: $P_{Erf} = 2\,\mathrm{kW}$
E: E-Fahren-Grenze bei $P_{Erf} = 9,5\,\mathrm{kW}$
F: $P_{Erf} = 24\,\mathrm{kW}$
G: $P_{Erf} = 47\,\mathrm{kW}$

Abbildung 6.10: Einsparungskennfeld und optimale Steuerungskennlinien in Abhängigkeit der Leistungsanforderung

Vergleichbare Steuerungskennlinien werden beim P2-Hybriden mit VM und EM als Drehmomentquellen ermittelt. Die Komplexität steigt dabei jedoch um eine Dimension (und damit auch die Schwierigkeit einer verständlichen Darstellung), da die Drehmomentenaufteilung bei unterschiedlichen Drehzahlen stattfindet. Bei konstanter Drehzahl wird die Lastpunktverschiebung durch eine Anhebung oder Absenkung des Drehmoments realisiert. Die Kennlinien maximaler Einsparungen werden daher in Abhängigkeit der Drehzahl ermittelt, sodass im Betrieb zwischen diesen interpoliert werden kann.

Der parallel-serielle Mischhybrid stellt eine Kombination aus beiden Varianten dar. Die Steuerungskennlinien für den seriellen Betrieb ergeben sich analog zum Beispiel des FCEV mit dem Unterschied, dass hier Traktionsbatterie und VM-Generator-Einheit[8] die beiden Leistungsquellen darstellen. Der parallele Betrieb und die Ermittlung der entsprechenden Steuerungskennlinien für die Betriebsstrategie erfolgt wie beim Parallelhybriden. Die Auswahl des seriellen oder parallelen Betriebs kann anhand der Größe der Einsparung oder der erforderlichen Nachladeleistung für den SOC-neutralen Betrieb durchgeführt werden.

Implementierung als Betriebsstrategie Zur Verwendung der optimalen Steuerkennlinien für eine regelbasierte Betriebsstrategie wird eine übergeordnete Strategie zur Steuerung des Ladezustands der Traktionsbatterie (RQ) implementiert. Würden die Kennlinien ohne diese Steuerung angewandt, könnte es je nach Lastprofil zu einer Über- oder Tiefentladung der Batterie kommen. Dies führt zu irreversiblen Schäden und muss daher von der Betriebsstrategie verhindert werden. Darüber hinaus muss es eine Möglichkeit geben, über das gesamte Lastprofil einen Ziel-SOC zu erreichen, da der resultierende Verbrauchswert als Zielgröße der Optimierung verwendet wird. Dies kann nur durch das Abweichen von den ermittelten Kennlinien erreicht werden. Abbildung 6.11 zeigt die aus den maximalen Einsparungen resultierende optimale Steuerungskennlinie, die zur Ermittlung der optimalen Brennstoffzellenleistung verwendet wird. Im Wirkungsgradkennfeld rechts ist außerdem der Betriebsbereich bei Anwendung dieser Kennlinie dargestellt.

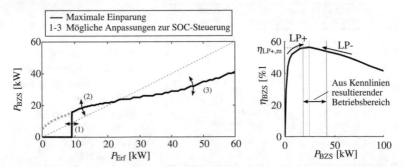

Abbildung 6.11: Adaptives Anpassen der Kennlinie zur Steuerung des Ladezustands (links) und der aus der Kennlinie resultierende Betriebsbereich des BZS (rechts)

---

[8] Durch die Kombination der Verlustleistungskennfelder von VM und Generator kann eine leistungsabhängige Betriebkennlinie (d. h. definierte Drehmoment-Drehzahl Kombinationen) mit minimaler Verlustleistung bzw. maximalem kombinierten Wirkungsgrad ermittelt werden. Diese ähnelt in ihrem Verlauf der charakteristischen Wirkungsgradkennlinie eines BZS.

Die Steuerung des End-SOC kann durch verschiedene Adaptionen der Kennlinie (siehe Tabelle 6.2) mit jeweils anderen Auswirkungen auf die Aufteilung der Betriebsmodi im Verlauf des Profils erfolgen. Die erste Möglichkeit zur Adaption der Kennlinie ist das Verschieben der E-

Tabelle 6.2: Möglichkeiten zur Adaption der Steuerungskennlinie

Einstellung	Auswirkung auf
1. Verschieben der E-Fahren-Grenze	Anteil des rein el. Fahrens (indirekt Menge der geladenen Energie)
2. Anheben/Absenken der LP+ Kennlinie	Menge der geladenen Energie
3. Anheben/Absenken der LP- Kennlinie	Aufteilung der Radenergie zwischen den Quellen

Fahren-Grenze. Die Auswirkungen der Erhöhung der Grenze sind, dass bei den entsprechenden Lastanforderungen rein elektrisch statt im Lastfolgebetrieb mit LP+ gefahren wird. Die Batterie wird demzufolge durch zwei Effekte stärker entladen und der End-SOC dadurch kleiner: Sie übernimmt einen Anteil der Lastanforderung von dem BZS und wird in den jeweiligen Phasen nicht mehr zusätzlich durch LP+ geladen. Je nach der Verteilung der Leistungsanforderungen im betrachteten Profil kann die Variation der E-Fahren-Grenze jedoch sehr starke Auswirkungen auf den SOC-Verlauf haben. Sie eignet sich daher nicht zur Feinjustierung des End-SOC. Aus diesem Grund werden zwei weitere Möglichkeiten zur Adaption vorgesehen. Zur Steigerung oder Verringerung des reversiblen Energieinhalts können die LP+ und/oder die LP- Anteile der Kennlinie angehoben oder abgesenkt werden. Die Anpassung erfolgt dabei so, dass die gesamte Kennlinie im gleichen Verhältnis verschoben und die Abweichung zur maximalen Einsparung möglichst gering ist.

Ziel-SOC Der Kraftstoffverbrauch von Hybridfahrzeugen wird insbesondere bei Vollhybriden im SOC-neutralen Betrieb angegeben (vgl. Norm ECE-R101 [133]). Dieser wird auch als CS-Betrieb bezeichnet. Dieser ist durch eine ausgeglichene Ladebilanz des reversiblen Speichers über das gesamte Lastprofil gekennzeichnet, sodass am Ende ausschließlich Primärenergie verbraucht wurde und der SOC zu diesem Zeitpunkt dem Start-SOC entspricht. Diese Verbrauchsangabe erfordert nicht die Kombination zweier unterschiedlicher Energieformen in einem Verbrauchswert. Er eignet sich daher auch besonders für die in dieser Arbeit beschriebene Optimierungsmethodik zum Vergleich unterschiedlicher Antriebsstrangkonfigurationen.

Eine weitere Möglichkeit für eine vergleichbare Verbrauchsangabe ist die Definition eines Ziel-SOCs, der kleiner als der Start-SOC ist. Daraus ergibt sich, dass eine festgelegte Menge an elektrischer Energie über den Zyklus verbraucht wird. Weil diese Energie (bei gleichem Ziel-SOC und Energieinhalt) konstant ist, ermöglicht der Kraftstoffverbrauch auch in diesem Fall eine Vergleichbarkeit unterschiedlicher Antriebsstrangkonfigurationen ohne beide Energieformen in einem Verbrauchswert zu kombinieren. In diesem sogenannten CD-Modus werden die PHEVs betrieben (vgl. Norm ECE-R101 [133]), weil bei diesen die Traktionsbatterie bzw. die RQ extern geladen werden kann.

Um den Betrieb mit definiertem Ziel-SOC zu gewährleisten, müssen die Betriebsmodi so aufeinander abgestimmt werden, dass über den gesamten Zyklus eine definierte Menge an elektrischer Energie $E_{\text{Batt,Soll}}$ aus der Batterie entladen wird. Für den CS-Betrieb ist diese Energie Null, im CD-Betrieb größer Null. In realen Fahrzeugmessungen ist dies nur schwer zu realisieren.

Aus diesem Grund erlaubt die Prüfnorm für den SOC-neutralen Betrieb in engen Grenzen eine lineare Interpolation von Messungen, in denen zum Ende der Messung nicht der Start-SOC erreicht wurde, wenn mindestens jeweils eine zu einer positiven und eine zu einer negativen Abweichung des Energieinhalts der Batterie führt [133]. Diese Methode stellt jedoch eine Näherung dar, weil zwischen beiden Energieverbräuchen kein linearer Zusammenhang besteht. Für die Simulation bedeutet dies, dass für einen geringen Interpolationsfehler eine möglichst geringe Abweichung zum elektrischen Soll-Verbrauch erreicht werden muss. Dieser resultiert aus der Betriebsmodiaufteilung im Fahrzyklus und den dabei auftretenden Verlustleistungen bzw. Wirkungsgraden.

Aufgrund des nichtlinearen Einflusses der Betriebsmodiaufteilung auf die Wirkungsgrade kann der elektrische Soll-Verbrauch $E_{Batt,Soll}$ nur durch ein iteratives Vorgehen erreicht werden. Dafür wird im ersten Durchlauf das Antriebsstrangmodell für das gesamte Lastprofil und mit einer Steuerung entsprechend der ermittelten Steuerkennlinie - einmal mit und einmal ohne den LP+-Anteil - simuliert und der elektrische Verbrauch $E_{El} = E_{Batt,t_0} - E_{Batt,t_{End}}$ berechnet. Die weitere Vorgehensweise hängt vom resultierenden elektrischen Energieverbrauch ab und wird bis zum Erreichen einer Abbruchbedingung durchgeführt.

ohne LP+	$E_{El} < E_{Batt,Soll}$	Anpassung der E-Fahren-Grenze in Richtung höherer Leistungsanforderungen, bis $E_{El} \geq E_{Batt,Soll}$. Anschließend ggf. Erhöhung des LP+ Anteils.
mit LP+	$E_{El} > E_{Batt,Soll}$	Verschieben der E-Fahren-Grenze in Richtung niedriger Lastanforderungen sowie Anhebung der LP- Kennlinie.
ohne LP+ mit LP+	$\left. \begin{array}{l} E_{El} > E_{Batt,Soll} \\ E_{El} < E_{Batt,Soll} \end{array} \right\}$	Variation des LP+ Anteils.

Die iterative Anpassung wird bei Unterschreiten einer definierten Abweichung des Energieverbrauchs vom Soll-Verbrauch $E_{Batt,Soll}$ beendet:

$$|E_{Batt,Soll} - E_{El}| \leq E_{Tol} \qquad (6.20)$$

Die Verwendung einer Differenzenergie wird einer SOC-Abweichung an dieser Stelle vorgezogen, weil die zulässige Abweichung dadurch unabhängig vom Gesamtenergieinhalt der Batterie ist.[9]

6.3 Schaltstrategie

Neben der Wahl der Leistungsaufteilung im hybriden Antriebsstrang besteht bei Mehrganggetrieben ein weiterer Freiheitsgrad in der Auswahl des Gangs bzw. der Getriebeübersetzung. Dies erfolgt in der Schaltstrategie, die wiederum Teil der Betriebsstrategie ist. In der Praxis werden dafür Schaltpunktkennfelder und -algorithmen verwendet. Diese enthalten Kennlinien für Hoch- und Rückschaltungen in Abhängigkeit von Fahrgeschwindigkeit und Fahrpedalwert sowie Adaptionen z. B. für Bergfahrten. Grundsätzlich erfolgt die Hochschaltung bei höherem Fahrpedalwert

---

[9] Würde stattdessen beispielsweise eine SOC-Abweichung von z. B. 0,01 % toleriert, würde dies im NEFZ bei zwei Batterien mit 1 kWh und 30 kWh zu deutlich unterschiedlichen zulässigen Abweichungen von 0,8 Wh/100km bzw. 25 Wh/100km führen.

später [50]. Hintergrund ist die Leistungscharakteristik des VM mit dem Leistungsmaximum nahe der maximalen Drehzahl. Ein hoher Fahrpedalwert wird als hohe Leistungsanforderung interpretiert. Der dafür ausgewählte niedrige Gang führt zu einer hohen VM-Drehzahl mit einer entsprechend hohen Leistung. Bei niedrigem Fahrpedalwert wird aus Effizienzgründen ein möglichst hoher Gang gewählt. Dies führt zu kleinen Drehzahlen und hohen Drehmomenten mit tendenziell niedrigerem spezifischen Kraftstoffverbrauch. Die Hysterese aus Hoch- und Rückschaltkennlinie verhindert das Pendeln zwischen benachbarten Gängen.

In der zur Verbrauchsberechnung erstellten Rückwärtssimulation werden (wie in Kapitel 5.2 beschrieben) ausgehend von einer vorgegebenen Fahrzeuggeschwindigkeit die Rad- und Komponentengrößen für Drehmoment und Drehzahl berechnet. Ein Fahrermodell, das einen Fahrpedalwert vorgibt, ist dafür nicht erforderlich. Schaltpunktkennfelder können daher für die Schaltstrategie nicht verwendet werden. Stattdessen wird ein regelbasiertes Schaltprogramm implementiert. Abbildung 6.12 zeigt den Ablauf des Schaltprogramms am Beispiel eines Parallelhybriden mit VM und EM als Drehmomentquellen.

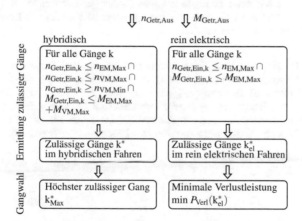

Abbildung 6.12: Ablauf der regelbasierten Schaltstrategie am Beispiel eines Parallelhybriden mit Verbrennungsmotor und E-Maschine als Drehmomentquellen

Bei rein elektrischem Fahren ist es möglich, direkt den verlustoptimalen Gang zu wählen. Während des hybridischen Betriebs ist dies jedoch nicht möglich, weil die Drehmomentenaufteilung und damit die Verluste zum Zeitpunkt der Berechnung nicht bekannt sind. Weil der VM im Hybridbetrieb i. d. R. die Hauptdrehmomentquelle darstellt, wird dabei der für den VM optimale höchste Gang gewählt. Durchgeführte Untersuchungen, bei denen die global optimale Steuerung hinsichtlich des Gangs und der Drehmomentaufteilung von P2-Vollhybriden berechnet wurde, bestätigen diese Vorgehensweise als verbrauchsoptimal.

Ein wesentlicher Vorteil der regelbasierten Schaltstrategie ist die breite Anwendbarkeit, wodurch sie ohne weitere Anpassungen für unterschiedliche Antriebsstrangkonfigurationen verwendet werden kann. Es werden lediglich die ohnehin bekannten Komponenteneigenschaften von Getriebe, EM und ggf. VM benötigt, wie z. B. Anzahl der Gänge, Übersetzungen sowie die maximalen Drehmomente.

6.4 Ergebnisgüte der entwickelten regelbasierten Strategie

Eine Grundvoraussetzung für eine erfolgreiche Antriebsstrangoptimierung ist die objektive Vergleichbarkeit verschiedener Antriebsstrangkonfigurationen. Um dies in Bezug auf das Auslegungskriterium Verbrauch zu ermöglichen, wurde u. a. als Anforderung an die für die Methodik entwickelte regelbasierte Betriebsstrategie (ROLV) definiert, das Kraftstoffeinsparpotenzial durch die Hybridisierung optimal auszunutzen. Dies gilt für alle betrachteten Antriebsstrangarchitekturen sowie beliebige Dimensionierungen (als Voll- und Plug-In Hybrid). Daher gilt es im Folgenden zu prüfen, inwieweit die entwickelte regelbasierte Betriebsstrategie von dieser optimalen Referenzlösung abweicht. Dafür wird die global optimale Leistungsaufteilung mit dem Dynamic-Programming-Algorithmus (DP) ermittelt, der zu diesem Zweck mit der erstellten Simulationsumgebung gekoppelt wird (für die Beschreibung des Algorithmus und der Kopplung siehe Anhang C). Der Vergleich erfolgt sowohl im CS- als auch im CD-Betrieb. Weiterhin soll der Vorteil der regelbasierten Strategie gegenüber dem DP-Algorithmus bezüglich der Berechnungszeit quantifiziert werden. Exemplarisch wird für den Vergleich ein FCEV betrachtet, bei dem die erforderliche elektrische Leistung zwischen dem BZS und der Traktionsbatterie mit Gleichspannungswandler aufgeteilt wird.

CS-Betrieb   Vor der eigentlichen Simulation werden die optimalen Steuerungskennlinien entsprechend der Vorgehensweise in Abschnitt 6.2 berechnet und appliziert. Abbildung 6.13 links zeigt diese als Brennstoffzellenleistung P_{BZS} über erforderlicher Leistung P_{Erf}. Die dabei ermittelte E-Fahren-Grenze liegt bei $P_{Erf} = 7\,kW$. Die mit beiden Betriebsstrategien in der Simulation ermittelten Betriebspunkte sind in der rechten Abbildung dargestellt. Simuliert wurde dabei der WLTC im CS-Betrieb, d. h. mit ausgeglichener Ladebilanz der Traktionsbatterie. Die Be-

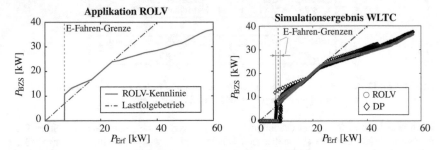

Abbildung 6.13: Vergleich der regelbasierten (ROLV) mit einer optimalen Betriebsstrategie (DP): links Applikation der ROLV-Kennlinie, rechts Verteilung der Betriebspunkte im CS-Betrieb des WLTC

triebspunkte der ROLV-Strategie befinden sich nahezu im gesamten Leistungsbereich auf den für diese Konfiguration ermittelten Steuerungskennlinien. Um den SOC-neutralen Betrieb zu gewährleisten, wurde lediglich im Bereich der Lastpunktanhebung (ca. bei $P_{Erf} = 7...17\,kW$) von den Kennlinien abgewichen, wodurch weniger Energie in die Batterie nachgeladen wird. Die Verteilung der Betriebspunkte des optimalen Betriebs weist im Vergleich nur geringe Unterschiede auf. Die E-Fahren-Grenze variiert beispielsweise beim DP innerhalb des Zyklus leicht ($P_{Erf} = 6...8\,kW$). Dessen Mittelwert ist jedoch identisch mit der E-Fahren-Grenze der ROLV-Strategie. Weitere Unterschiede sind eine um bis zu 2 kW geringere Lastpunktabsenkung bei größeren Leistungsanforderungen sowie vereinzelt Betriebspunkte mit höherer Lastpunktanhebung.

Insgesamt zeigt sich ein sehr ähnliches Betriebsverhalten beider Strategien. Dies wird auch durch die Häufigkeitsverteilung der BZS-Betriebspunkte (siehe Abbildung 6.14) deutlich. Die Häufigkeiten sind insbesondere ab Leistungsanforderungen größer als 18 kW nahezu identisch. Lediglich bei niedrigeren Lasten findet bei DP eine stärkere Verschiebung der Betriebspunkte hin zu 12-14 kW statt. Anhand der Häufigkeitsverteilung lässt sich außerdem erkennen, dass beide Betriebsstrategien die Betriebspunkte des BZS in Richtung hoher Wirkungsgrade verschieben, während der Teillastbereich mit sehr niedrigem Wirkungsgrad vollständig durch E-Fahren vermieden wird.

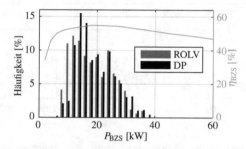

Abbildung 6.14: Häufigkeitsverteilung der Betriebspunkte des Brennstoffzellensystems im WLTC mit der regelbasierten (ROLV) und der optimalen Betriebsstrategie (DP)

Die zeitlichen Verläufe von Fahrzeuggeschwindigkeit, SOC und BZS-Leistung sind in Abbildung 6.15 dargestellt. Dabei ist zu erkennen, dass sowohl die Zeitpunkte, zu denen das BZS angeschaltet ist, als auch die Höhe der BZS-Leistung über den gesamten Zyklus kaum Unterschiede aufweisen. Erst nach 600 s kommt es zu geringen Abweichungen. Dabei wird zeitweise nur bei der ROLV-Strategie die BZS betrieben. Infolge dessen kommt es zu Abweichungen im SOC-Verlauf. Durch geringere BZS-Leistungen mit dieser Strategie zum Ende des Zyklus gleicht sich dies jedoch nahezu ohne Auswirkugnen auf den Gesamtverbrauch aus.

Die geringen Unterschiede im Betriebsverhalten beider Betriebsstrategien resultieren in sehr ähnlichen Wasserstoffverbräuchen. Wie in Tabelle 6.3 aufgelistet, sind die Gesamtverbräuche dieser Antriebsstrangkonfiguration in den verschiedenen Fahrzyklen mit der entwickelten Strategie lediglich um weniger als 0,1 % höher als mit der optimalen Steuerung. Daher kann die ROLV-Strategie in diesem Beispiel als nahezu optimal bezeichnet werden. Dabei gilt es insbesondere hervorzuheben, dass die Berechnungsdauer der ROLV-Strategie sich mit deutlich unter einer Sekunde erheblich vom DP mit mehreren Stunden unterscheidet. Dieses Beispiel zeigt, dass die Anforderungen hinsichtlich der Ergebnisgüte und Rechenzeit von der entwickelten Strategie erfüllt werden.

CD-Betrieb Im CD-Betrieb kann die Batterie beginnend bei einem Start-SOC bis zu einer unteren Grenze entladen werden. Wenn diese elektrische Energie für den gesamten Zyklus nicht

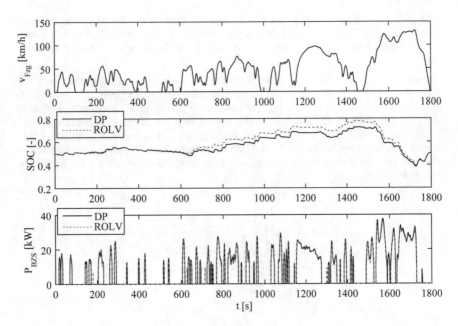

Abbildung 6.15: Vergleich der entwickelten regelbasierten (ROLV) mit einer optimalen Betriebsstrategie (DP) im CS-Betrieb des WLTC: Zeitliche Verläufe

Tabelle 6.3: Vergleich der entwickelten regelbasierten mit einer optimalen Betriebsstrategie im CS-
Betrieb

Verbrauch [gH$_2$/km]	NEFZ	WLTC	FTP-72	Kundenzyklus	Berechnungsdauer
DP	8,783	9,555	8,285	10,080	3-6 h
ROLV	8,783	9,558	8,287	10,087	<1 s
Abweichung [%]	0,00	0,03	0,02	0,07	

ausreicht, gilt es zusätzlich die primäre Energiequelle möglichst effizient einzusetzen. Für die
unterschiedlichen Zyklen wird der Start-SOC daher jeweils so angepasst, dass die elektrische
Energie für den gesamten Zyklus nicht ausreicht und dadurch der CD-Betrieb erzwungen wird.
Nur so kommt es zum hybridischen Betrieb, bei dem Unterschiede zwischen optimaler und
regelbasierter Betriebsstrategie auftreten können.

Tabelle 6.4 zeigt die resultierenden Verbräuche, die sich jeweils aufteilen in Wasserstoff- und
elektrischen Verbrauch. Mit beiden Strategien wird die gesamte zur Verfügung stehende elektrische Energie genutzt, sodass es zu identischen elektrischen Verbräuchen kommt. Unterschiede
zeigen sich hinsichtlich des Wasserstoffverbrauchs. Die Abweichung zum optimalen Betrieb sind
mit 0,05-0,53 % größer als im CS-Modus. Weil die Unterschiede jedoch deutlich kleiner als 1 %

sind, wird davon ausgegangen, dass die Anforderung an die Ergebnisgüte auch im CD-Betrieb erfüllt wird.

Tabelle 6.4: Vergleich der entwickelten regelbasierten mit einer optimalen Betriebsstrategie im CD-Betrieb

Verbrauch		NEFZ	WLTC	FTP-72	Kundenzyklus
DP	Chem. [kgH$_2$/100km]	0,4162	0,3212	0,4039	0,5417
DP	El. [kWh/100km]	8,38	11,88	7,71	8,30
ROLV	Chem. [kgH$_2$/100km]	0,4166	0,3229	0,4041	0,5435
ROLV	El. [kWh/100km]	8,38	11,88	7,71	8,30
Abweichung Chem. [%]		0,10	0,53	0,05	0,33

7 Optimierung des Antriebsstrangs

Eine Herausforderung bei der Ermittlung optimaler Antriebsstränge ist die theoretisch unendlich[1] große Anzahl an möglichen Konfigurationen. Weil diese nicht alle hinsichtlich der Zielgrößen untersucht werden können, muss eine stichprobenartige Auswahl über den gesamten Suchraum erfolgen. Um diese Auswahl zielgerichtet durchzuführen und damit den insgesamt erforderlichen Berechnungsaufwand zu verringern, wird in dieser Arbeit ein Optimierungsalgorithmus verwendet. Eine Aufgabe des Algorithmus ist es, die Auswahl der zu untersuchenden Konfigurationen im Optimierungsprozess so zu steuern, dass in dessen Verlauf eine Verbesserung der Zielgrößen erfolgt.

In diesem Kapitel wird zunächst auf die Grundlagen der hier verfolgten statischen Optimierung eingegangen. Anschließend wird auf Basis von Anforderungen der Methodik ein passender Optimierungsalgorithmus ausgewählt und beschrieben. Schließlich werden sinnvolle Einstellungen des Algorithmus anhand einer Variationsrechnung ermittelt.

7.1 Grundlagen der statischen Optimierung

Das Ziel der Methodik ist die Identifikation optimaler Antriebsstränge im Hinblick auf ausgewählte Zielgrößen sowie unter Berücksichtigung von verschiedenen Randbedingungen. Dies entspricht einem typischen statischen Optimierungsproblem. Die dynamische Optimierung unterscheidet sich von dieser dadurch, dass anstelle von optimalen Eingangsgrößen (hier Eigenschaften der Komponenten bzw. des Antriebsstrangs) eine zeitabhängige Funktion gesucht wird, die eine Zielfunktion minimiert [98] (vgl. DP in Anhang C). Die Optimierung ist ein eigenes Teilgebiet der angewandten Mathematik mit eigenen Definitionen und Begrifflichkeiten. Diese werden im Folgenden kurz erläutert und anschließend der Bezug zu den Funktionen und Eigenschaften der Methodik hergestellt. Nach Koziel und Yang [81] ist eine statisch globale Optimierung charakterisiert durch eine zu minimierende Funktion f_i, die als Kosten- oder Zielfunktion bezeichnet wird:

$$\min f_i(x), \quad (i = 1, 2, ..., I) \tag{7.1}$$

Bei den Eingangsvariablen $x = (x_1, x_2, ..., x_n)$ kann es sich sowohl um kontinuierliche als auch diskrete bzw. gemischte Werte handeln. Bei Optimierungsproblemen mit ausschließlich diskreten Eingangsvariablen handelt es sich um die Klasse der kombinatorischen Optimierungen. Als Suchraum $\mathbb{X}$ wird der zulässige Wertebereich für x bezeichnet, in dem der optimale Parametersatz x^* gesucht wird [138]. Der Lösungsraum stellt die Zielwerte $f_i(\mathbb{X})$ des gesamten Suchraums dar. Der Suchraum wird eingeschränkt durch die untere und obere Grenze l bzw. u. Für $J > 0$ bzw. $K > 0$ muss der optimale Eingangsparametersatz darüber hinaus die Grenzfunktion(en) bzw. Gleichungs- und Ungleichungsnebenbedingungen c_k und g_j erfüllen [99]:

---

[1] Die gilt für kontinuierliche Variationsparameter. Bei Verwendung von diskreten Variatonsparametern ist die Anzahl endlich.

© Springer Fachmedien Wiesbaden GmbH, ein Teil von Springer Nature 2018
F. Weiß, *Optimale Konzeptauslegung elektrifizierter Fahrzeugantriebsstränge*,
AutoUni – Schriftenreihe 122, https://doi.org/10.1007/978-3-658-22097-6_7

$$l \leq x \leq u,$$
$$g_j(x) \leq 0, \quad (j = 1,2,...,J), \tag{7.2}$$
$$c_k(x) = 0, \quad (k = 1,2,...,K).$$

Optimierungsprobleme werden grundsätzlich als Minimierung einer Zielfunktion definiert. Durch Umformung entsprechend Gleichung 7.3 können jedoch auch andere Optimierungsziele berücksichtigt werden [122].

$$\max f_i(x) \Rightarrow \min -f_i(x)$$
$$f_i(x) = c \Rightarrow \min c - f_i(x) \tag{7.3}$$

Wenn mehrere Funktionen minimiert werden sollen ($I > 1$) handelt es sich um mehrdimensionale bzw. mehrkriterielle Optimierungsprobleme [81]. Dabei ist es aufgrund von Zielkonflikten i. d. R. nicht möglich, einen optimalen Eingangsparametersatz x^* zu finden, der alle Zielfunktionen minimiert. Aus diesem Grund werden bei mehrkriteriellen Optimierungsproblemen pareto-optimale Lösungen gesucht. Solche Lösungen sind dadurch gekennzeichnet, dass sie von keinen anderen zulässigen Varianten im Suchraum dominiert werden. Eine Variante a dominiert dabei eine Variante b, wenn sie in mindestens einer Zielgröße besser und in allen anderen mindestens gleichwertig wie b ist [122]. Alle pareto-optimalen Lösungen ergeben zusammen den in Abbildung 7.1 dargestellten pareto-optimalen Bereich PF, der eine Grenze bzw. einen Randbereich des Lösungsraums darstellt [98] und daher auch als Pareto-Front bezeichnet wird.

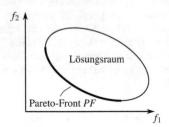

Abbildung 7.1: Allgemeine Darstellung einer Pareto-Front

Bei den in dieser Arbeit betrachteten Problemstellungen handelt es sich um mehrkriterielle Optimierungsprobleme, bei denen zwei Zielgrößen gleichzeitig optimiert werden. Die in Abschnitt 4.1.5 ausgewählte Lösungsdarstellung als Kosten-Nutzen-Diagramm entspricht somit einer Pareto-Front. Weil mit Optimierungsalgorithmen die Zielgrößen jedoch stets minimiert werden, muss die Achse mit dem (zu maximierenden) Nutzen durch eine Vorzeichenumkehr entsprechend Gleichung 7.3 invertiert werden. Kosten und Nutzen ergeben sich durch Normierung und Gewichtung der Auslegungskriterien, zu denen beispielsweise Fahrleistungen und Verbrauch gehören (siehe Tabelle 4.1). Die Methoden zur Berechnung dieser Kriterien stellen somit Teile der Zielfunktionen f_i dar. Die Eingrenzung des Suchraums durch ein Bedarfskennfeld (Abschnitt 4.2.2) sowie die Randbedingungen als Mindestanforderungen an das Zielfahrzeug (siehe Tabelle 4.2) entsprechen im Rahmen der Optimierung den Nebenbedingungen nach Gleichung 7.2. Die Ausprägungen der Variationsparameter werden schließlich bei der Optimierung durch die Eingangsparameter x repräsentiert. Die mit Hilfe eines Optimierungsalgorithmus identifizierten optimalen Eingangsparametersätze x^* ergeben somit die Eigenschaften der optimalen Antriebsstrangskonfigurationen.

7.2 Ansätze zur Verringerung des Berechnungsaufwands

Die in Kapitel 5 beschriebenen Methoden und Algorithmen zur Berechnung der Zielgrößen wurden mit dem Fokus einer möglichst geringen Berechnungszeit bei ausreichender Genauigkeit entwickelt. Mit diesen Methoden liegt die Berechnungszeit mehrerer Zielgrößen für eine einzelne Antriebsstrangkonfiguration im Sekundenbereich. Je nach Anzahl der Eingangsparameter n kann ein Optimierungsdurchlauf mit konventionellen Optimierungsalgorithmen viele Tausend Aufrufe der Zielfunktionen erfordern, wodurch die Berechnungszeit für die gesamte Optimierung trotz der geringen Berechnungsdauer eines Einzelaufrufs einige Tage bis Wochen betragen kann. Eine Möglichkeit dieser Problematik zu begegnen, ist der Einsatz von Metamodellen. Mit diesen werden komplexe Simulationsmodelle durch verhältnismäßig einfache Modelle mit wesentlich kürzen Berechnungszeiten approximiert [122]. Dabei werden lediglich die direkten Abhängigkeiten und Wechselwirkungen zwischen den zu variierenden Eingangsparametern und den Zielgrößen innerhalb der zulässigen Grenzen abgebildet, ohne die dem komplexen Modell zugrundeliegenden (z. B. physikalischen) Zusammenhänge zu berücksichtigen. Wie in Abbildung 7.2 dargestellt, wird zunächst die Zielfunktion $f(x,S)$ zum Metamodell $f^*(x)$ vereinfacht, um dieses anschließend bei der Optimierung zur Ermittlung der Zielgrößen zu verwenden. Die Funktionseingänge des Metamodells reduzieren sich im Vergleich zur ursprünglichen Zielfunktion um die konstanten bzw. nicht bei der Optimierung zu variierenden Eingänge S (z. B. die Fahrwiderstandsparameter).

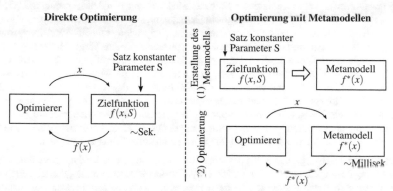

Abbildung 7.2: Direkte Optimierung der Zielfunktion (links), Erstellung und anschließende Optimierung des Metamodells (rechts)

Die Berechnung eines Metamodells erfolgt anhand von Stichproben, die auf Basis eines Versuchsplans nach der statistischen Versuchsplanung (DoE) mit dem komplexen Simulationsmodell ermittelt werden [81]. Der Versuchsplan legt fest, für welche Eingangsgrößen x_i das komplexe Simulationsmodell berechnet werden soll. Anschließend wird das Metamodell so an die Ergebnisse angepasst, dass die mit dem Versuchsplan ermittelten Abhängigkeiten möglichst gut vom Modell abgebildet werden (z. B. durch Regression). Sind die Abhängigkeiten im Vorhinein bekannt, eignen sich ggf. Polynome oder Splines als Modellfunktionen. Ist dies nicht der Fall oder handelt es sich um sehr komplexe und/oder nicht stetige Abhängigkeiten, eignen sich ggf. künstliche neuronale Netze (KNN) oder das Kriging-Verfahren. Im Kontext der Optimierung von Antriebssträngen werden als Modellfunktionen Polynome u. a. von Pischinger und Seibel [102] und Balazs et al. [4] verwendet, KNN beispielsweise von Moses [93] und Eghtessad [37].

Wenn (vorhandene) rechenzeitintensive Simulationsmodelle eingesetzt werden sollen, können Metamodelle die einzige praktikable Möglichkeit darstellen, eine umfangreiche Optimierung in einem gegebenen Zeitraum durchzuführen. Grundsätzlich muss dabei jedoch überprüft werden, ob die erzeugten Modelle die tatsächlichen Abhängigkeiten des komplexen Simulationsmodells ausreichend genau wiedergeben. Die Schwierigkeit dabei ist, dass auch dies im Sinne der Rechenzeitreduzierung nur stichprobenartig erfolgen kann und somit eine Restunsicherheit bezüglich der Genauigkeit bestehen bleibt. Die Abbildung des Einflusses von Zielgrößen mit diskreten Eingangsgrößen ist darüber hinaus schwierig, da zwischen den diskreten Werten nicht notwendigerweise ein Zusammenhang bestehen muss (z. B. wenn die diskreten Werte unterschiedliche Komponententechnologien repräsentieren). Prinzipiell führt die Verwendung von Metamodellen zu Fehlern, die in ihrer Größe innerhalb des Suchraums variieren können. Dies kann nicht nur zu einem Fehler der absoluten optimalen Zielgröße, sondern darüber hinaus zu einer Verschiebung des globalen Optimums führen.

Der tatsächliche Approximationsfehler eines Metamodells ist von vielen Faktoren abhängig, wie z. B. vom Metamodelltyp, dem zu approximierenden Simulationsmodell sowie dem Versuchsplan. Beispielsweise untersuchen Hammadi et al. [61] die Eignung von zwei Metamodellen (Polynomfunktion und RBFNN) zur Approximation der Verbrauchssimulation eines Elektrofahrzeugs. Die Simulation erfolgt mit einem mit der Software Modelica erstellen Antriebsstrangmodell, das u. a. ein einfaches E-Maschinenmodell und ein Getriebe mit konstantem Wirkungsgrad umfasst. Mit den Metamodellen wird die Abhängigkeit zweier Zielgrößen von neun Variationsparametern (drei E-Maschinen- und sechs Reglergrößen) approximiert. Beim Vergleich der Ergebnisse der Metamodelle mit denen des Simulationsmodells ergeben sich Fehler von durchschnittlich 6,8-11,6 % und maximal 12 bis 60 %. Mit geringerer Anzahl an Variationsparametern sinkt der durchschnittliche Fehler auf ca. 5 %. Moses [93] bestimmt dagegen mit einem neuronalen Netz, acht Variationsparametern und dem Energieverbrauch als einzige Zielgröße einen relativen Fehler von ca. 2 % gegenüber dem approximierten Simulationsmodell. Bei komplexeren Antriebssträngen mit vielen Variationsparametern (zu denen die in dieser Arbeit betrachteten Hybridfahrzeuge gehören) und zwei Zielgrößen ist ein größerer Fehler zu erwarten.

Aufgrund der Unsicherheit bezüglich des Approximationsfehlers mit der daraus resultierenden Verringerung der Ergebnisgüte wird der Metamodellansatz zur Reduzierung der Berechnungszeit in dieser Arbeit nicht verfolgt. Stattdessen werden, zusätzlich zum Fokus einer geringen Berechnungsdauer bei der Erstellung der Längsdynamiksimulation, durch die Einschränkung des Suchraums und durch Parallelisierung von Berechnungen die Optimierungsdauer verringert.

Die Einschränkung des Suchraums durch die Angabe der Grenzen l bzw. u (siehe Gleichung 7.2) erfolgt wie in Abschnitt 4.2.2 beschrieben durch die Ermittlung eines Bedarfskennfelds, aus dem die Grenzen von bestimmten Variationsparametern abgeleitet werden können. Dadurch kann auf unzulässige Bereiche des Suchraums geschlossen und die Variantenvielfalt und damit der Berechnungsaufwand reduziert werden.

Die Parallelisierung der Berechnung ist ein programmiertechnischer Aspekt zur Reduzierung der Berechnungszeit. Dabei werden voneinander unabhängige Berechnungen parallel ausgeführt. Diese Vorgehensweise ist besonders bei Mehrkernprozessoren von Vorteil, da parallel ausgeführte Prozesse auf unterschiedlichen Kernen ausgeführt werden können. Dadurch wird die gesamte Rechenkapazität besser ausgenutzt und die Berechnungszeit ggf. erheblich reduziert. Inwieweit Prozesse und Algorithmen parallelisiert werden können, hängt stark vom verwendeten Optimierungsalgorithmus ab und fließt daher in die Auswahl eines für den hier gezeigten Anwendungsfall geeigneten Algorithmus ein.

7.3 Optimierungsalgorithmus

7.3.1 Anforderungen

Die Anforderungen an den auszuwählenden Optimierungsalgorithmus leiten sich im Wesentlichen aus den Eigenschaften des Optimierungsproblems ab. Bei den mit der Methodik zu untersuchenden Problemstellungen handelt es sich um ein **statisches Optimierungsproblem**, da keine zeitabhängigen optimalen Eingangsparameter gesucht werden. Weiterhin ist die Charakteristik des resultierenden Lösungsraums im Vorhinein nicht bekannt und kann vergleichbar mit Abbildung 7.3 sowohl lokale als auch globale Extrema aufweisen. Gesucht wird dabei stets das **globale Optimum** jeder Zielgröße. Da mehrere Zielgrößen optimiert werden sollen, muss der Algorithmus **mehrkriterielle** Optimierungen ermöglichen. Die Berechnung der Zielgrößen erfolgt anhand von numerischen kennfeldbasierten Simulationen. Eine direkte Berechnung von Ableitungen ist daher nicht möglich (**ableitungsfrei**). Es sollen außerdem verschiedene Randbedingungen wie z. B. eine erforderliche Höchstgeschwindigkeit und Beschleunigungszeit eingehalten werden, die im Rahmen der Optimierung als **Ungleichungsnebenbedingungen** berücksichtigt werden müssen. Als Variationsparameter treten **sowohl kontinuierlich variierbare Komponenteneigenschaften** des jeweiligen Antriebsstrangs als auch **diskrete Komponententechnologien** auf. Insgesamt ergeben sich somit folgende harte Anforderungen an den Optimierungsalgorithmus:

- Statisch

- Global

- Mehrkriteriell

- Ableitungsfrei („black box")

- Verwendung von Ungleichungsnebenbedingungen

- Verwendung von kontinuierlichen und diskreten Eingangsparametern

Als weiche bzw. optionale Anforderung wird darüber hinaus die Parallelisierbarkeit der Berechnungen berücksichtigt. Ein grundsätzliches Ziel globaler Optimierungsalgorithmen ist außerdem die Balance zwischen Explorations- und Konvergenzverhalten (*exploration* versus *exploitation*). Das Konvergenzverhalten beschreibt die Geschwindigkeit, mit der ein ggf. suboptimales Optimum identifiziert wird. Es wird durch die Fähigkeit des Algorithmus gesteuert, bereits bekannte Lösungen zu verwerten (exploitation), d. h. diese zu kombinieren und zu verbessern. Mit dem

Explorationsverhalten wird die Fähigkeit bezeichnet, bisher unbekannte Bereiche des Suchraums aufzufinden. Dadurch sollen lokale Optima verlassen und globale identifiziert werden [22].

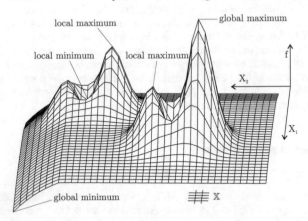

Abbildung 7.3: Darstellung lokaler und globaler Extrema in einem beispielhaftem Lösungsraum [138]

7.3.2 Auswahl eines geeigneten Optimierungsalgorithmus

In der Literatur wird eine Vielzahl von Optimierungsalgorithmen beschrieben, die jeweils an spezielle Anwendungsgebiete angepasst sind. Einige davon liefern gute Ergebnisse für eine breite Auswahl an unterschiedlichen Problemstellungen, während andere hochspezialisierte Algorithmen nur für bestimmte Problemstellungen anwendbar, jedoch deutlich schneller und effizienter sind. Hinter diesen zunächst intuitiv plausiblen Zusammenhängen verbirgt sich eine Gesetzmäßigkeit, die von Wolpert und Macready [142] als sogenanntes No Free Lunch Theorem formuliert wurde. Dieses besagt, dass ein Optimierungsalgorithmus, um eine bestimmte Problemstellung besser als ein anderer Algorithmus zu lösen, für andere Problemstellungen schlechtere Lösungsverhalten haben muss [138]. Daraus lässt sich ableiten, dass kein universeller Algorithmus existiert oder jemals entwickelt wird, der für alle Optimierungsprobleme besser und effizienter als alle anderen speziellen Algorithmen ist. Bei der in dieser Arbeit betrachteten Anwendung sollen unterschiedliche Zielfunktionen optimiert werden. Diese unterscheiden sich hinsichtlich der Anzahl der Eingangsparameter, die wiederum diskret und/oder kontinuierlich variiert werden können, und der Beschaffenheit des Lösungsraums. Es wird demnach ein breit anzuwendender Optimierungsalgorithmus gesucht, der dem Theorem nach weniger effizient als sehr spezielle Algorithmen sein wird.

Eine Kategorisierung der Optimierungsalgorithmen kann zunächst anhand der Unterscheidung von statischen und dynamischen Problemstellungen und die jeweils anwendbaren Verfahren erfolgen. Die dynamische Optimierung unterscheidet sich, wie bereits beschrieben, von der hier betrachteten statischen dadurch, dass anstelle von optimalen Werten für die Eingangsparameter x eine zeitabhängige Funktion $x(t)$ gesucht wird, die eine Zielfunktion $f(x(t))$ minimiert [98] (vgl. DP in Anhang C).

Algorithmen zur Lösung statischer Optimierungsprobleme werden eingeteilt in ableitungsbasierte und ableitungsfreie Verfahren. Ein typischer Algorithmus, der die erste Ableitung der Zielfunktion nutzt, ist das Gauß-Newton-Verfahren, während beispielsweise das Nelder-Mead-Verfahren lediglich den Funktionswert verwendet. Eine weitere Einteilung kann entsprechend Abbildung 7.4 in deterministische und stochastische Verfahren erfolgen. Deterministisch bedeutet, dass der Optimierungsverlauf anhand von starren, nicht zufälligen Regeln erfolgt. Daraus folgt, dass diese Algorithmen bei gleichen Startvoraussetzungen immer dieselbe Lösung liefern. Stochastische Verfahren verwenden dagegen einen zufälligen Anteil, wodurch der Optimierungsverlauf (und ggf. auch das Ergebnis) bei jedem Durchlauf unterschiedlich ist. Der zufällige Anteil kann im einfachsten Fall darin bestehen, einen zufälligen Startpunkt zu wählen. Eine weitere Möglichkeit ist, den zufälligen Anteil in die einzelnen Komponenten des Algorithmus zu implementieren. Letztere Verfahren werden als metaheuristisch bezeichnet und bilden einen aktuellen Forschungsschwerpunkt [81].

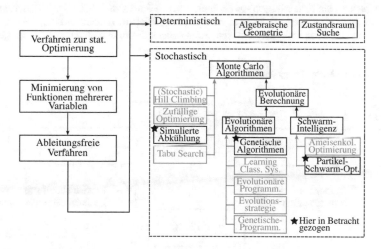

Abbildung 7.4: Kategorisierung globaler Optimierungsalgorithmen nach Weise [138]

Ein weiterer Aspekt zur Kategorisierung der Optimierungsalgorithmen ist die Fähigkeit der Suche nach dem globalen Optimum. Den lokalen Optimierungsverfahren fehlt prinzipiell die Fähigkeit, ein einmal erreichtes lokales Minimum wieder zu verlassen, da sie i. d. R. auf deterministischen Regeln basieren. Die grundsätzliche Fähigkeit zur globalen Optimierung wird durch einen Zufallsanteil erreicht. Dabei kann ein lokales Optimierungsverfahren durch das Hinzufügen eines zufälligen Startpunkts zu einem globalen erweitert werden, wobei dieser jedoch nicht notwendigerweise effizient und erfolgreich sein muss [81].

Entsprechend den Anforderungen an den Optimierungsalgorithmus kommen für die betrachteten Anwendungsfälle nur ableitungsfreie Verfahren infrage. Je nach Anzahl und Art der Variationsparameter kann der Lösungsraum mit diversen lokalen Extrema beliebig komplex werden. Nur die stochastischen Verfahren bieten dabei die Möglichkeit, das globale Optimum zu identifizieren. Aus den verbliebenen Verfahren haben sich im Rahmen der Antriebsstrangoptimierung drei

Varianten durchgesetzt, die alle an natürliche Phänomene und Prozesse angelehnt sind: Die simulierte Abkühlung (SA), die Genetischen Algorithmen (GA) aus der Klasse der evolutionären Algorithmen sowie die Partikel-Schwarm-Optimierung (PSO) aus der Klasse der Schwarmintelligenz [45, 52, 33, 62, 64, 72, 93]. Mit allen drei Verfahren kann eine Optimierung unter den gestellten Anforderungen durchgeführt werden. Bei GA und PSO handelt es sich um populationsbasierte Algorithmen, bei denen in jeder Generation mehrere Berechnungen unabhängig voneinander durchgeführt werden. Sie eignen sich daher besonders gut für Parallelisierungen und sind daher der SA vorzuziehen. Weil sich für die mehrkriteriellen Optimierungen mit dem NSGA-II eine Variante der GA als besonders geeignet herausgestellt hat ([93, 72, 33]), wird dieses als zielführendes Verfahren ausgewählt.

7.3.3 Allgemeiner Ablauf Genetischer Algorithmen

Die GA basieren auf Erkenntnissen aus der biologischen Genetik und abstrahieren Darwins Evolution biologischer Systeme. Sie wurden erstmals in den 1960ern von Holland [68] beschrieben, in den Folgejahren von verschiedenen Autoren weiterentwickelt und in der heute verwendeten Weise formuliert [92].

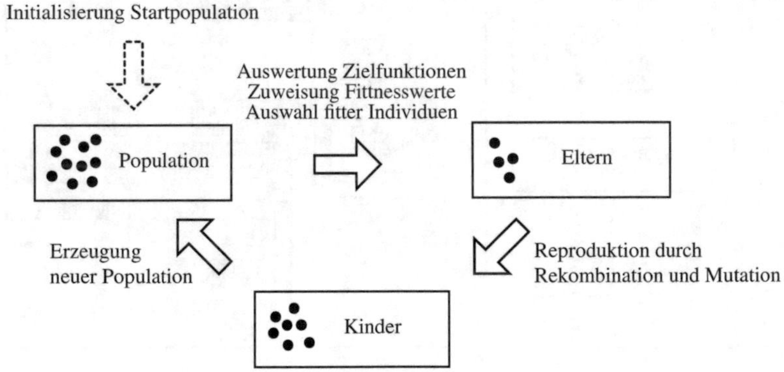

Abbildung 7.5: Allgemeiner Ablauf eines Genetischen Algorithmus in Anlehnung an [122, 138]

Die wesentlichen Vorteile von GA sind die Anwendbarkeit auf komplexe Probleme und die Parallelisierbarkeit sowie die Adaptierbarkeit für spezielle Anwendungsgebiete. Aus diesem Grund werden GA heute in verschiedensten Bereichen der Forschung, Entwicklung und Wirtschaft verwendet [105], woraus eine große Menge an unterschiedlichen Ausprägungen hervorgegangen ist [23]. Die Gemeinsamkeit aller GA ist die Verwendung der bereits von Holland beschriebenen genetischen Operatoren Kreuzung, Mutation sowie Selektion der fittesten Individuen [81]. Abbildung 7.5 zeigt den verallgemeinerten Ablauf eines typischen GA. Zunächst wird dabei eine Startpopulation mit einer definierten Anzahl an Individuen mit jeweils unterschiedlichen Eigenschaften (Eingangsparametern x) ausgewählt (Generation G_i). Unter Verwendung der Zielfunktionen sowie weiterer Verfahren wird den Individuen ein Fitniswert zugeordnet, anhand dessen aus der ursprünglichen Population eine besonders fitte Elterngeneration ausgewählt wird. Die Reproduktion findet durch Rekombination (bzw. Kreuzung) verschiedener Elternpaare statt, wodurch die Eigenschaften der Eltern direkt in die Eigenschaften der Kinder übergehen. Neben der Kreuzung findet mit einer gewissen Wahrscheinlichkeit eine Mutation statt. Dabei werden einzelne Eigenschaften meist zufällig und unabhängig von den Eltern verändert. Dadurch wird sichergestellt, dass der gesamte Suchraum untersucht werden kann und nicht in einem lokalen Minimum verharrt wird. Anschließend wird aus Eltern und Kindern eine neue Generation G_{i+1} gebildet und der gesamte Prozess beginnt von Neuem. Dies wird so lange durchgeführt, bis eine maximale Anzahl an Iterationsschritten oder eine Toleranzgrenze hinsichtlich der Änderung des Optimums erreicht ist [122].

Die Grundbegriffe (für eine Auswahl siehe Abbildung 7.6) der GA entstammen der Evolutionsbiologie und unterscheiden sich demnach von den typischen Begriffen der Optimierung.

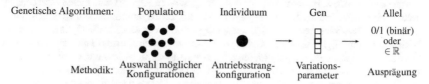

Abbildung 7.6: Einige Grundbegriffe der Genetischen Algorithmen und die entsprechenden Bezeichnungen innerhalb der Methodik

Individuum Ein Individuum (im Kontext der GA auch Chromosom) beschreibt einen möglichen Lösungskandidaten bzw. Punkt im Suchraum der zu optimierenden Problemstellung. Es wird durch eine bestimmte Anzahl an Genen definiert und repräsentiert im Rahmen der entwickelten Methodik eine Antriebsstrangkonfiguration.

Gen In den Genen werden die „Erbinformationen" bzw. die Eingangsparameter x eines Individuum gespeichert. Dies erfolgt im Normalfall kodiert. Beispielsweise wird ein Eingangsparameter, der nur zwei Werte annehmen kann, durch die binäre Form 0 und 1 kodiert werden. Es existieren jedoch auch Verfahren, welche die Kodierung durch reelle Zahlen ermöglichen, um so den Suchraum nicht einzuschränken. Ein einzelner Eingangsparameter muss nicht notwendigerweise von einem Gen dargestellt werden, da es möglich ist, sowohl Eingangsparameter zusammenzufassen als auch einen Eingangsparameter durch mehrere Gene zu kodieren. Die Gene repräsentieren die Variationsparameter der Antriebsstrangoptimierung.

Allel Als Allel wird die konkrete (kodierte) Ausprägung eines Gens bezeichnet, im binären Fall sind dies die Werte 1 und 0.

Genotyp Der Genotyp bezeichnet die Gesamtheit aller Gene eines Individuums in seiner ko dierten Form.

Phänotyp Der Phänotyp (Erscheinungsbild) entspricht der Gesamtheit aller Gene eines Individuums in seiner dekodierten Form und damit dem Vektor der Eingangsparameter x.

Population Alle in einem Iterationsschritt betrachteten Individuen bilden eine Population und damit einen eigenen Untersuchraum [65]. Durch das Populationskonzept wird der Suchraum an mehreren Stellen gleichzeitig untersucht und damit die Wahrscheinlichkeit zum Auffinden des globalen Optimums erhöht.

Fitness Die Fitness beschreibt die Güte eines Individuums und damit die Wahrscheinlichkeit reproduziert zu werden. Sie wird aus den Ergebnissen der Zielfunktion $f_i(x)$ berechnet und ist das entscheidende Kriterium für die Auswahl der Elterngeneration.

7.3.4 Ausgewähltes Verfahren

Wie bereits in Kapitel 7.3.3 beschrieben, haben alle GA grundsätzlich den gleichen Ablauf, die jeweilige Umsetzung kann jedoch sehr unterschiedlich sein. Sie ist entscheidend für die Leistungsfähigkeit des Algorithmus zur Lösung einer speziellen Problemstellung und sollte daher an diese angepasst werden. In der Literatur wird häufig zwischen den genetischen Operatoren des GA (wie z. B. der Selektion) und dem gesamten Algorithmus nicht unterschieden, wodurch eine differenzierte Bewertung erschwert wird. Einen umfangreichen Überblick sowie detaillierte Untersuchungen zu verschiedenen Operatoren von GA für die Optimierung eines Elektrofahrzeugs zeigt Moses [93]. Dabei wird zwar im Gegensatz zu dieser Arbeit der Meta-modellansatz angewandt, die Anforderungen an den Algorithmus sowie der Anwendungsfall und damit die Topologie des Lösungsraums sind aber ähnlich. Daher wird der von Moses [93] identifizierte zielführende Algorithmus als Ausgangsbasis verwendet und dessen Hauptschritte im Folgenden beschrieben. Anschließend gilt es zu prüfen, ob die freien Einstellparameter des Optimierungsalgorithmus auch für die hier betrachtete Problemstellung geeignet sind.

Initialisierung Bei der Initialisierung wird die Startpopulation ausgewählt. Diese umfasst alle zu Optimierungsbeginn betrachteten Antriebsstrangkonfigurationen. Je näher sich diese bereits am Optimum befinden, desto schneller ist der Optimierungsalgorithmus in der Lage, die Pareto-Front zu identifizieren. Wenn bereits Vorkenntnisse bestehen oder ähnliche Optimierungen durchgeführt worden sind, kann dieses Wissen in die Wahl der Startpopulation einfließen. Anderenfalls wird die Startpopulation zufällig im Suchraum $\mathbb{X}$ verteilt.

Fitnessberechnung und Selektion Die Fitnessberechnung und Selektion wird von Moses [93] nach dem NSGA-II [30] durchgeführt. Bei diesem handelt es sich um ein bewährtes Verfahren, das in unterschiedlichen freien und kommerziellen Optimierungstools verwendet wird [122]. Es beschreibt die Regeln, nach denen die besten Individuen einer Population für die Elterngeneration ausgewählt werden. Anders als bei einkriteriellen Optimierungen ist es hier nicht möglich, anhand der berechneten Zielgröße eine Rangfolge zu erstellen, da zwei oder mehr Zielgrößen gegeneinander abgewogen werden müssen. Um dennoch eine sinnvolle Bewertung der einzelnen Individuen zu erhalten und dadurch einen Vergleich durchführen zu können, wird beim NSGA-II für jedes Individuum der Rang und die Crowding Distance (CDT) bestimmt. Der Rang ergibt sich aus der Einteilung aller Individuen in nicht-dominierte Fronten. Zum ersten Rang gehören demnach alle Individuen, die auf der Pareto-Front der aktuellen Generation liegen, da diese von keinen anderen dominiert werden (d. h. es existiert in der aktuellen Population kein Individuum, dass in allen Zielgrößen besser abschneidet). Im nächsten Schritt werden die Individuen des ersten Rangs entfernt, wodurch sich eine neue Pareto-Front ergibt, welcher der Rang zwei zugeordnet wird. Dies wird so lange fortgesetzt, bis allen Individuen ein Rang zuordnet ist (siehe Abbildung 7.7) [30].

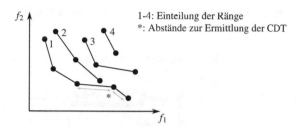

Abbildung 7.7: Ermittlung des Rangs und der Crowding Distance (CDT) einzelner Individuen einer Population nach dem NSGA-II

Ein eindeutiger Vergleich aller Individuen ist allein basierend auf dem Rang noch nicht möglich, da beliebig viele Individuen einem Rang zugeordnet sein können und daher untereinander nicht vergleichbar sind. Daher wird zur Beurteilung der Individuen des gleichen Rangs die CDT berechnet. Sie gibt an, wie weit ein Individuum von seinen direkten Nachbarn auf der gleichen Front entfernt ist. Das Ziel dabei ist es, eine möglichst breite und gleichmäßig verteilte Front zu ermitteln und dichte Ansammlungen zu verhindern.[2] Dafür werden die beiden äußeren Individuen dem höchsten CDT-Wert zugeordnet, während sich für alle anderen ein Wert proportional zur Summe der Abstände zu den beiden Nachbarn ergibt [122].

Mit Hilfe beider Größen kann nun eine nahezu[3] eindeutige Rangfolge und Fitnesszuordnung erfolgen. Diese orientiert sich primär an dem Rang und sekundär an der CDT. Zur Auswahl der Elterngeneration wird die Turnierselektion verwendet. Dabei werden für jedes zu erzeugende Eltern-Individuum eine definierte Anzahl – die Turniergröße (TG) – zufälliger Individuen ausgewählt und das mit der besten Fitness als Eltern-Individuum verwendet. Je größer die TG, desto höher ist der Selektionsdruck, d. h. desto unwahrscheinlicher ist es, dass auch Individuen mit einer niedrigen Fitness reproduziert werden. Zu einem gewissen Anteil ist dies jedoch erforderlich, um neue Bereiche des Suchraums zu erreichen. Dies erhöht die Wahrscheinlichkeit, das globale Optimum zu identifizieren. Im NSGA-II wird die binäre Turnierselektion mit zwei zu vergleichenden Individuen (d. h. der Turniergröße von zwei) empfohlen [30].

Rekombination und Mutation Bei der Rekombination oder Kreuzung werden aus einem Elternpaar (oder aus mehr als zwei Eltern) Nachkommen erzeugt. Dies erfolgt zu einer gewissen Wahrscheinlichkeit durch das Mischen der Gene oder durch einfaches Kopieren der Elternpaare. Das Ziel dabei ist es, unbekannte Bereiche des Suchraums zu erreichen ohne bereits identifizierte zielführende Eigenschaften zu verlieren. Zur Rekombination reeller Zahlen wird in dieser Arbeit das BLX-α nach Eshelman und Schaffer [40] verwendet. Dabei wird aus den Allelen A_1 und A_2 eines Gens zweier Eltern ein Kind erzeugt, dessen Allel A_K in einem nach Gleichung 7.4 definierten Bereich um die Ausprägungen der Elterngene liegt, wobei der Einstellparameter α die Größe dieses Bereichs angibt. Verwendet wird ein zufälliger Wert in diesem Bereich (siehe

---

[2] Dies ist notwendig, um mit einer begrenzten Population die gesamte Pareto-Front zu ermitteln. Dichte Ansammlungen von Individuen liefern jedoch auch sinnvolle Informationen, da sie auf eine robuste Lösung hindeuten können.

[3] Es kann sich in einem Rang mehrmals die gleiche CDT ergeben.

Abbildung 7.8). Das gesamte Verfahren wird so lange wiederholt bis die gewünschte Anzahl an Nachkommen erzeugt wurde.

$$[\min(A_1, A_2) - \alpha|A_1 - A_2|, \max(A_1, A_2) + \alpha|A_1 - A_2|] \tag{7.4}$$

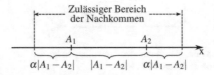

Abbildung 7.8: Zulässiger Bereich der Kinder bei der Rekombination eines Elternpaares nach dem BLX-α Verfahren, in Anlehnung an [122]

Nach der Rekombination wird mit einer gewissen Wahrscheinlichkeit eine Mutation durchgeführt. Mit dieser Mutationswahrscheinlichkeit, die deutlich geringer als die Rekombinationswahrscheinlichkeit sein sollte und auf jedes Gen einzeln angewandt wird, findet eine zufällige Variation des jeweiligen Wertes statt. Dadurch können Nachkommen erzeugt werden, die sich nicht aus der Rekombination der Elterngene ergeben können. Dies verbessert das Explorationsverhalten und ermöglicht das Verlassen einmal erreichter lokaler Minima. Die Mutation kann sowohl durch die Wahl eines rein zufälligen Wertes aus dem gesamten Definitionsbereich als auch mit Hilfe einer Wahrscheinlichkeitsfunktion erfolgen [122].

Im letzten Schritt des Optimierungskreislaufs wird eine neue Population erzeugt. Dafür werden nochmals alle Individuen der letzten Generation mit den Nachkommen anhand der Fitness (Rang und CDT) verglichen. Die besten Individuen aus dieser Menge bilden die neue Generation. Durch diese als Elitismus bezeichnete Vorgehensweise wird sichergestellt, dass bereits identifizierte sehr fitte Individuen nicht in der nächsten Generation verloren gehen.

Nebenbedingungen   Eine Anforderung an den Optimierungsalgorithmus ist die Möglichkeit, Nebenbedingungen entsprechend Gleichung 7.2 zu berücksichtigen. So soll beispielsweise eine erforderliche Höchstgeschwindigkeit ausgewählt werden können, die von den ermittelten optimalen Varianten erreicht werden muss. Es besteht demnach die Notwendigkeit, alle Antriebsstrangkonfigurationen von der Optimierung auszuschließen, die diese Anforderung (bzw. Nebenbedingung im Kontext der Optimierung) nicht erfüllen. Die effektivste Methode dies zu erreichen, ist die Auswahl eines geeigneten Suchraums vor dem eigentlichen Beginn der Optimierung. Sie ist jedoch nicht ausreichend, weil dabei aufgrund von notwendigen Annahmen nicht alle unzulässigen Konfigurationen ausgeschlossen werden können.

Eine Übersicht verschiedener Methoden zur Berücksichtigung von Nebenbedingungen in GAs beschreibt Weise [138]: Die einfachste ist das sogenannte Todesurteil. Dabei wird der Lösungskandidat x, der eine Nebenbedingung verletzt, von der weiteren Suche ausgeschlossen. Dies hat jedoch einerseits den Nachteil, dass die Informationen über dieses Individuum nicht weiter genutzt werden können und kann andererseits dazu führen, dass die Suche in bestimmten Bereichen stagniert. Außerdem wird durch das Entfernen von Individuen die Population (ggf. stark) verkleinert, wodurch sich das Konvergenz- und Explorationsverhalten verschlechtert. Eine weitere und häufig angewandte Methode sind die Straffunktionen. Dabei wird der ungültige Lösungskandidat nicht von der Optimierung ausgeschlossen, sondern stattdessen die zu optimierende Zielgröße um einen definierten Wert verschlechtert, sodass dieser als Optimum nicht infrage kommt. Dabei muss sichergestellt werden, dass diese neue Zielgröße schlechter ist als alle gültigen Zielgrößen einer Population. Sie sollte jedoch auch gut genug sein, dass die Informationen für die weitere Optimierung genutzt werden können. Für die Effizienz des Algorithmus ist es zusätzlich sinnvoll, durch die Wahl der Zielgröße anzugeben, wie stark die Nebenbedingung verletzt wird. Dadurch werden die Lösungskandidaten schneller identifiziert, die direkt an der Grenze zur Nichterfüllung liegen.

Die hier verwendete Methode zur Berücksichtigung der Nebenbedingungen beruht auf einer Anpassung der Turnierselektion und kann dementsprechend nur bei dieser angewendet werden. Bei dieser constraint tournament selection nach Deb [29] werden die Nebenbedingungen in die Auswahl der Elternindividuen mit einbezogen. Werden zwei Individuen verglichen, von denen eins eine Nebenbedingung verletzt, gewinnt dabei immer das andere – unabhängig von den weiteren Kriterien. Verletzen jedoch beide eine oder mehrere Nebenbedingungen, wird jenes Individuum ausgewählt, welches die Nebenbedingungen weniger verletzt. Dafür werden die absoluten Verletzungen innerhalb der aktuellen Population in Hinblick auf den Maximalwert für jede Nebenbedingung normiert und für jedes Individuum multipliziert. Daraus ergibt sich ein Maß für die gesamte Verletzung aller Nebenbedingungen [93].

7.4 Einstellungen der genetischen Operatoren

Für die Leistungsfähigkeit des Optimierungsalgorithmus ist es wichtig, die zur Problemstellung passenden Einstellungen der genetischen Operatoren zu wählen. Da unterschiedliche Antriebsstränge (und damit verschiedene Zielfunktionen) mit variierender Anzahl und Art von Eingangsparametern optimiert werden sollen, gilt es einen Kompromiss für alle betrachteten Anwendungen zu finden. Als Basis werden die von Moses [93] identifizierten und in Tabelle 7.1 aufgeführten Einstellungen verwendet. Im Folgenden wird überprüft, ob diese Einstellungen für die Problemstellungen dieser Arbeit geeignet sind.

Tabelle 7.1: Referenzeinstellungen genetischer Operatoren nach Moses [93]

Turniergröße TG	15
Mutationswahrscheinlichkeit MW	20 %
Rekombinationswahrscheinlichkeit RW	80 %

Zur Bewertung der Einstellungen wird eine Antriebsstrangoptimierung eines FCEV durchgeführt. Um der Komplexität der Zielanwendung möglichst nahe zu kommen, wird eine Vielzahl an Eingangsparametern ausgewählt. Es werden fünf kontinuierliche (P_{BZS}, i_{Getr}, φ_{Getr}, P_{EM}, s_{Batt}) sowie drei diskrete (p_{Batt}, BZS-Variante, Ganganzahl) Parameter variiert. Das Ziel der Optimierung ist die Identifikation von Antriebsstrangkonfigurationen mit den geringsten Kosten (Aufwand) und Wasserstoffverbräuchen (Nutzen). Als Randbedingungen werden eine mindestens erforderliche Höchstgeschwindigkeit von 160 km/h und Beschleunigungszeit (0...100 km/h) von 11 s definiert (weitere Fahrzeugdaten siehe Tabelle B.1 im Anhang).

Im Rahmen dieser Arbeit steht im Wesentlichen die Methodik der Antriebsstrangoptimierung sowie die dafür erforderliche physikalische Modellierung im Vordergrund. Aus diesem Grund beschränkt sich die Suche nach passenden Einstellparametern für den Optimierungsalgorithmus auf eine serielle Variation um die Referenzeinstellungen, wodurch die Sensitivität gegenüber diesen bestimmt und ggf. bessere Einstellungen identifiziert werden sollen. Auf eine äußerst rechenzeitintensive vollfaktorielle Variation zur Identifikation der optimalen Einstellungen wird dagegen insbesondere im Hinblick auf die bekannten Referenzeinstellungen verzichtet. Da bei der Optimierung Zufallselemente (Wahl der Startpopulation, Mutation, Rekombination) verwendet werden, unterliegt das Ergebnis einer gewissen Streuung. Um dies zu berücksichtigen, wird jede Optimierung mit jedem Einstellparametersatz 15-mal durchgeführt und anschließend der Median sowie Streuung und Ausreißer der Stichprobe ermittelt und dargestellt.

Um einen objektiven Vergleich zu den Referenzeinstellungen zu ermöglichen, wird bei der Optimierung entsprechend der Referenz (vgl. [93]) eine Populationsgröße von 100 Individuen gewählt und der Prozess nach 100 Generationen beendet.

Hypervolumen   Zur Bewertung der unterschiedlichen Einstellungen bedarf es eines Kriteriums, welches die Güte des Optimierungsergebnisses angibt. Die Herausforderungen dabei sind, dass das tatsächliche Optimum nicht bekannt ist und dass zwei Zielgrößen optimiert werden sollen. Eine Möglichkeit, die Güte einer Pareto-Front anzugeben, ist das Hypervolumen[4] nach Zitzler und Thiele [148]. Mit diesem wird der von der Pareto-Front eingeschlossene Raum approximiert. Dafür wird (im zweidimensionalen Fall) von jeder optimalen Lösung ein Rechteck zu einem Referenzpunkt aufgespannt und anschließend die Vereinigungsmenge aller Rechtecke gebildet (siehe Abbildung 7.9). Der Referenzpunkt sollte dabei so gewählt werden, dass alle möglichen Lösungskandidaten in dem Raum zwischen Referenzpunkt und Ursprung liegen. Ein größeres Hypervolumen steht dabei für ein besseres Optimierungsergebnis. Dabei wird sowohl die Position der einzelnen Lösungen (niedrigere Zielgrößen ergeben eine größere Fläche) als auch deren Gleichverteilung (ein größerer Abstand zu den Nachbarn führt zu einem größeren Anteil an der Vereinigungsmenge) bewertet.

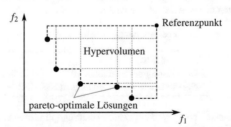

Abbildung 7.9: Berechnung des Hypervolumens einer Pareto-Front zur Bewertung der Ergebnisgüte

Turniergröße   Die Autoren vom verwendeten NSGA-II Algorithmus zur Fitnessberechnung empfehlen die binäre Turnierselektion mit einer entsprechenden TG von zwei Individuen. Moses

---

[4] Der Begriff Hypervolumen hat sich erst später etabliert und wird in der Quelle lediglich mit „the size of the space covered" bezeichnet. Er wird verallgemeinernd auch im zweidimensionalen Fall verwendet.

[93] dagegen hat eine TG von 15 als zielführend identifiziert. Angesichts dieser Diskrepanz wird dieser Einstellparameter vorrangig geprüft.

Eine kleine TG bewirkt einen geringen Selektionsdruck und führt dazu, dass relativ häufig Individuen mit geringer Fitness reproduziert werden. Durch eine hohe Mutationswahrscheinlichkeit (MW) werden verstärkt zufällige Veränderungen an den Genen vorgenommen, die aufgrund des zufälligen Charakters ebenso häufig zu einer geringen Fitness führen. Beide Einstellungen – eine kleine TG sowie eine hohe MW – verbessern das Explorationsverhalten des Algorithmus (bzw. verschlechtern das Konvergenzverhalten), da sie Bereiche außerhalb des lokalen Minimums untersuchen. Aufgrund der ähnlichen Auswirkungen sind Wechselwirkungen zwischen beiden Einstellungen zu erwarten. Um dies zu berücksichtigen, werden verschiedene Kombinationen beider Einstellungen untersucht. Entsprechend wird die TG zwischen 2 und 18 Individuen für die beiden Mutationswahrscheinlichkeiten 10 % und 20 % variiert.

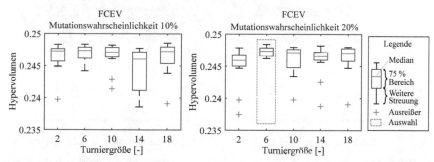

Abbildung 7.10: Untersuchung der Güte von Optimierungsergebnissen in Abhängigkeit der Turniergröße und Mutationswahrscheinlichkeit eines Genetischen Algorithmus

Abbildung 7.10 zeigt die Ergebnisse der Variationsrechnung. Bezogen auf den Median der Stichproben zeigt sich zunächst eine geringe Variation des Hypervolumens zwischen den unterschiedlichen Optimierereinstellungen. Der geringste Wert ergibt sich für eine TG von zwei mit einer MW von 20 %. Deutliche Unterschiede sind bei der Streuung der Ergebnisse zu sehen. Für die Kombination TG 14 - MW 10 % ist diese beispielsweise etwa um den Faktor fünf größer als bei TG 6 - MW 20 %. Grundsätzlich ist jedoch die Streuung innerhalb einer Einstellung größer als die Unterschiede zwischen unterschiedlichen Einstellungen. So ist das beste Ergebnis aus dem 75 %-Bereich stets besser als das schlechteste Ergebnis desselben Bereichs für alle anderen Einstellparameter. Die erwartete Wechselwirkung zwischen TG und MW zeigt sich nur schwach. Zur erkennen ist der Einfluss beispielsweise bei der binären Turnierselektion, die ohnehin ein gutes Explorationsverhalten aufweist. Erwartungsgemäß ist die Güte der identifizierten Optima für diese TG bei höherer MW geringer, weil dies das Verhältnis zwischen Explorations- und Konvergenzverhalten nochmals weiter in Richtung des Explorationsverhaltens verschiebt. Einen guten Kompromiss stellt die Kombination von TG 6 und MW 20 % aufgrund des großen mittleren Hypervolumens bei geringer Streuung dar, sodass diese Einstellungen im weiteren Verlauf verwendet werden.

Mutations- und Rekombinationswahrscheinlichkeit   Im nächsten Schritt wird für die ausgewählte TG von 6 Individuen nochmals die MW variiert, jedoch in einem größeren Bereich als
zuvor. Dadurch soll untersucht werden, ob sich für steigende MW nochmals höhere Ergebnisgüten ergeben. Zusätzlich wird eine sehr geringe MW von 5 % betrachtet.

Die Ergebnisse in Abbildung 7.11 links zeigen, dass die Ergebnisgüte mit einer MW über 20 %
abnimmt. Auch geringere Werte für die MW führen – übereinstimmend mit den Ergebnissen
zuvor – zu schlechteren Ergebnisgüten. Bei dieser Stichprobe ergibt sich für MW = 10 % jedoch
eine nochmals größere Streuung der Ergebnisse im Vergleich zur vorherigen Untersuchung zur
Identifikation der passenden TG. Diese Betrachtung bestätigt eine MW von 20 % als zielführende
Einstellung.

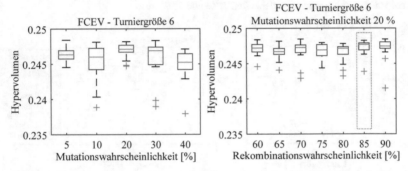

Abbildung 7.11: Untersuchung der Güte von Optimierungsergebnissen in Abhängigkeit der Mutations-
und Rekombinationswahrscheinlichkeit eines Genetischen Algorithmus

Die Hypervolumina der Pareto-Fronten bei Variation der Rekombinationswahrscheinlichkeit
(RW) sind in Abbildung 7.11 rechts dargestellt (für TG = 6 und MW = 20 %). Dabei ist keine
eindeutige Tendenz bezüglich des Einflusses auf die Ergebnisgüte zu erkennen, die eine eindeutige Auswahl ermöglichen würde. Es kann daher geschlussfolgert werden, dass die RW in diesem
Fall einen geringen Einfluss auf das Optimierungsergebnis hat. Als zu verwendende Einstellung
wird aufgrund des höchsten Mittelwerts eine RW von 85 % ausgewählt.

Mutationsmethode und Vergleich   Bei der Mutation findet eine zufällige Variation eines
Gens statt. Bisher wurde der neue mutierte Wert mit der gleichen Wahrscheinlichkeit aus dem
gesamten Definitionsbereichs des Gens ausgewählt. Eine weitere häufig angewandte Methode ist
die Auswahl des mutierten Werts anhand einer normalverteilten Zufallsfunktion um den aktuellen
Wert. Dadurch werden tendenziell geringere Änderungen bei einer Mutation vorgenommen.

Abbildung 7.12 links zeigt, dass die (hier verwendete) normalverteilte Mutation für diese Problemstellung ungeeignet ist, da sich im Mittel ein wesentlich kleineres Hypervolumen ergibt.
Auch die Streuung ist deutlich größer im Vergleich zur zufälligen Mutation. Der Grund dafür
ist die negative Beeinflussung des Explorationsverhaltens durch die Einschränkung der Suche
auf die direkte Umgebung bekannter Lösungen. Folglich wird im Zielalgorithmus die zufällige
Mutation verwendet.

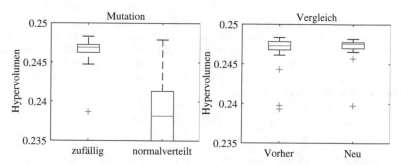

Abbildung 7.12: Untersuchung der Güte von Optimierungsergebnissen in Abhängigkeit der Mutationsmethode eines Genetischen Algorithmus (links); Vergleich der identifizierten Einstellungen mit den Referenzeinstellungen (rechts)

Um die Auswirkungen der ausgewählten Einstellungen in Kombination miteinander aufzuzeigen, wird ein abschließender Vergleich mit den Referenzeinstellungen durchgeführt. Die Einstellungen wurden im Vergleich nur geringfügig angepasst (TG von 15 auf 6, MW identisch, RW von 80 % auf 85 %). Entsprechend gering sind die in Abbildung 7.12 rechts dargestellten Unterschiede. Es zeigt sich eine etwas geringere Streuung sowie ein größeres mittleres Hypervolumen. Dies bedeutet, dass bei gleicher Anzahl von Berechnungen im Mittel eine bessere Pareto-Front[5] identifiziert wird.

Fazit In diesem Unterkapitel wurden durch eine Parametervariation die für die vorliegende Problemstellung geeigneten Optimierungseinstellungen identifiziert. Dafür wurden die Einstellparameter TG, MW und RW um einen Referenzwert variiert und die Güte der berechneten Pareto-Front mit Hilfe des Hypervolumens bestimmt. Außerdem wurden die zwei Mutationsmethoden zufällig und normalverteilt untersucht. Für ein statistisch aussagekräftiges Ergebnis wurden alle Optimierungen 15-mal durchgeführt.

Die identifizierten Einstellparameter sind in Tabelle 7.2 aufgeführt. Lediglich die TG wurde mit 15 auf sechs Individuen im Vergleich zur Referenz deutlich verändert. Sie liegt damit näher an der von Deb et al. [30] empfohlenen binären Turnierselektion. Die Auswirkungen der Änderungen auf die Ergebnisgüte sind jedoch gering (vgl. Abbildung 7.12 rechts). Grundsätzlich kann daher

Tabelle 7.2: Identifizierte zielführende Optimierungseinstellungen

Turniergröße	6
Mutationswahrscheinlichkeit	20 %
Rekombinationswahrscheinlichkeit	85 %

angenommen werden, dass sich die Referenzeinstellungen auch bei einer deutlich abweichenden Zielfunktion für die vorliegenden Problemstellungen eignen und somit robust gegenüber Änderungen der Problemstellung sind. Dies ist insofern wichtig, als dass bei der Anwendung der in

---

[5] D. h. eine Pareto-Front, die näher an der global optimalen Pareto-Front liegt.

dieser Arbeit entwickelten Methodik neben dem in diesem Beispiel betrachten FCEV auch die Antriebsstränge anderer FCEV-Topologien sowie von Parallel- und Mischhybriden optimiert werden, wobei die Anzahl der Eingangs- und Zielgrößen variabel ist. Es wird demnach angenommen, dass die ausgewählten Einstellparameter für die unterschiedlichen Problemstellungen nicht angepasst werden müssen und dabei keine wesentliche Einschränkung im Explorations- und Konvergenzverhalten zu erwarten sind.

8 Anwendung und Diskussion der Methodik

In diesem Kapitel erfolgt die Validierung und Anwendung der erarbeiteten Optimierungsmethodik. Bei der Validierung werden zwei Aspekte hervorgehoben: Zum einen wird durch den Vergleich mit Serienfahrzeugen gezeigt, dass die entwickelten Simulationswerkzeuge ausreichend genaue Ergebnisse liefern. Zum anderen werden für unterschiedliche Serienfahrzeuge optimale HEV-Hybridisierungen ermittelt und diese mit den tatsächlich ausgeführten Dimensionierungen verglichen.

Die Anwendung der Optimierungsmethodik erfolgt exemplarisch anhand von zwei Problemstellungen. Im ersten Beispiel wird der optimale Antriebsstrang eines FCEV hinsichtlich des SOC-neutralen Wasserstoffverbrauchs und der Komponentenkosten ermittelt. Dabei werden die aus Gesamtsystemsicht optimalen Spannungslagen aller Komponenten im Hochvoltnetz ermittelt. Im zweiten Beispiel wird die Verwendung der Methodik an einem PHEV-Antriebsstrang mit Freiheitsgraden hinsichtlich der mechanischen und elektrischen Leistungsaufteilung demonstriert. Besonders hervorgehoben werden dabei die Auswirkungen von Anforderungen an die Reproduzierbarkeit von Fahrleistungen auf die Komponentendimensionierung.

8.1 Validierung

Die Validierung ist im Kontext von Simulationsmethoden nach Rabe et al. [106] als „kontinuierliche Überprüfung, ob die Modelle das Verhalten des abgebildeten Systems hinreichend genau wiedergeben" definiert. In Abschnitt 5.6 wurde dies für die quasi-statische Berechnung von Verlusten auf Basis von Kennfeldern und für die rückwärtsbasierte Antriebsstrangsimulation durchgeführt. Das Ziel der Optimierungsmethodik ist die Identifikation optimaler Antriebsstrangkonfigurationen unter definierten Randbedingungen. Die Überprüfung, ob die ermittelten Ergebnisse tatsächlich hinsichtlich der Zielgrößen optimal sind, kann in der Praxis nicht durchgeführt werden, weil nicht alle zulässigen Konfigurationen als reale Prototypen aufgebaut und bezüglich der Zielgrößen verglichen werden können. Aus diesem Grund ist eine vollständige Validierung der Methodik nicht möglich. Eine praktikable Möglichkeit besteht darin, real existierende Serienfahrzeuge zur Überprüfung der Methodik zu verwenden. Daher erfolgt die Validierung stichprobenartig durch den Vergleich der Simulations- und Optimierungsergebnisse mit hinsichtlich Komponenten und Fahreigenschaften bekannten Serienfahrzeugen.

8.1.1 Fahrleistung und Verbrauch

Die Validierung der Simulationsmethoden für Fahrleistung und Verbrauch erfolgt exemplarisch durch die Simulation von zwei Serien-BEVs: Dem Volkswagen e-Golf und dem BMW i3. Das Antriebskonzept des BEV eignet sich für diese Untersuchung besonders, weil die reale Betriebsweise gut nachvollzogen und abgebildet werden kann. Hybridfahrzeuge eignen sich dafür weniger, weil eventuelle Abweichungen zur Simulation auch auf die unbekannte Systemleistungsfreigabe oder Betriebsstrategie im Zyklusbetrieb zurückzuführen sein kann.

Die für den Vergleich verwendeten Fahrzeuge unterscheiden sich entsprechend Tabelle 8.1 im Wesentlichen hinsichtlich des Gewichts und der Antriebsleistung. Der BMW i3 verfügt über eine um 40 kW leistungsstärkere EM bei 390 kg geringerem Fahrzeuggewicht. Alle nicht bekannten

© Springer Fachmedien Wiesbaden GmbH, ein Teil von Springer Nature 2018
F. Weiß, *Optimale Konzeptauslegung elektrifizierter Fahrzeugantriebsstränge*,
AutoUni – Schriftenreihe 122, https://doi.org/10.1007/978-3-658-22097-6_8

Eigenschaften der Antriebsstrangkomponenten (wie z. B. die Verlustleistungen) werden für die
Simulation aus bekannten Komponenten abgeleitet.

Tabelle 8.1: Fahrzeugdaten des Volkswagen e-Golf und BMW i3 [136, 60, 103, 12, 91]

	VW e-Golf	BMW i3
Architektur	BEV	BEV
m_{Fzg}	1585 kg	1195 kg
f_R	0,007[a]	0,007[a]
l	2,63 m	2,57 m
Antrieb		
Angetriebene Achse	Vorderachse	Hinterachse
EM-Technologie	PSM	PSM
$P_{EM,Nenn(Dauer)}$	85 kW (50 kW)	125 kW (74 kW[a])
$M_{EM,Max}$	270 Nm	250 Nm
$n_{EM,Max}$	12.000 min^{-1}	11.400 min^{-1}

[a] Annahme

Die Höchstgeschwindigkeit des leistungsstärkeren i3 ist mit 150 km/h angegeben, die des e-Golf
mit 140 km/h [136, 12]. Die durch die Simulation ermittelte Höchstgeschwindigkeit liegt, wie in
Abbildung 8.1 dargestellt, jeweils ca. 2 km/h über diesen Werten. Die Darstellung der Zugkraftan-
gebote und Gesamtfahrwiderstände zeigt, dass die Höchstgeschwindigkeit in beiden Fällen durch
die EM-Maximaldrehzahl begrenzt ist und das Radmomentenangebot bei Höchstgeschwindigkeit
über den Fahrwiderständen in der Ebene liegt.[1]

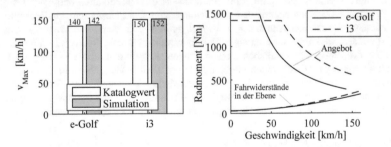

Abbildung 8.1: Höchstgeschwindigkeit vom Volkswagen e-Golf und BMW i3 nach Simulation und
Katalog

Die im Katalog angegebenen und ermittelten Werte für den elektrischen Verbrauch (im NEFZ)
und die Beschleunigungszeit von 0-100 km/h zeigt Abbildung 8.2. Bei beiden Fahrzeugen ist der
simulierte Verbrauch um ca. 4 % geringer als angegeben. Trotz des deutlich geringeren Gewichts
ergibt sich dabei für den BMW i3 ein höherer Energieverbrauch. Die Gründe dafür sind die

---

[1] Dies gilt unter der Annahme, dass ausreichend Batterieleistung zur Verfügung steht. Der Vorteil dieser Auslegung
ist, dass auch bei größerem Fahrwiderstand z. B. durch Gegenwind oder Steigung die Höchstgeschwindigkeit
gehalten werden kann.

größere Höchstgeschwindigkeit und folglich längere Übersetzung sowie die höhere EM-Leistung. Durch die kleinere Übersetzung ergeben sich zwar größere Drehmomente am Motor, die in diesem Fall einen positiven Effekt auf den EM-Wirkungsgrad haben, die Verschlechterung durch die Verschiebung in Richtung kleinerer Drehzahlen überkompensiert dies jedoch im zyklusrelevanten Grundstellbereich der EM. Den größeren Einfluss hat jedoch die höhere EM-Leistung, wodurch die Lastpunkte zusätzlich weiter im Teillastbereich mit niedrigen Wirkungsgraden liegen. Der geringere elektrische Verbrauch beider Fahrzeuge im Vergleich zum Katalogwert lässt sich hauptsächlich auf den in der Simulation nicht berücksichtigten (aber im Katalogwert enthaltenen) Ladevorgang zurückführen.

In den Beschleunigungszeiten zeigen sich mit einer Differenz von über 2 s deutlich die Leistungs- und Gewichtsunterschiede der beiden Fahrzeuge. Mit dem e-Golf wird bei der Beschleunigung die Haftgrenze der Vorderachse überschritten und das Antriebsmoment entsprechend begrenzt. Die ermittelten Beschleunigungszeiten zeigen trotz Unsicherheiten bezüglich der Komponenten- und Fahrzeugeigenschaften (Trägheiten, Schwerpunktlage, Verluste) mit 0,2 % und 1,7 % nur geringe Abweichungen zu den Katalogangaben.

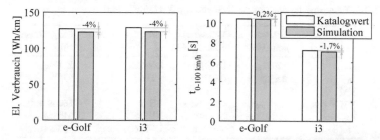

Abbildung 8.2: Elektrischer Verbrauch und Beschleunigungszeit vom Volkswagen e-Golf und BMW i3 nach Simulation und Katalog

Die insgesamt geringen Abweichungen zwischen Simulation und Katalogangabe zeigen, dass sich die Berechnungsmethoden für die hier betrachtete Anwendung eignen und dass in Bezug auf die betrachteten Zielgrößen mit hoher Wahrscheinlichkeit keine entscheidenden Einflüsse vernachlässigt werden. Eine Restunsicherheit besteht bezüglich des Einflusses der Betriebsstrategie sowie der Annahmen bei Einflussgrößen wie den EM-Verlusten.

8.1.2 Optimale Komponenteneigenschaften

Nachdem die physikalische Eignung der Simulationsmethoden überprüft wurde, wird im zweiten Schritt der Validierung die Gesamtmethodik der Antriebsstrangoptimierung betrachtet. Auch dies erfolgt durch den Vergleich der simulativ ermittelten Ergebnisse mit den Eigenschaften realer Fahrzeuge, in diesem Fall HEVs, ausgeführt als P2-Hybride. Die Validierung erfolgt durch die Überprüfung, inwieweit sich die tatsächlichen Auslegungen der Serie in die durch die Methodik ermittelten optimalen Konfigurationen einordnen lassen. Für diese Untersuchung eignen sich besonders die HEVs, weil der Ansatz dieser Konzepte i. d. R. darin besteht, konventionelle Fahrzeuge mit VM so zu elektrifizieren, dass dies zu einer möglichst großen Verbrauchs- und CO_2-Reduzierung bei moderaten Mehrkosten führt. Anders als bei den PHEVs existieren somit zwei eindeutige Zielgrößen (bei den PHEVs stehen außerdem weitere Zielgrößen wie elektrische Reichweite und Fahrleistungen im Fokus).

Die Verbrauchsangabe erfolgt bei Vollhybriden anhand des SOC-neutralen Kraftstoffverbrauchs. Weil die elektrische Reichweite dabei nicht berücksichtigt wird, muss eine Obergrenze für den Energieinhalt der Traktionsbatterie existieren, ab dem eine weitere Erhöhung nicht mehr sinnvoll ist. Gleiches gilt für die maximale EM-Leistung, weil das elektrische Fahren und die Lastpunktverschiebung nur durchgeführt werden, um Bereiche niedriger Wirkungsgrade des VM zu vermeiden. Die EM sollte daher nur so leistungsstark sein, dass die Hybridmodi (insbesondere die Rekuperation) verbrauchsoptimal eingesetzt werden können.

Bei den betrachteten Vollhybriden handelt es sich um den Volkswagen Jetta und Touareg Hybrid, den Kia Optima Hybrid und den Range Rover Hybrid. Entsprechend der in Tabelle 8.2 dargestellten Fahrzeug- und Komponentendaten unterscheiden sich die Fahrzeuge bezüglich der Fahrzeugklasse, der VM- und Batterietechnologien sowie der Kenndaten des Antriebs. Sie decken somit ein breites Anwendungsspektrum der Vollhybride ab.

Tabelle 8.2: Fahrzeugdaten untersuchter Vollhybride [95, 15, 5, 80, 143]

	Volkswagen Jetta HEV	Volkswagen Touareg HEV	Kia Optima HEV	Range Rover HEV
m_{Fzg}	1505 kg	2315 kg	1665 kg	2372 kg
f_R	0,008[a]	0,01[a]	0,008[a]	0,01[a]
VM				
VM-Techn.	Otto, turbo	Otto, turbo	Otto	Diesel, turbo
P_{VM}	110 kW	245 kW	110 kW	215 kW
$M_{VM,Max}$	250 Nm	440 Nm	180 Nm	600 Nm
El. Antrieb				
Angetr. Achse	Vorderachse	Allrad	Vorderachse	Allrad
EM-Techn.	PSM	PSM	PSM	PSM
P_{EM}	20 kW	34 kW	30 kW	35 kW
$M_{EM,Max}$	150 Nm	300 Nm	205 Nm	170 Nm
Batt-Techn.	Li-Ion	NiMH	Li-Ion	Li-Ion
E_{Batt}	1,1 kWh	1,7 kWh	1,5 kWh[a]	1,76 kWh

[a]Annahme

Nicht aus der Literatur bekannte Fahrzeugparameter sind für diese Betrachtung abgeschätzt und in der Tabelle entsprechend gekennzeichnet. Verlustleistungen und Drehmoment-Drehzahl-Charakteristiken werden generisch erzeugt und basieren auf Erfahrungswerten. In der Betriebsstrategie wird für den Jetta, Touareg und Range Rover ein EM-Drehmoment zum VM-Start aus dem elektrischen Fahren vorgehalten, das somit für den hybridischen Betrieb nicht zur Verfügung steht (vgl. [95]). Dieses vorgehaltene Drehmoment wird in Abhängigkeit der VM-Leistung und -Technologie skaliert. Der Kia Optima Hybrid ist mit einem zusätzlichen Starter-Generator ausgestattet und erfordert daher keinen Drehmomentenvorhalt. Die Optimierung erfolgt ausschließlich hinsichtlich der Zielgröße SOC-neutraler Kraftstoffverbrauch im NEFZ, ohne dass die Antriebsstrangkonfigurationen dabei Randbedingungen einhalten müssen. Variiert werden die EM-Leistung P_{EM} und der Batterieenergieinhalt E_{Batt}, die wiederum Auswirkungen auf die

Fahrzeugmasse haben. Es wird angenommen, dass der Energieinhalt die für die Batteriedimensionierung maßgebliche Größe ist und die Batterie stets ausreichend Leistung für die EM zur Verfügung stellen kann. Die NiMH-Technologie wird in der Simulation durch einen geringeren nutzbaren SOC-Bereich und höheren Innenwiderstand berücksichtigt.

Abbildung 8.3 links zeigt exemplarisch das Ergebnis für den VW Jetta Hybrid. Dieses setzt sich aus einer Vielzahl pareto-optimaler Lösungen zusammen, die den Zielkonflikt zwischen Kosten und Verbrauch verdeutlichen. Jeder Punkt auf der Pareto-Front stellt eine Antriebsstrangkonfiguration mit bestimmten Komponenteneigenschaften dar. Für eine Auswahl von Konfigurationen sind diese Eigenschaften in Abbildung 8.3 rechts dargestellt. Beim Jetta unterscheiden sich einige pareto-optimale Lösungen kaum von der Serienauslegung (Abweichungen von minimal 0,4 kW/2 % und 0,02 kWh/2 %). Diese liegt somit nahezu exakt auf der ermittelten Pareto-Front. Es wurden zudem weitere pareto-optimale Konfigurationen mit größeren Batterieenergieinhalten und gleicher EM-Leistung ermittelt. Auf der Pareto-Front liegen diese links von der dargestellten Auswahl. Der Verlauf der Pareto-Front zeigt, dass zusätzliche hohe Energieinhalt hohe Kosten aber kaum Nutzen mit sich bringt. Die dargestellte Auswahl der Lösungen und die Seriendimensionierung stellen somit einen sinnvollen Kompromiss zwischen den Hybridisierungskosten und der Reduzierung des Kraftstoffverbrauchs dar. Analoge Ergebnisse zeigen sich für die anderen betrachten Fahrzeuge, wobei die dargestellten Optimierungsergebnisse stets wie beim Jetta einen Kompromiss zwischen beiden Zielgrößen darstellen. Lediglich beim Kia Optima Hybrid weicht das Optimierungergebnis mit einer um 5 kW geringeren EM-Leistung etwas stärker von der Seriendimensionierung ab.

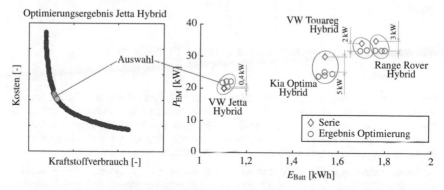

Abbildung 8.3: Optimierungsergebnis Jetta Hybrid (links), Vergleich ermittelter und in Serie verwendeter Komponenteneigenschaften (links)

Um die Auswirkungen der Abweichungen zwischen den ermittelten Konfigurationen und der Serienlösung aufzuzeigen, wird der SOC-neutrale Kraftstoffverbrauch im NEFZ verglichen.[2] Wie in Abbildung 8.4 dargestellt, sind die Verbräuche mit den ermittelten optimalen Komponenteneigenschaften nur geringfügig (<1 %) niedriger als mit der Seriendimensionierung. Die Sensitivität der teilweise höheren EM-Leistung in der Serie ist bezüglich des Verbrauchs somit

---

[2] Für die mit der Methodik ermittelten optimalen Eigenschaften wird der Mittelwert der in Abbildung 8.3 dargestellten Auswahl für jedes Fahrzeug verwendet.

gering. Dies lässt sich u. a. durch den verwendeten Zyklus erklären: Um das gesamte Rekuperationspotenzial im Zyklus nutzen zu können, ist eine elektrische Mindestleistung erforderlich. Größere Leistungen als diese führen jedoch zu keinem weiteren Nutzen.

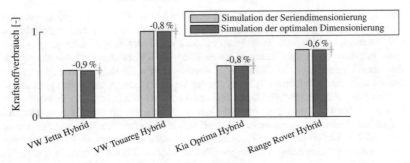

Abbildung 8.4: Kraftstoffverbräuche der betrachteten Vollhybride

Trotz Unsicherheiten bezüglich der Datenbasis und der umgesetzten Betriebsstrategie gibt es gute Übereinstimmungen zwischen den mit der Optimierungsmethodik ermittelten optimalen Elektrifizierungen und den Seriendimensionierungen. Diese Untersuchung mit Serienfahrzeugen zeigt, dass sich die Methodik zur Ermittlung optimaler Antriebsstrangkonfigurationen grundsätzlich eignet.

8.2 Anwendung 1: Brennstoffzellenfahrzeug als Vollhybrid

8.2.1 Problemstellung

Das wasserstoffbetriebene FCEV ermöglicht wie das BEV den vollständig schadstoffemissionsfreien Betrieb. Aufgrund der im Vergleich zur Batterietechnologie höheren volumetrischen Energiedichte der Wasserstoffspeicher (z. B. als Druckbehälter bei 700 bar) eignet sich dieses Antriebskonzept insbesondere für die Langstreckenmobilität. Nachteilig sind vor allem die hohen Systemkosten sowie die fehlende Infrastruktur für regenerativ erzeugten Wasserstoff.

Im Rahmen einer exemplarischen Problemstellung sollen optimale Antriebsstrangkonfigurationen eines FCEVs im D-Segment ermittelt werden. Dieses Segment zeichnet sich durch hohe Kundenanforderungen an Fahrleistung und Reichweite aus. Als Randbedingungen werden eine erforderliche Höchstgeschwindigkeit von mindestens 200 km/h und eine Beschleunigungszeit (0-100 km/h) von höchstens 9,0 s definiert (vgl. Tabelle 8.3). Eine Plug-In Fähigkeit wird für die Traktionsbatterie zunächst nicht vorgesehen. Die Batterie dient somit vorrangig zur Bereitstellung der typischen Hybridfunktionalitäten wie Rekuperation und Lastpunktverschiebung. Beim Boosten stellt die Batterie bei hoher bzw. maximaler BZS-Leistung zusätzliche elektrische Quellenleistung zur Verfügung. Die Verfügbarkeit von Batterieleistung ermöglicht somit die Reduzierung der Anforderungen an das BZS. Dafür muss jedoch sichergestellt werden, dass die installierte Boostleistung für eine ausreichende Dauer verfügbar ist. Als Randbedingung wird daher gefordert, dass (ausgehend vom mittleren SOC im CS-Betrieb) ausreichend Batterieener-

Tabelle 8.3: Fahrzeugdaten, Auslegungskriterien, Randbedingungen

Fahrzeugdaten	
Architektur	FCEV
$m_{Fzg,oA}$ (ohne Antriebskomp.)	1700 kg
f_R	0,008
c_w; A	0,28; 2,3 m^2
l; h_S; r_{Rad}	2,8 m; 0,5 m; 0,33 m

Auslegungskriterien	**Ziel**
1 Herstellungskosten Antrieb	Minimieren
2.1 Beschleunigungszeit 0-100 km/h	Minimieren
2.2.1 Verbrauch NEFZ SOC-neutral[a]	Minimieren
2.2.2 Verbrauch 160 km/h	Minimieren

Randbedingungen	
Höchstgeschwindigkeit	$\geq$ 200 km/h
Beschleunigungszeit 0-100 km/h	$\leq$ 9,0 s
Ausreichend Batterienergieinhalt für 4x 0-140 km/h	

[a] vgl. Abschnitt 5.2.4

gieinhalt für das Boosten in vier aufeinanderfolgenden Volllastbeschleunigungen bis 140 km/h vorhanden sein muss.

Das Ziel der Optimierung ist die Identifikation der Antriebsstrangkonfigurationen, die den Nutzen als Kombination der Fahrleistung und des Wasserstoffverbrauchs bei gegebenem Aufwand maximieren. Der Aufwand wird in diesem Fall durch die Summe der Komponentenkosten (BZS, DC/DC, Getriebe, EM, Batterie) des Antriebsstrangs dargestellt. Um sowohl den städtischen Betrieb als auch die Autobahnfahrt für die Langstrecke in die Bewertung miteinzubeziehen, werden der SOC-neutrale Verbrauch im NEFZ und der Konstantfahrtverbrauch bei 160 km/h betrachtet. Die Bewertung der Fahrleistungen erfolgt durch die Beschleunigungszeit von 0-100 km/h. Die zur Normierung dieser Größen verwendeten Wertefunktionen sind in Abbildung 8.5 dargestellt. Für die Beschleunigungszeit wird eine lineare Funktion verwendet, die bei der Anforderung von 9 s mit einem Erfüllungsgrad von Null beginnt und bei dem technisch sinnvollen Minimalwert von 5 s einen Erfüllungsgrad von Eins ergibt. Die Normierung der Verbräuche erfolgt mit Sigmoidfunktionen. In den Erwartungsbereichen von 0,7-1,0 kgH$_2$/100 km (Zyklus) bzw. 1,6-2,3 kgH$_2$/100 km (Konstantfahrt 160 km/h) bilden diese einen nahezu linearen Zusammenhang zwischen Verbrauch und Erfüllungsgrad ab. Durch die asymptotischen Verläufe an den Rändern können mit der Sigmoidfunktion außerdem Ausreißer weit außerhalb des Erwartungsbereichs sinnvoll bewertet werden (dies wirkt sich positiv auf die Optimierung aus). Die Erfüllungsgrade der Verbräuche werden schließlich entsprechend Abbildung 8.6 mit identischer Gewichtung zu einem Verbrauchswert und dieser wiederum mit dem Erfüllungsgrad der Beschleunigungszeit und ebenfalls gleichwertiger Gewichtung zum Nutzwert (zwischen 0 und 1 mit 1 als bestes Ergebnis) kombiniert. Weil der Optimierungsalgorithmus stets die Zielgrößen minimiert, wird schließlich als Eingangsgröße für den Algorithmus das Ergebnis aus „1-Nutzwert" (zwischen 0 als bestes und 1 als schlechtestes Ergebnis) verwendet.

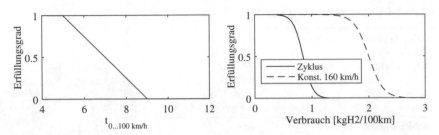

Abbildung 8.5: Wertefunktionen für die Auslegungskriterien Beschleunigungszeit (links) und Wasserstoffverbrauch im Zyklus bzw. Konstantfahrt (rechts)

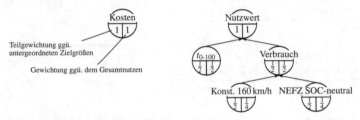

Abbildung 8.6: Gewichtung der Auslegungskritererien

Kompontenenbibliothek In der Komponentenbibliothek werden unterschiedliche Technologievarianten hinterlegt, die jeweils für die Komponenten des Zielantriebsstrangs verfügbar sind. Dessen wesentliche Kenndaten sind in Tabelle B.2 im Anhang zusammengefasst. Für das BZS stehen zwei verschiedene Varianten zur Verfügung. Die Auslegung der BZS-Variante 1 wurde mit dem Fokus eines möglichst hohen maximalen Wirkungsgrads in einem Betriebspunkt ausgelegt, während die Variante 2 ein breites, aber niedrigeres Wirkungsgradplateau besitzt (siehe Abbildung 8.7 links).

Abbildung 8.7 rechts zeigt die ausgeprägte Spannungsabhängigkeit der in der Komponentenbibliothek hinterlegten Basismaschine (mit Inverter), bei der es sich um eine PSM handelt. Bis 320 V Gleichspannung im Traktionsnetz steigt die verfügbare Peakleistung bei konstantem Maximaldrehmoment an. Die Maximaldrehzahl beträgt 12.000 min^{-1} und der zulässige Spannungsbereich des Inverters ist 200 − 430 V. Für die Traktionsbatterie werden zwei Batteriezellen mit Nennkapazitäten von 6 Ah bzw. 10 Ah und einem nutzbaren SOC-Bereich von 20-80 % hinterlegt. Bezogen auf die Kapazität haben beide Zellen identische Maximalströme und Innenwiderstände. Auf Systemebene unterscheiden sich die Verschaltungen der beiden Zellen mit gleichem Energieinhalt durch die Spannungslage und Ströme, während die Nennleistungen gleich sind. Die Getriebevarianten umfassen lastschaltbare Getriebe mit 1-3 Gängen, die sich neben den Verlustmomentenkennfeldern in der Drehmomentendichte und den spezifischen Kosten unterscheiden. Die Gleichspannungswandler können als Voll- oder Halbbrücke ausgeführt und an unterschiedlichen Positionen im Traktionsnetz angeordnet werden (batterieseitig, BZS-seitig, beides).

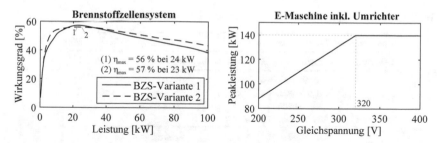

Abbildung 8.7: Wirkungsgradkennlinien der BZS-Varianten (links), Leistungschrakteristik der EM (rechts)

Variationsparameter und Bedarfskennfeld Zur Ermittlung der optimalen Antriebsstrang-konfiguration werden die wesentlichen Kenndaten aller Antriebsstrangkomponenten des betrachteten FCEV variiert. Wie in Tabelle 8.4 aufgeführt, wird bei der EM die Nennleistung bei Nennspannung (230 V) skaliert. Dies entspricht einer Längenskalierung mit entsprechenden Auswirkungen auf Komponentenkosten und -gewicht. Unabhängig davon kann die verfügbare Leistung (bei konstantem maximalen Drehmoment) durch eine höhere Gleichspannung im Traktionsnetz angehoben werden, wodurch keine weiteren EM-Kosten entstehen. Die Freiheitsgrade bei der Batterieauslegung sind die Verschaltung der Zellen hinsichtlich der seriellen und parallelen Anzahl sowie die Auswahl aus zwei Zellvarianten mit unterschiedlicher Kapazität aus der Komponentenbibliothek. Neben der Auswahl der Getriebevarianten mit 1 3 Gängen kann beim Getriebe die Übersetzung des letzten Gangs und bei mehr als einem Gang die Getriebespreizung variiert werden. Für das BZS stehen die zwei zuvor beschriebenen unterschiedlichen Varianten zur Verfügung, die sich im Wesentlichen durch den Wirkungsgradverlauf unterscheiden. Darüber hinaus wird die Nennleistung variiert. Bei der Hochvolttopologie kann sowohl zwischen BZS-seitigem und batterieseitigem Gleichspannungswandler als auch einer Variante mit beiden unterschieden werden. Bei Antriebssträngen mit zwei Gleichspannungswandlern stellt die Traktionsnetzspannung einen weiteren Freiheitsgrad dar.

Durch die Ermittlung eines Bedarfskennfelds werden vor der Optimierung aus den Randbedingungen und den bekannten Kenndaten der Basiskomponenten sinnvolle Definitionsbereiche der kontinuierlichen Variationsparameter abgeleitet. Aus der erforderlichen Beschleunigungszeit ergibt sich eine minimale EM-Leistung von 115 kW bei einer Näherung von 2080 kg für das Fahrzeugleergewicht. Die für die Höchstgeschwindigkeit erforderliche Dauerleistung beträgt für die EM 82 kW und für das BZS 87 kW. Weil sowohl das Fahrzeuggewicht als auch die Leistungsberechnungen auf Grenzwerten beruhen (maximale Wirkungsgrade und minimale Gewichte), stellen diese Werte die unteren Grenzen des Definitionsbereichs dar. Aus Kostengründen wird die BZS-Leistung auf maximal 160 kW begrenzt. Aus der Maximaldrehzahl der EM und der erforderlichen Höchstgeschwindigkeit von 200 km/h ergibt sich eine Übersetzung im letzten Gang von maximal 7,46. Um eine Lastschaltbarkeit zu gewährleisten, wird der Stufensprung bei Mehrganggetrieben auf maximal 1,8 begrenzt. Für das 3-Gang Getriebe ergibt sich daraus die maximale Spreizung von 3,24. Aus der Zellspannung und dem vorgegebenen Spannungsbereich von 200-430 V kann darüber hinaus eine zulässige serielle Anzahl an Zellen von 62-117 (50 %

Tabelle 8.4: Variationsparameter für die Optimierung des Brennstoffzellenfahrzeugs

Komponente	Variationsparameter	Variable	Min.	Max.
E-Maschine	Nennleistung bei Nennspannung	$P_{EM,Nenn}$	115 kW	160 kW
Batterie	Anzahl serielle Zellen	$s_{Batt,Zelle}$	62	117
	Anzahl parallele Zellen	$p_{Batt,Zelle}$	1	3
	Zellvarianten	$Var_{Batt,Zelle}$	1	2
	Gleichspannungswandler		0	1
Getriebe	Anzahl Gänge	$k_{Getr,Gänge}$	1	3
	Übersetzung letzter Gang	$i_{Getr,k}$	1	7,46
	Spreizung	φ_{Getr}	1,1	3,24
BZ-System	Varianten	Var_{BZS}	1	2
	Nennleistung	$P_{BZS,Nenn}$	87 kW	160 kW
	Gleichspannungswandler		0	1
Traktionsnetz	TN-Spannung[a]	U_{TN}	200 V	430 V

[a] Nur bei zwei Gleichspannungswandlern

SOC) abgeleitet werden. Der Definitionsbereich der Traktionsnetzspannung entspricht dem zulässigen Spannungsbereich des EM-Inverters.

8.2.2 Analyse der Ergebnisse

Eine Auswahl der Optimierungsergebnisse aus den ca. 10.000 simulierten Antriebsstrangkonfigurationen zeigt Abbildung 8.8. Auf der Abszisse ist der Nutzwert dargestellt. Ein hoher Wert repräsentiert tendenziell höhere Fahrleistungen und/oder niedrigere Verbräuche. Jeder Punkt der Darstellung symbolisiert eine untersuchte Antriebsstrangkonfiguration. Die hervorgehobenen pareto-optimalen Antriebsstrangkonfigurationen bilden die Grenze dieser Punktewolke. Konfigurationen, die eine oder mehrere Randbedingungen nicht erfüllen, sind nicht dargestellt. Für eine spätere detaillierte Betrachtung werden zwei Konfigurationen exemplarisch ausgewählt: Eine mit minimalen Kosten (1) und eine mit hohem Nutzwert (2).

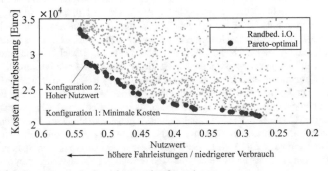

Abbildung 8.8: Pareto-optimale Antriebsstrangkonfigurationen

Entlang der Pareto-Front setzen sich die optimalen Antriebsstrangkonfigurationen aus unterschiedlichen Komponententechnologien zusammen. Abbildung 8.9 zeigt die jeweils optimalen Hochvolttopologien sowie Brennstoffzellensystem-, Zell- und Getriebevarianten. Bezüglich der Hochvolttopologie verwenden die optimalen Konfigurationen bei niedrigen Leistungen und Kosten einen batterieseitigen Gleichspannungswandler. Neben vereinzelten Konfigurationen mit BZS-seitigem Wandler bei mittleren Kosten wird dieser erst durchgängig bei den Konfigurationen mit den höchsten Kosten verwendet. Eine Topologie mit zwei Wandlern wird von keiner pareto-optimalen Konfiguration eingesetzt. Bei den BZS-Varianten zeigt sich eine eindeutige

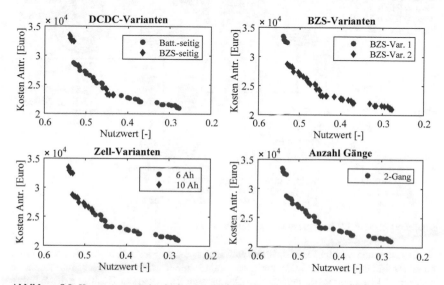

Abbildung 8.9: Komponententechnologien der optimalen Antriebsstrangkonfigurationen

Aufteilung: Abgesehen von der kleinen Gruppe von optimalen Konfigurationen mit den höchsten Kosten wird durchgängig die Variante 2 mit dem Wirkungsgradplateau sowie höherem Wirkungsgrad im hohen Leistungsbereich verwendet. Eine deutliche Aufteilung ergibt sich ebenso für die Batteriezellen. Eine bestimmte (Kosten-)Grenze teilt die Konfigurationen in zwei Gruppen mit 6 Ah und 10 Ah Zellen, wobei die Variante mit höherer Kapazität bei den Konfigurationen mit höheren Kosten eingesetzt wird. Das 2-Gang-Getriebe stellt für alle ermittelten Antriebsstränge die optimale Getriebevariante dar.

Bei der folgenden detaillierten Betrachtung der zwei ausgewählten Konfigurationen werden die Komponenten- sowie die resultierenden Systemeigenschaften aufgezeigt. Darüber hinaus werden die Gründe analysiert, warum sich diese Antriebsstränge als optimal herausgestellt haben.

Optimaler FCEV-Antriebsstrang: Minimale Kosten (1)

Die Abbildung 8.10 zeigt die pareto-optimale Antriebsstrangkonfiguration mit den geringsten Kosten. Die Höchstgeschwindigkeit von 200 km/h entspricht exakt der Anforderung, während die erforderliche Beschleunigungszeit lediglich um 0,06 s unterschritten wird. Die Verbräuche liegen in den linearen Bereichen der jeweiligen zur Bewertung verwendeten Wertefunktion. Die Gesamtkosten des Antriebsstrangs betragen 21.070 € mit einem Anteil des BZS von 76 %. Im Folgenden wird auf die Zusammenhänge und mögliche Ursachen der resultierenden optimalen Auslegung eingegangen.

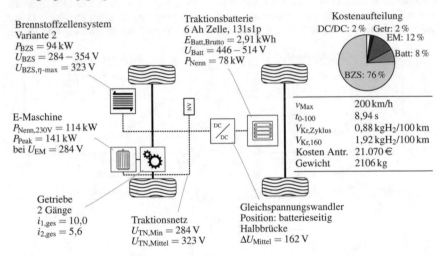

Abbildung 8.10: FCEV Konfiguration 1: Minimale Kosten

Mit den zugrunde gelegten Daten stellt das BZS die kostenintensivste Antriebsstrangkomponente dieser Architektur dar. Um die Gesamtkosten zu minimieren, ist es technisch sinnvoll, dieses möglichst klein zu dimensionieren. Die Leistung zum Erreichen der Höchstgeschwindigkeit muss ausschließlich von der BZS bereitgestellt werden. Daraus ergibt sich in Abhängigkeit des Gesamtfahrzeuggewichts die Nennleistung von $P_{BZS} = 94$ kW und der Spannungsbereich $U_{BZS} = 284 - 354$ V. Dieser Spannungsbereich liegt innerhalb des zulässigen Bereichs des Inverters, sodass ein BZS-seitiger Gleichspannungswandler nicht zwingend erforderlich ist. Ohne diesen Wandler ergibt die BZS-Spannung bei maximaler Leistung die Auslegungsspannung der EM, sodass die EM-Leistung nur durch Skalierung der geometrischen Abmessungen variiert werden kann. Die erforderliche EM-Leistung ergibt sich wiederum aus der Beschleunigungsanforderung. An dieser (und der Traktionsgrenze) orientiert sich außerdem die Übersetzung des ersten Gangs. Der höchste Gang wird dagegen so ausgelegt, dass mindestens die Höchstgeschwindigkeit und zusätzlich ein möglichst niedriger Verbrauch erreicht wird. Die zum Erreichen der Höchstgeschwindigkeit erforderliche Übersetzung beträgt 7,46. Die Übersetzung des zweiten Gangs wird mit 5,6 somit verbrauchsoptimal ausgelegt. Eine längere Übersetzung ist aufgrund der Begrenzung des Stufensprungs auf 1,8 nicht zulässig. Ein dritter Gang, mit dem ggf. der Verbrauch durch die Verschiebung von Betriebspunkten gesenkt werden kann, ist hier aufgrund höherer Kosten und Verlustmomente dem Ergebnis nach nicht zielführend.

Die Batteriedimensionierung erfolgt so, dass die Boostleistung für den Beschleunigungsvorgang im gesamten nutzbaren SOC-Fenster zur Verfügung steht und die Randbedingung an den Energieinhalt erfüllt wird. Bei der Bestimmung der Boostleistung werden außerdem die Verluste im batterieseitigen Gleichspannungswandler berücksichtigt, die wiederum von der zu wandelnden Spannungsdifferenz abhängig sind. Weil der Spannungsbereich der Traktionsbatterie außerhalb des zulässigen Bereichs des Inverters liegt, ist der batterieseitige Wandler hier zwingend erforderlich. Da sich außerdem die Spannungsbereiche von BZS und Traktionsbatterie nicht überschneiden, wird für diesen eine Halbbrücke verwendet. Mit einem BZS-seitigen Gleichspannungswandler könnte die Traktionsnetzspannung und damit die EM-Leistung angehoben werden. Die optimale Konfiguration zeigt jedoch, dass die zusätzlichen Kosten und Verluste eines zweiten Wandlers in diesem Fall nicht kompensiert werden und der Einsatz daher nicht sinnvoll ist. Aus dem gleichen Grund wird auch bei den anderen pareto-optimalen Konfigurationen stets nur ein Wandler eingesetzt.

Abbildung 8.11 zeigt die Häufigkeitsverteilung der Betriebspunkte von BZS und Traktionsbatterie im NEFZ. Darüber hinaus ist die erforderliche Leistung des BZS für die Konstantfahrt bei 160 km/h dargestellt. Die Verteilung zeigt, dass niedrige elektrische Leistungsanforderungen bis ca. 9 kW vollständig von der Batterie bereitgestellt werden. Daraus resultiert der Betriebsbereich des BZS von ca. 9-30 kW mit einem ausgeprägtem Häufigkeitsmaximum bei ca. 18 kW. Die Leistungsaufteilung zwischen beiden Quellen wurde somit von der Betriebsstrategie so vorgenommen, dass das BZS ausschließlich in hohen Wirkungsgradbereichen betrieben wird. Die für die Konstantfahrt erforderliche Leistung beträgt 53 kW und liegt somit auf dem absinkenden Teil der Wirkungsgradkennlinie. Dieser Betriebspunkt kann nicht von der Betriebsstrategie verschoben werden, weil die Leistung dauerhaft vom BZS bereitgestellt werden muss. Die BZS-Variante 1 führt demzufolge aufgrund des hohen maximalen Wirkungsgrads tendenziell zu niedrigeren Zyklusverbräuchen und die BZS-Variante 2 aufgrund der nur gering abfallenden Kennlinie zu niedrigeren Konstantfahrtverbräuchen. Bei dieser Anwendung (sowie bei der Mehrheit der pareto-optimalen Konfigurationen) überwiegt der Nutzen des geringeren Konstantfahrtverbrauchs den Nachteil des höheren Zyklusverbrauchs, sodass die BZS-Variante 2 ausgewählt wird.

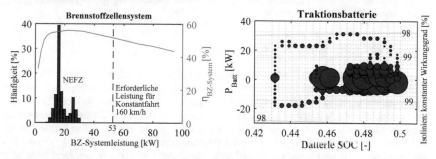

Abbildung 8.11: Lastpunktverteilung im NEFZ (Konfiguration 1: Minimale Kosten)

Die Analyse der optimalen Konfiguration mit minimalen Kosten zeigt, dass sich die Komponenteneigenschaften in diesem Fall teilweise direkt aus den Randbedingungen wie Beschleunigungszeit und Höchstgeschwindigkeit ergeben. Dazu gehört beispielsweise die BZS- und EM-Leistung. Dabei muss jedoch berücksichtigt werden, dass auch diese Komponenteneigenschaften nicht direkt bestimmt werden können, weil alle Antriebsstrangkomponenten über das Gewicht einen Einfluss auf die Fahrwiderstände und damit auf die Fahrleistungen haben. Andere Komponenteneigenschaften, wie z. B. Ganganzahl, Übersetzung und Wandlertopologie, lassen sich nicht ohne Weiteres aus den Anforderungen ableiten. Aufgrund der Vielzahl an Wechselwirkungen kann die optimale Dimensionierung dieser Parameter nur durch die Bewertung und Optimierung des Gesamtsystems ermittelt werden.

Optimaler FCEV-Antriebsstrang: Hoher Nutzwert (2)

Als zweite optimale Konfiguration wird exemplarisch ein Antriebsstrang mit hohem Nutzwert und gutem Kosten-Nutzen-Verhältnis analysiert. Auf der Pareto-Front existieren Konfigurationen mit nochmals geringfügig höherem Nutzwert, die jedoch aufgrund der deutlich höheren Kosten keine sinnvolle Alternative darstellen. Die Eigenschaften und Kenngrößen der ausgewählten

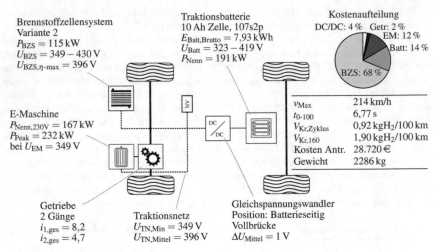

Abbildung 8.12: FCEV Konfiguration 2: Hoher Nutzwert

Antriebsstrangkonfiguration sind in Abbildung 8.12 dargestellt. Diese zeichnet sich im Wesentlichen durch eine deutlich höhere Fahrleistung im Vergleich zur Konfiguration 1 aus. Der Wasserstoffverbrauch ist im Zyklus höher, bei Konstantfahrt dagegen etwas niedriger. Der höhere Nutzwert resultiert somit hauptsächlich aus der höheren Fahrleistung. Die dafür erforderliche elektrische Leistung wird dem Ergebnis nach optimalerweise zu einem großen Anteil von der Traktionsbatterie bereitgestellt. Diese verfügt über eine Nennleistung von 191 kW. Um die Reproduzierbarkeit zu gewährleisten, ist der Energieinhalt mit 7,93 kWh entsprechend hoch. Die Leistung des BZS ist gerade so groß, dass die obere Grenze der zulässigen Inverterspannung von 430 V nicht überschritten wird. Weil sich die Spannungsbereiche beider Quellen überschneiden, wird mindestens ein Gleichspannungswandler als Vollbrücke benötigt. Dem ermittelten Ergebnis nach ist die zielführende Anordnung des Wandlers vor der Traktionsbatterie. Die Spannungen von BZS und Traktionsbatterie sind dadurch so aufeinander abgestimmt, dass die mittlere vom Wandler zu überbrückende Spannungsdifferenz minimal und die spannungsbedingte Leistungserhöhung der EM maximal ist. Auch für diese leistungsstarke Konfiguration wird ein 2-Gang Getriebe als optimale Getriebevariante ermittelt.

Der ausgeprägte Kostensprung auf der Pareto-Front bei Konfigurationen mit nochmals höherem Nutzwert resultiert daher, dass für einen höheren Nutzwert die Leistung des BZS und damit (bei dem betrachteten System) dessen Spannung gesteigert werden muss. Als Folge steigt die BZS-Spannung über die maximal zulässige Inverterspannung, sodass diese über einen DC/DC-Wandler angepasst werden muss. Der Wandler zwischen dem BZS und der EM verursacht zusätzliche Verluste und erhöht dadurch den Wasserstoffverbrauch. Die Verbesserung des Nutzwerts wird somit durch den höheren Verbrauch teilweise kompensiert. Eine Steigerung des Gesamtnutzens gegenüber der Konfiguration 2 lässt sich schließlich erst über eine deutliche Leistungssteigerung realisieren, die jedoch mit dem beschriebenen Kostensprung einhergeht.

8.2.3 Sensitivitätsanalyse

Bei der nachfolgenden Sensitivitätsanalyse wird der Einfluss der Brennstoffzellensystemkosten und des Verbrauchszyklus auf die optimale Antriebsstrangkonfiguration untersucht.

Kosten Brennstoffzellensystem

Der Einfluss der Brennstoffzellensystemkosten auf die optimale Antriebsstrangkonfiguration ist von besonderem Interesse, weil diese von allen Komponentenkosten mit der größten Untersicherheit behaftet sind. Im Gegensatz zu den anderen Komponenten ist das BZS für automobile Anwendungen bisher lediglich in Kleinserien und als Prototyp produziert worden. Das Potenzial von Kostensenkungen, z. B. durch Skaleneffekte bei Massenfertigung oder Verringerung des Platingehalts, ist entsprechend groß.

Zur Ermittlung der Kostensensitivität werden die Brennstoffzellensystemkosten bei ansonsten identischer Problemstellung von zuvor 160 €/kW auf 75 €/kW gesenkt und die Optimierung erneut durchgeführt. Wie Abbildung 8.13 zeigt, hat dies deutliche Auswirkungen auf die Komponententechnologien der pareto-optimalen Konfigurationen. Bei niedrigen Systemkosten werden hier 3-Gang Getriebe und erst bei höheren Systemkosten 2-Gang Getriebe eingesetzt. Außerdem stellen insbesondere bei hohen Systemkosten der BZS-seitige Gleichspannungswandler und die BZS-Variante 1 die optimale Konfiguration dar. Bezüglich der Batteriezellen ergibt sich eine ähnliche Aufteilung entlang der Pareto-Front wie zuvor, bei der die 10 Ah Zelle erst bei hohen Systemkosten eingesetzt wird.

Bei der pareto-optimalen Antriebsstrangkonfiguration mit minimalen Gesamtkosten wird die Leistung des BZS durch die erforderliche Höchstgeschwindigkeit definiert. Die hier durchgeführte Kostensenkung des BZS hat somit erwartungsgemäß keinen Einfluss auf dessen Dimensionierung.[3] Trotz identischer BZS-Dimensionierung wird bei dieser Optimierung das 3-Gang Getriebe verwendet. Der zusätzliche Gang führt im Vergleich zur zuvor ermittelten Konfiguration zu geringeren EM- und Batterieleistungen. Die höheren Getriebekosten kompensieren jedoch die niedrigeren EM- und Batteriekosten, sodass die beiden Konfigurationen mit 2- und 3-Gang Getriebe annähernd identische Nutzwerte und Kosten aufweisen (die Differenz der Gesamtkosten ohne BZS beträgt rechnerisch lediglich 1€). Es wurden somit bei der ursprünglichen Optimierung und der Sensitivitätsbetrachtung zwei nahezu gleichwertige Optima identifiziert.

---

[3] Dies gilt, solange es sich aus Kostensicht nicht lohnt, die gesamte für die Beschleunigung erforderliche elektrische Quellenleistung von dem BZS bereitzustellen.

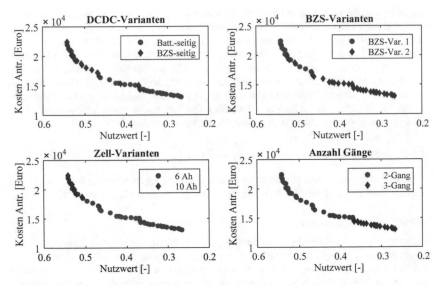

Abbildung 8.13: Komponententechnologien der optimalen Antriebsstrangkonfigurationen bei verringerten BZS-Kosten von 160 €/kW auf 75 €/kW

Um die Auswirkungen der niedrigeren BZS-Kosten im Detail zu analysieren, werden zwei Antriebsstrangkonfigurationen verglichen, bei denen die BZS-Leistung nicht durch eine Randbedingung vorgegeben wird. Dafür wird die zuvor gezeigte Konfiguration mit hohem Nutzwert (vgl. Abbildung 8.10) mit einer Konfiguration verglichen, die eine vergleichbare Beschleunigungszeit aufweist. Dadurch können die Auswirkungen der BZS-Kosten auf die Dimensionierung der beiden elektrischen Leistungsquellen bei identischer Fahrleistung aufgezeigt werden.

In der Tabelle 8.5 sind die Kenndaten beider Konfigurationen gegenübergestellt. Bei geringeren BZS-Kosten verschiebt sich die Dimensionierung der Leistungsquellen deutlich zugunsten eines leistungsstärkeren BZS. Im Vergleich zur ursprünglichen Konfiguration sinkt die Nennleistung der Batterie um 58 kW, während die des BZS um 42 kW steigt. Aufgrund der geringeren Boostleistung wird zudem der Energieinhalt der Traktionsbatterie um ca. 3 kWh verringert. Diese ergibt sich durch eine 112s2p Verschaltung der 6 Ah Zelle. Bereits bei der BZS-Nennleistung von 115 kW wurde die obere Grenze der zulässigen Inverterspannung erreicht. Die hier verwendete leistungsstärkere Dimensionierung führt folglich zu einer höheren Spannung, die einen BZS-seitigen Gleichspannungswandler erfordert.

Bei geringeren BZS-Kosten wird bei der betrachteten optimalen Konfiguration anders als zuvor die BZS-Variante 1 verwendet. Der Grund für diesen Wechsel lässt sich anhand der in Abbildung 8.14 dargestellten Lastpunktverteilung erklären. Bei einer leistungsstärkeren Dimensionierung (rechts) liegt die für die Konstantfahrt erforderliche Leistung relativ gesehen näher am optimalen Wirkungsgrad. Aus diesem Grund hat der niedrige Wirkungsgrad der Variante 1 bei hoher Leistung nur geringen Einfluss auf die ermittelten Verbräuche. Der hohe Maximalwirkungsgrad ergibt dagegen im Zyklus deutliche Vorteile und wird von der Betriebsstrategie häufig genutzt:

Tabelle 8.5: Vergleich optimaler Antriebsstrangkonfigurationen bei unterschiedlichen BZS-Kosten

Spez. Kosten BZS	160 €/kWh	75 €/kWh
Auslegung	Hoher Nutzwert	Identisches t_{0-100}
Zelle	10 Ah	6 Ah
Verschaltung Batt	107s2p	112s2p
$E_{Batt,Brutto}$	7,93 kW	4,98 kW
$P_{Batt,Nenn}$	191 kW	133 kW
$P_{BZS,Nenn}$	115 kW	157 kW
$P_{EM,Peak}$	232 kW	237 kW
DC/DC	Batt.-seitig	BZS-seitig
BZS-Variante	Var. 2	Var. 1
Anz. Gänge	2	2
v_{Max}	214 km/h	235 km/h
t_{0-100}	6,77 s	6,81 s
$V_{Kr,Zyklus}$	0,92 kgH$_2$/100 km	0,92 kgH$_2$/100 km
$V_{Kr,160}$	1,90 kgH$_2$/100 km	1,86 kgH$_2$/100 km
Kosten Antr.	28.720 €	20.160 €

ca. 80 % der Betriebspunkte liegen in diesem Bereich. Bei hohen BZS-Sytemleistungen eignet sich somit für den betrachteten Antriebsstrang die Variante 1 (rechts), bei niedrigen aufgrund des höheren Wirkungsgrad bei Konstantfahrt die Variante 2 (links).

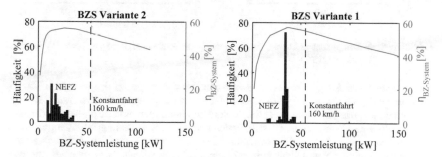

Abbildung 8.14: Lastpunktverteilungen unterschiedlicher BZS-Varianten im NEFZ

Verbrauchszyklus

Zur Ermittlung der Sensitivität der optimalen Antriebsstrangkonfigurationen auf den verwendeten Verbrauchszyklus wird eine weitere Optimierung durchgeführt, bei der der SOC-neutrale Verbrauch im WLTC (statt des zuvor verwendeten NEFZ) minimiert wird. Dabei werden die BZS-Kosten der ursprünglichen Problemstellung von 160 €/kW angenommen.

Bezüglich der Komponententechnolgien ändert sich im Vergleich zur Optimierung mit dem NEFZ nur wenig (siehe Abbildung 8.15). Es wird hauptsächlich die BZS-Variante 2 verwendet, die Variante 1 findet nur vereinzelt bei hohen Systemkosten Anwendung. Die optimale Gang-anzahl beträgt nach wie vor zwei, eine einzige optimale Konfiguration nahe der Grenze zu den minimalen Kosten nutzt ein 3-Gang Getriebe. Auch die optimale Zellkapazität wechselt wie zuvor bei einer bestimmten Kostengrenze von 6 Ah zu 10 Ah. Ein wesentlicher Unterschied zeigt sich einzig bei den DC/DC-Varianten. Bei hohen Kosten erweisen sich hier Konfigurationen mit zwei Gleichspannungswandlern als optimal.

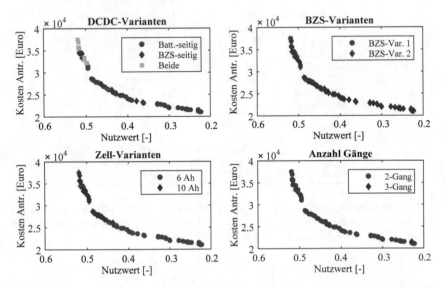

Abbildung 8.15: Komponententechnologien der optimalen Antriebsstrangkonfigurationen (Verbrauchszyklus WLTC)

Die geringen Auswirkungen des verwendeten Verbrauchszyklus zeigen sich neben den Komponententechnologien ebenso bei den Dimensionierungen der pareto-optimalen Antriebsstrangkonfigurationen. Die hier ermittelte optimale Konfiguration mit minimalen Kosten ist identisch mit der optimalen Konfiguration, die sich für den minimalen Verbrauch im NEFZ ergibt. Wenn die Randbedingungen exakt erfüllt werden müssen, hat die Änderung des Verbrauchszyklus folglich bei dieser Problemstellung keinen Einfluss auf die optimale Auslegung des Antriebsstrangs. Der Grund dafür ist, dass bei minimalen Kosten die Komponentendimensionierungen hauptsächlich durch die Randbedingungen definiert werden. Weil eine mindestens erforderliche Reichweite in diesem Fall nicht als Randbedingung festgelegt wurde, hat die tatsächliche Reichweite und damit auch der Verbrauch keinen Einfluss auf die Dimensionierung (Tankgröße und -gewicht werden als konstant angenommen). Folglich ist der Verbrauch lediglich ein Ergebnis der Minimalauslegung. Anders verhält es sich bei pareto-optimalen Konfigurationen mit höheren Kosten und Nutzen, weil der höhere Nutzwert sowohl aus besseren Fahrleistungen als auch aus niedrigeren Verbräuchen resultieren kann. Wenn sich Änderungen des Antriebsstrangs je nach Zyklus unterschiedlich auf den Verbrauch auswirken, können sich grundsätzlich andere optimale Konfigurationen bei einem Wechsel des Verbrauchszyklus ergeben.

Ein wesentlicher Unterschied bei dieser Betrachtung im Vergleich zum Ergebnis der ursprünglichen Problemstellung ist der Einsatz von zwei Gleichspannungswandlern bei hohen Systemkosten. Daher wird im folgenden diskutiert, aus welchem Grund diese Hochvolttopologie nur im WLTC als pareto-optimal ermittelt wird. Grundsätzliche Vorteile dieser Anordnung sind die stabilisierte Traktionsnetzspannung und die ggf. dadurch höhere EM-Nennleistung sowie größere Freiheiten hinsichtlich der Dimensionierung von BZS und Traktionsbatterie. Nachteilig sind im Wesentlichen die zusätzlichen Kosten und Verluste (die sich negativ auf die Fahrleistungen und den Verbrauch auswirken). Der Wechsel zum WLTC wirkt sich hinsichtlich der Zielgrößen lediglich auf den SOC-neutralen Verbrauch aus. Der Einsatz von zwei Wandlern muss somit im WLTC vorteilhaft bezüglich des Verbrauchs sein, während sich dieser Vorteil im NEFZ nicht ergibt. Um diesen Verbrauchsvorteil aufzuzeigen, sind in Abbildung 8.16 (links) die Wertefunktionen abgebildet, mit denen der Erfüllungsgrad in Abhängigkeit des Zyklus- und Konstantfahrtverbrauchs bestimmt wird. Auf dieser Wertefunktion sind außerdem die Verbräuche der pareto-optimalen Antriebsstränge dargestellt. Im Falles des Konstantfahrtverbrauchs liegen diese Punkte im linearen Bereich der Funktion, sodass eine Verbrauchsänderung stets zu einer proportionalen Änderung des Erfüllungsgrads und damit der Gesamtbewertung führt. Die Wertefunktion für den Zyklusverbrauch wurde anhand der Erwartungswerte für den NEFZ festgelegt. Da sich jedoch im WLTC grundsätzlich bei diesem Fahrzeug höhere Verbräuche als im NEFZ ergeben, verschieben sich die Verbräuche der pareto-optimalen Konfigurationen in den abklingenden Bereich der Wertefunktion. Dadurch führt eine Verbrauchssteigerung im WLTC zu einer geringeren Abnahme des Erfüllungsgrads als im NEFZ. Weil sich die Bewertung der Fahrleistung jedoch nicht ändert, verschiebt sich dadurch die Gewichtung in dem Sinne, dass der Einfluss des Zyklusverbrauchs auf den Gesamtnutzen abnimmt. Folglich wird bei der Optimierung mit dem WLTC der Nachteil der zusätzlichen Verluste bei Verwendung von zwei Wandlern geringer gewichtet als im NEFZ, sodass deren Einsatz nur im WLTC zum höchsten Gesamtnutzen führt. Dies zeigt, dass bei jeder Anwendung der Wertefunktionen die Notwendigkeit einer Anpassung geprüft werden muss.

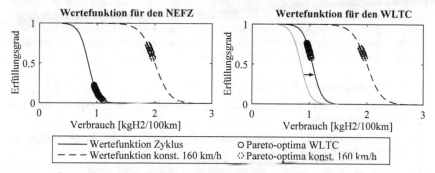

Abbildung 8.16: Bewertung der optimalen Antriebsstrangkonfigurationen im WLTC: links mit ursprünglicher Funktion für den NEFZ, rechts mit angepasster Funktion für den WLTC

Der beschriebene Einfluss der Wertefunktion wird durch eine weitere Optimierung bestätigt. Wie in Abbildung 8.16 (rechts) dargestellt, wird bei dieser die Wertefunktion für den Zyklusverbrauch durch eine horizontale Verschiebung zu höheren Verbräuchen an den WLTC angepasst. Die pareto-optimalen Konfigurationen liegen dadurch im linearen Bereich der Wertefunktion. Als

Resultat ergeben sich wie zuvor mit dem NEFZ bei hohen Kosten optimale Konfigurationen nur mit BZS-seitigem Gleichspanungswandler.

8.2.4 Diskussion der Ergebnisse

Die Optimierung des FCEV-Antriebsstrangs zeigt exemplarisch die Anwendung der Methodik für ein schadstoffemissionsfreies Fahrzeug mit hohen Anforderungen an Fahrleistung und Reichweite. Im Folgenden werden zunächst zusammenfassend die Kernaussagen genannt, um anschließend detailliert auf diese einzugehen.

Gesamtoptimierung

- Lastschaltbares 2-Gang Getriebe ermöglicht hohes Anfahrmoment sowie hohe Maximalgeschwindigkeit

- BZS-Variante 2 führt zu niedrigem Verbrauch bei 160 km/h

Das Ergebnis der Optimierung des FCEV-Antriebsstrangs zeigt klare Tendenzen bezüglich der optimalen Komponententechnologien. So werden von nahezu allen optimalen Konfigurationen das (lastschaltbare) 2-Gang Getriebe sowie die BZS-Variante 2 verwendet. Das 2-Gang Getriebe ermöglicht ein hohes Anfahrmoment und gleichzeitig eine hohe Höchstgeschwindigkeit. Die mögliche Spreizung ist mit dem 3-Gang Getriebe aufgrund des begrenzten Stufensprungs nochmals höher, dieser Vorteil kann die zusätzlichen Verluste und Kosten jedoch nicht vollständig kompensieren. Für das betrachtete Langstreckenfahrzeug ist der Verbrauch bei hohen Geschwindigkeiten, wie sie auf Autobahnen erreicht werden, von besonderem Interesse, weil dieser maßgeblich die Reichweite im Kundengebrauch bestimmt. Zu diesem Zweck wird bei der Optimierung der Konstantfahrtverbrauch bei 160 km/h in die Bewertung mit einbezogen. Anders als beim VM sinkt der Wirkungsgrad des BZS mit steigenden Leistungen zusätzlich zu den stark ansteigenden Fahrwiderständen bei hohen Geschwindigkeiten, sodass sich beide Effekte verstärken. Aus diesem Grund ergibt sich die BZS-Variante 2, die einen besseren Wirkungsgrad bei hohen Leistungen hat, als optimale Technologie.

Detailanalyse ausgewählter Konfigurationen

- BZS bestimmt den Großteil der Antriebsstrangkosten und wird daher möglichst klein bzw. leistungsschwach ausgelegt

- Positionierung des Gleichspannungswandlers ergibt sich primär aus den Spannungslagen von BZS, Batterie und E-Maschine

- Die Verwendung von zwei Gleichspannungswandlern ist hier nicht sinnvoll

- BZS bedient die erforderliche Dauerleistung, während die Batterie zusätzlich für die Peakleistungsanforderung genutzt wird

- Bei mehreren geforderten Beschleunigungsvorgängen ergibt sich als Optimum ein PHEV-typischer Batterieenergieinhalt

Die Kosten der optimalen Konfigurationen sind im Wesentlichen aufgrund des kostenintensiven BZS (Anteil von bis zu 75 %) mit mehr als 22.000 € sehr hoch. Die Detailanalyse von zwei optimalen Konfigurationen zeigt, dass die Randbedingungen bei minimalen Kosten nahezu exakt erfüllt werden. Aus diesen Randbedingungen leiten sich direkt einige Komponentenparameter ab. Zu diesen gehören z. B. die BZS- und EM-Leistung. Die Positionierung der Gleichspannungswandler im Traktionsnetz wird primär durch die Spannungslage des BZS, der EM und der Traktionsbatterie bestimmt. Nur wenn sich daraus keine Zwangsbedingungen ergeben, wird der Wandler so positioniert, dass Leistung oder Effizienz (je nach Gewichtung der Zielgrößen) maximiert wird. Aus Gesamtsystemsicht ist die Verwendung von zwei Gleichspannungswandlern aufgrund der Nachteile bezüglich der höheren Verluste und Kosten für dieses Fahrzeug nicht sinnvoll. Aufgrund der im Vergleich zum BZS günstigen Traktionsbatterie, wird diese zur Erfüllung der Peakleistungsanforderung genutzt. Dies zeigt sich besonders bei der optimalen Konfiguration mit hohem Nutzwert, bei der die Batterie eine sehr hohe Boostleistung für den Beschleunigungsvorgang bereitstellt. In Verbindung mit der Randbedingung an einen erforderlichen Energieinhalt für mehrere Beschleunigungsvorgänge führt dies jedoch zu sehr energiereichen Traktionsbatterien für einen Vollhybriden (ca. 8 kWh) sowie zu einem hohem Gesamtgewicht. Die bei entsprechenden Fahrszenarien verbrauchte elektrische Energie muss im Betrieb durch eine geeignete Ladestrategie nachgeladen werden. Beim Vollhybriden kann dies ausschließlich im Fahrbetrieb auf ggf. ineffiziente Weise durch das BZS erfolgen.[4] Es bietet sich daher an, das Fahrzeug mit einer externen Lademöglichkeit zu versehen. Dadurch kann die Batterie auch dann nachgeladen werden, wenn das Fahrzeug bei leerer Batterie abgestellt wird. Darüber hinaus wird ein rein batterieelektrischer Kurzstreckenbetrieb ermöglicht, wodurch die Abhängigkeit von einer Infrastruktur zum Tanken von Wasserstoff verringert wird. Dieses Beispiel zeigt, dass es unter bestimmten Randbedingungen aus Gesamtsystemsicht und zur Minimierung der Antriebsstrangkosten sinnvoll ist, ein FCEV als Plug-In Hybrid auszulegen. Dies ist insbesondere der Fall, wenn hohe zeitlich begrenzte Fahrleistungsanforderungen gestellt werden. Aus Kostensicht sollte die Quellenleistung, die über die erforderliche Dauerleistung für die Höchstgeschwindigkeit hinaus geht, batterieelektrisch zur Verfügung gestellt werden. Dies gilt auch dann, wenn der Batterieboost über mehrere aufeinanderfolgende Volllastbeschleunigungen benötigt wird und daraus eine entsprechende Traktionsbatterie mit hohem Energieinhalt resultiert.

Sensitivitätsanalyse Kosten Brennstoffzellensystem

• 2- und 3-Gang Getriebe sind nahezu gleichwertig

• die optimale BZS-Leistung steigt bei niedrigeren Kosten und ist damit größer als die für die Höchstgeschwindigkeit erforderliche Dauerleistung

• Gleichspannungswandler wechselt aufgrund der gestiegenen Spannungslage auf die Seite des BZS

• der Energieinhalt der Batterie sinkt, durch einen Wechsel der Zellen ändert sich das Spannugnsniveau jedoch nur geringfügig

Bei der ersten Sensitivitätsanalyse werden die Auswirkungen einer deutlichen Kostenreduktion des BZS betrachtet (von 160 €/kW auf 75 €/kW). Dabei zeigt sich anhand der optimalen Ganganzahl von drei Gängen bei minimalen Kosten, dass unterschiedliche optimale Konfigurationen existieren können, die jedoch bezüglich Kosten und Nutzen nahezu identisch sind. Es ist daher sinnvoll, auch Konfigurationen in unmittelbarer Umgebung der Pareto-Front zu analysieren. Ein

---

[4] Grundsätzlich ist dies jedoch aufgrund der geringen durchschnittlichen Leistungsanforderung im Stadt- und Überlandbetrieb (meist <10 kW) technisch möglich.

direkter Einfluss der BZS-Kosten auf die optimale Auslegung zeigt sich bei der betrachteten Problemstellung nur dann, wenn Freiheiten bezüglich der Aufteilung der Gesamtleistung auf das BZS und die Batterie bestehen. Durch die niedrigeren Kosten lohnt es sich aus Systemsicht, wenn das BZS einen größeren Anteil der Systemleistung übernimmt. Nachteile durch zusätzliche Verluste, weil der Wandler nun als Folge der höheren Spannung BZS-seitig vorgesehen werden muss, werden durch die niedrigen BZS-Kosten kompensiert. Außerdem findet ein Wechsel der Batteriezelle statt, wodurch das Nennspannungsniveau der Traktionsbatterie trotz des geringeren Energieinhalts nahezu konstant bleibt. Eine noch stärkere Ausprägung der Systemleistung zugunsten des BZS findet aus drei Gründen nicht statt: Erstens führt eine höhere BZS-Leistung zu einer Streckung der Wirkungsgradkennlinie und damit zu schlechteren Wirkungsgraden bei niedrigen Leistungen, die insbesondere im Zyklus zu höheren Verbräuchen führen. Zweitens ergibt eine höhere BZS-Leistung in Kombination mit weniger Batteriezellen eine größere Spannungsdifferenz zwischen beiden Komponenten, die wiederum im Gleichspannungswandler zu höheren Verlusten führt. Weil der Wandler BZS-seitig angeordnet ist, muss das BZS diese Verluste aufbringen und entsprechend leistungsstärker ausgelegt werden. Drittens wird eine minimale Batterieleistung für die Hybridfunktionen und damit für einen geringen hybridischen Verbrauch benötigt. Die Summe der Wechselwirkungen führt insgesamt dazu, dass die optimale Aufteilung der Systemleistung nicht in den Varianten *ausschließlich BZS* oder *ausschließlich Batterie* besteht, sondern stets Zwischenstufen zielführend sind.

Sensitivitätsanalyse Verbrauchszyklus

• Geringer Einfluss des Verbrauchszyklus auf die optimalen Antriebsstrangkonfigurationen

• Erforderliche Überprüfung der Wertefunktion anhand der Optimierungsergebnisse

Die Sensitivitätsanalyse bezüglich des Verbrauchszyklus zeigt einen geringen bis keinen (bei minimalen Kosten) Einfluss auf die optimalen Antriebsstrangauslegungen. Dies ist zum einen dadurch zu begründen, dass ein höherer Wasserstoffverbrauch sich hauptsächlich auf die (hier nicht betrachtete) Auslegung des Wasserstofftanks auswirkt. Zum anderen führen Antriebsstrangkonfigurationen mit niedrigen Wirkungsgraden in beiden Zyklen zu hohen Verbräuchen. Differenzen bei den Verbrauchszunahmen können sich lediglich aus den unterschiedlichen Betriebspunktverteilungen in den Zyklen ergeben. Weil der Anteil des Zyklusverbrauchs am Nutzwert lediglich 25 % beträgt, wirken sich die Unterschiede kaum auf die optimalen Konfigurationen aus. Anhand der Wertefunktionen wird darüber hinaus die Sensitivität der Ergebnisse gegenüber der Gewichtung und Normierung der Teilzielgrößen deutlich. Schon leichte Änderungen dieser Größen können das Ergebnis beeinflussen. Dies kann einerseits bewusst erfolgen, um die Bedeutung einer Zielgröße zu ändern, oder wie in diesem Fall unbewusst durch die Verschiebung der ermittelten Werte auf der Wertefunktion. Daher muss bei jeder Optimierung überprüft werden, ob alle Zielgrößen in gewünschter Art und Weise durch die Wertefunktion bewertet werden.

8.3 Anwendung 2: Plug-In Mischhybrid

8.3.1 Problemstellung

Die PHEVs vereinen die Eigenschaften der vergleichsweise gering elektrifizierten Mild- und Vollhybride und der reinen Elektrofahrzeuge in einem Antriebsstrang. Sie bieten die Möglichkeit des vollständig emissionsfreien Betriebs auch bei höheren Leistungen und Geschwindigkeiten und zusätzlich uneingeschränkte Langstreckenmobilität durch den verbrennungsmotorischen Antrieb. Insbesondere aufgrund der für das rein elektrische Fahren erforderlichen hohen EM- und Batterieleistung besteht bei solchen Antriebssträngen das Potenzial, Getriebefunktionalität durch elektrische Komponenten zu ersetzen und den VM zu phlegmatisieren, um so zusätzliche Kosten der Hybridisierung (teilweise) zu kompensieren. Dieser Ansatz wird beim parallel-seriellen Mischhybriden verfolgt, bei dem zwei EMs den seriellen Betrieb ermöglichen und die mechanische Anbindung des VM an die Antriebsachse über eine feste Übersetzung erfolgt.

Mögliche Strategien der Dimensionierung eines solchen Antriebsstrangs können grundsätz-lich anhand von zwei Extrema beschrieben werden: Das eine Extrem besteht darin, zusätzlich elektrische Leistungen zu installieren, um so eine Leistungssteigerung im Vergleich zum kon-ventionellen Antrieb mit identischem VM zu erreichen. Dies stellt neben den elektrischen Eigenschaften einen zusätzlichen Kundennutzen dar, der die hohen Kosten der Hybridisierung legitimieren kann. Aufgrund der hohen Gesamtkosten ist die potenzielle Zielgruppe jedoch ge-ring. Das andere Extrem stellt die Minimalelektrifizierung dar, bei der eine Leistungssubstitution stattfindet. Dabei wird die VM-Leistung so weit reduziert, dass lediglich Minimalanforderungen an die Dauerleistung erfüllt werden bzw. dass die (kurzfristigen) hybridischen Fahrleistungen vergleichbar mit einem konventionellem Antrieb sind. Im Vergleich zur zuvor genannten Variante sind hierbei die Gesamtkosten des Antriebs geringer, wodurch ggf. eine größere Zielgruppe erreicht wird.

In dem hier betrachteten Beispiel wird hinsichtlich der Leistungsdimensionierung die Strategie der Minimalelektrifizierung verfolgt, um so eine kostenoptimale Dimensionierung zu ermitteln. Als zu minimierende Zielgrößen werden zum einen die Summe der Komponentenkosten (Bat-terie, EMs, VM und Getriebe) und die Beschleunigungszeit von 0-100 km/h gewählt. Dadurch soll das Spannungsfeld zwischen kostenseitigem Aufwand und der Fahrleistung am Beispiel der Beschleunigungszeit aufgezeigt werden. Die in Tabelle 8.6 aufgeführten Randbedingun-gen bzw. Minimalanforderungen sind entsprechend des Zielszenarios niedrig gewählt. Dazu gehören die erforderlichen Höchstgeschwindigkeiten von 140 km/h sowohl verbrennungsmo-torisch als auch rein elektrisch sowie eine erforderliche Beschleunigungszeit von 0-100 km/h von höchstens 13 s. Durch eine erforderliche Dauersteigfähigkeit soll auch bei leerer Batterie eine Minimalfunktionalität gewährleistet werden. Um kürzere Strecken z. B. im Stadtbetrieb rein elektrisch zurücklegen zu können, wird als Randbedingung eine elektrische Mindestreichweite von 30 km im Kundenzyklus gefordert. Als weitere Randbedingung wird eine reproduzierbare Beschleunigungszeit definiert. Dafür müssen die Antriebskomponenten so ausgelegt sein, dass nacheinander drei Vollastbeschleunigungen bis 140 km/h mit identischer Beschleunigungszeit absolviert werden können (vgl. Abschnitt 5.2.4). Um den Einfluss dieser Randbedingung auf die optimale Antriebsstrangauslegung zu verdeutlichen, werden drei Optimierungen durchgeführt:

1. **Ohne** die Randbedingung „Reproduzierbarkeit der Fahrleistungen"

2. **Mit** der Randbedingung „Reproduzierbarkeit der Fahrleistungen"

3. **Mit** der Randbedingung „Reproduzierbarkeit der Fahrleistungen" und ohne Anpassung der Traktionsbatterie im Vergleich zur Variante 1

Mit der dritten Optimierung soll aufgezeigt werden, wie die Komponenten optimalerweise auszulegen sind, wenn die Traktionsbatterie (z. B. aufgrund von Packagerestriktionen) fest definiert ist.

Tabelle 8.6: Fahrzeugdaten, Auslegungskriterien, Randbedingungen

Fahrzeugdaten

Architektur	Mischhybrid
$m_{\mathrm{Fzg,oA}}$ (ohne Antriebskomp.)	750 kg
f_R	0,0078 (50 km/h)
c_W, A	0,308, 2,09 m^2
$l, h_\mathrm{S}, r_\mathrm{Rad}$	2,4 m, 0,46 m, 0,305 m
P_NV	200 W

Auslegungskriterien

Herstellungskosten Antrieb	Minimieren
Beschleunigungszeit 0-100 km/h	Minimieren

Randbedingungen

Höchstgeschwindigkeit VM	$\geq$ 140 km/h
Höchstgeschwindigkeit el.	$\geq$ 140 km/h
Beschleunigungszeit 0-100 km/h	$\leq$ 13,0 s
Dauersteigfähigkeit bei 40 km/h	$\geq$ 6 %
El. Reichweite[a]	$\geq$ 30 km
Reproduzierbare Beschleunigungszeit[b]	bzgl. Deratingverhalten

[a] im Kundenzyklus (vgl. Abschnitt 5.2.4)
[b] im Grenzbetrieb (vgl. Abschnitt 5.2.4)

Die verwendeten Fahrzeugdaten sind angelehnt an ein typisches Fahrzeug im Kleinstwagensegment (A00). Die Fahrzeugmasse $m_{\mathrm{Fzg,oA}}$ bezeichnet die Gesamtmasse ohne alle bei der Optimierung betrachteten Antriebsstrangkomponenten sowie ohne Fahrer und Zuladung, jedoch inklusive der für die Elektrifizierung erforderlichen Verkabelungen und Kühlsysteme. Es wird ein durchschnittlicher Leistungsbedarf der Nebenverbraucher P_NV von 200 W bei ausgeschaltetem Klimakompressor angenommen.

Um den Drehzahlbereich der Antriebs-EM (EM2) unabhängig vom VM anpassen zu können, wird diese über eine Differenzübersetzung (Getriebe 2, i_{EM2}) an das Getriebe 1 angebunden. Mit der Trennkupplung K1 kann der VM z. B. bei Getriebeeingangsdrehzahlen unter der Leerlaufdrehzahl vom mechanischen Kraftschluss getrennt werden. Der Antrieb erfolgt in diesem Fall seriell.

Kompontenenbibliothek   Für den Zielantriebsstrang wird als Komponententechnolgie für den VM ein 3 Zylinder 1,2l Otto Turbomotor hinterlegt (für genauere Daten der Technologien siehe Anhang B.4.3). Dieser verfügt über eine Nennleistung von 90 kW und ein maximales Drehmoment von 200 Nm. Sowohl für die Antriebs-EM (EM2) als auch für den Generator (EM1) werden PSMs verwendet. Die Basis-PSM verfügt über eine Nennleistung von 94 kW, bei maximal 345 Nm Drehmoment und einer Maximaldrehzahl von 10.000 min^{-1}. Als Batteriezelle wird eine intermediate Variante verwendet, die einen Kompromiss zwischen hoher Leistung und hoher Energie darstellt. Die Kapazität der Zelle beträgt 18 Ah bei spezifischen Kosten auf Batteriesystemebene von 300 €/kWh. Sowohl das Getriebe 1 als auch die Differenzübersetzung der EM2 werden als einstufige 1-Gang-Getriebe mit unterschiedlichen maximalen Eingangsmomenten aber ansonsten identischen spezifischen Kennwerten wie Drehmomentendichte und spezifische Kosten angenommen. Alle Komponententechnologien werden im Rahmen der Optimierung wie in Abschnitt 5.3 beschrieben skaliert.

Variationsparameter Zur Ermittlung der optimalen Antriebsstrangkonfigurationen werden die Dimensionierungen aller Komponenten des parallel-seriellen Hybriden variiert. Zu den in Tabelle 8.7 aufgeführten Variationsparametern gehören auf Seiten der Hardwaregrößen die Nennleistungen beider EMs und des VMs, die Übersetzungen der Getriebe sowie die Verschaltung der Traktionsbatterie.

Bei einem Beschleunigungsvorgang kann es ggf. sinnvoll sein, den seriellen Betriebsmodus mit geöffneter Kupplung K1 zu wählen, obwohl der VM bereits mechanisch an die Achse gekoppelt werden könnte. In diesem Betrieb kann der VM bei einer höheren Drehzahl (und damit höherer Leistung) betrieben werden und in Kombination mit dem Generator die Traktionsbatterie unterstützen bzw. entlasten, was vorteilhaft gegenüber dem gekoppelten Betrieb sein kann. Um den optimalen Einkoppelzeitpunkt zu identifizieren, der sich je nach Antriebsstrangauslegung und gewählten Randbedingungen unterscheidet, wird die Koppeldrehzahl n_{KP} des VM bei der Optimierung variiert. Die Anforderungen hinsichtlich der Reproduzierbarkeit erfordern außerdem die Begrenzung der freigegebenen Systemleistung. Dies erfolgt über den Variationsparameter $P_{Sys,Max}$.

Tabelle 8.7: Variationsparameter für die Optimierung des parallel-seriellen Hybriden

Komponente	Variationsparameter	Variable	Min.	Max.
Verbrennungs-motor	Nennleistung	$P_{VM,Nenn}$	28 kW	80 kW
Getriebe 1	Übersetzung	i_{Getr1}	2,50	2,90
Getriebe 2	Übersetzung	i_{EM2}	1,50	3,97
E-Maschine 1	Nennleistung bei Nennspannung	$P_{EM1,Nenn}$	17 kW	60 kW
E-Maschine 2	Nennleistung bei Nennspannung	$P_{EM2,Nenn}$	41 kW	110 kW
Batterie	Anzahl serielle Zellen Anzahl parallele Zellen	$s_{Batt,Zelle}$ $p_{Batt,Zelle}$	70 1	108 2
PCU	Koppeldrehzahl VM Freigegebene Systemleistung	n_{KP} $P_{Sys,Max}$	1100 min^{-1} 41 kW	3000 min^{-1} $\sum P_{Komp.}$

Ermittlung Bedarfskennfeld Das Ziel der Ermittlung des Bedarfskennfelds ist die Definition und Eingrenzung des Suchraums. Dies erfolgt anhand der definierten Mindestanforderungen an das Fahrzeug. Zur Berechnung des erforderlichen Bedarfskennfelds werden hohe konstante Wirkungsgrade für alle Komponenten angenommen, die im Betrieb bzw. Kennfeld stets unterschritten werden. Dadurch wird sichergestellt, dass sich alle zulässigen Antriebsstrangkonfigurationen innerhalb des definierten Suchraums befinden.

Die erforderliche Höchstgeschwindigkeit von 140 km/h muss zur Sicherstellung des Langstreckenbetriebs dauerhaft vom VM bereitgestellt werden. Daraus ergibt sich eine mindestens erforderliche VM-Leistung von 28 kW und eine Übersetzung des Getriebes 1 von höchstens 2,9 (inkl. Achsübersetzung). Als untere Grenze wird eine Übersetzung von 2,5 festgelegt. Bei der Ermittlung der maximalen Übersetzung wird berücksichtigt, dass der VM aus Akustik- und Verbrauchsgründen bei Höchstgeschwindigkeit nicht nahe der maximalen Drehzahl betrieben werden soll. Weil die Nennleistung des VM erst bei sehr hohen Drehzahlen (und damit über 140 km/h) erreicht wird, ergibt sich für das Zielfahrzeug eine größere erforderliche Nennleistung als 28 kW. Für die elektrische Höchstgeschwindigkeit wird ebenfalls eine Dauerleistung von 28 kW benötigt, aus der sich eine erforderliche Peakleistung der EM2 von mindestens 41 kW ergibt.[5] Die Gesamtübersetzung muss dafür kleiner als 8,27 sein. Zusammen mit dem zulässigen Übersetzungsbereich des Getriebes 1 ergibt sich daraus eine maximale Übersetzung für i_{EM2} von 3,31. Als Minimalwert wird 1,5 definiert.

Um die geforderte Dauersteigfähigkeit bei 40 km/h im seriellen Betrieb (bzw. leerer Batterie) erfüllen zu können, muss die Dauerleistung der EM1 mindestens 10 kW bzw. die Peakleistung mindestens 17 kW betragen. Aus der Mindestreichweite von 30 km im Kundenzyklus kann außerdem ein erforderlicher Bruttoenergeinhalt von mindestens 3,6 kWh bzw. eine Mindestzellanzahl von 50 abgeleitet werden. Aus der Zellspannung und dem vorgegebenen Spannungsbereich von 200-430 V ergibt sich eine zulässige serielle Anzahl an Zellen von 70-108 bei 1p (4,55-7,02 kWh) oder 2p (9,10-14,04 kWh) Verschaltungen.[6] Eine höhere Anzahl an parallelen Strängen ist aufgrund des daraus resultierenden hohen Energieinhaltes nicht zielführend. Der zulässige Bereich der Koppeldrehzahl n_{KP} wird definiert durch eine minimale Koppeldrehzahl des VM (1100 min^{-1}) sowie einem Maximalwert von 3000 min^{-1}, der einer Fahrzeuggeschwindigkeit von größer 100 km/h entspricht. Für eine Beschleunigungszeit von kleiner als 13 s wird mit den angenommen Wirkungsgraden eine Leistung von mindestens 41 kW benötigt. Dieser Wert definiert somit die untere Grenze der freigegebenen Systemleistung. Die obere Grenze ergibt sich aus der Summe der (für den mechanischen Antrieb verfügbaren) Komponentenleistungen einer Antriebsstrangkonfiguration.

Leistungsfreigabe   Abbildung 8.17 zeigt den qualitativen Verlauf der durch die Betriebsstrategie freigegebenen mechanischen Systemleistung in Abhängigkeit der Fahrzeuggeschwindigkeit sowie die Aufteilung dieser Systemleistung auf die einzelnen Antriebskomponenten. Eine Vollastbeschleunigung aus dem Stillstand beginnt zunächst mit geöffneter Kupplung K1. Entsprechend stellt die EM2 beim Anfahrvorgang das gesamte mechanische Antriebsmoment zur Verfügung. Parallel dazu wird der VM für den seriellen Betrieb gestartet. Die für den Antrieb erforderliche elektrische Leistung wird somit generatorisch von der VM-EM1-Einheit und der Traktionsbatterie bereitgestellt. Sobald die Koppeldrehzahl n_{KP} erreicht ist, wird die Kupplung K1 geschlossen (Punkt 1). Von dieser Geschwindigkeit an stellt der VM seine maximal mögliche Leistung entlang der Volllastkurve. Um einen aus Komfortgründen anzustrebenden stetigen Leistungsverlauf zu erreichen, wird die Systemleistung mit steigender Geschwindigkeit entsprechend der VM-Charakteristik angehoben (Bereich 2). Die Boostleistung der EM2 wird durch die Differenz aus EM2 und VM-Leistung bei der Koppeldrehzahl definiert und ist in diesem Bereich konstant. Die Höchstgeschwindigkeit von 140 km/h soll dauerhaft zur Verfügung stehen und wird daher vom ausschließlich vom VM bereitgestellt. Für einen stetigen Verlauf wird die Systemleis-

---

[5] Für die betrachtete EM wird ein konstantes Verhältnis von Dauer- zu Peakleistung angenommen.
[6] Dabei wird die Spannungsänderung über dem SOC und unter Last berücksichtigt.

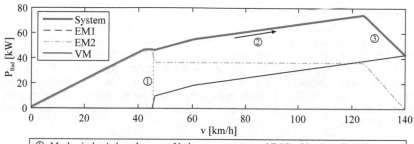

① Mechanische Ankopplung von Verbrennungsmotor und E-Maschine 1 an die Achse
② Leistungssteigerung entsprechend der Verbrennungsmotor-Charakteristik
③ Begrenzung der Systemleistung bis zur Höchstgeschwindigkeit

Abbildung 8.17: Leistungsfreigabe des parallel-seriellen Hybrids.

tung schließlich bis zur Höchstgeschwindigkeit mit einem vorgegebenen Gradienten auf die VM-Nennleistung gesenkt (Punkt 3).

8.3.2 Analyse der Ergebnisse

Optimierung 1: Ohne Randbedingung an die Reproduzierbarkeit

Das Ergebnis der ersten Optimierung ohne die Randbedingung an die Reproduzierbarkeit der Fahrleistungen ist in Abbildung 8.18 dargestellt. Diese zeigt die zu minimierenden Größen *Kosten* und *Beschleunigungszeit* aller bei der Optimierung betrachteten Antriebsstrangkonfigurationen, welche die Randbedingungen hinsichtlich Fahrleistung und Reichweite erfüllen. Jede Konfiguration ist dabei als Punkt dargestellt, wobei die hervorgehobenen Punkte die Pareto-Front bilden.

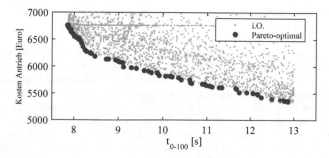

Abbildung 8.18: Pareto-optimale Antriebsstrangkonfigurationen

Die Abbildung 8.19 zeigt ausgewählte Eigenschaften der pareto-optimalen Antriebsstrangkonfigurationen. Beginnend mit der kostengünstigsten Konfiguration rechts unten steigen die

Nennleistungen der Antriebskomponenten und der Energieinhalt der Traktionsbatterie kontinuierlich entlang der Paretofront in Richtung niedrigerer Beschleunigungszeiten. Lediglich bei der Generatorleistung ergeben sich vereinzelt Abweichungen von einem kontinuierlichen Verlauf. Deutlich zu erkennen ist zudem ein Knick im Verlauf der Pareto-Front bei einer Beschleunigungszeit von ca. 8,2 s, bei dem die zunächst hohe Steigung (Quotient aus Deltakosten und Deltabeschleunigungszeit) in eine deutlich niedrigere Steigung übergeht. Sowohl die VM-Nennleistung als auch der Energieinhalt der Batterie zeigen im Bereich der hohen Steigung (7,9-8,2 s Beschleunigungszeit) eine wesentlich stärkere Änderung als im Bereich niedriger Steigung (8,2-13,0 s).

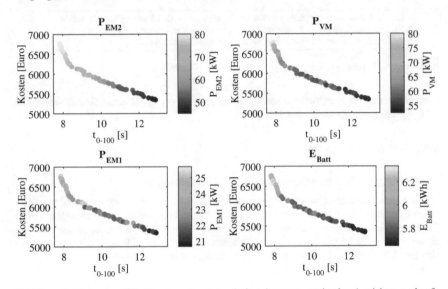

Abbildung 8.19: Ausgewählte Komponenteneigenschaften der pareto-optimalen Antriebsstrangkonfigurationen

Die Beschleunigungszeit resultiert entsprechend der mechanischen Leistungsfreigabe aus den Drehmomenten und Leistungen von EM2 und VM. Bei minimalen Kosten erfolgt die Verringerung der Beschleunigungszeit von 13 s zunächst hauptsächlich über die Leistungs- und Drehmomentsteigerung der EM2, weil diese über den gesamten betrachteten Geschwindigkeitsbereich Leistung an die Antriebsachse überträgt (der VM überträgt im Gegensatz dazu erst ab der Koppelgeschwindigkeit Leistung an die Achse). Eine leichte Erhöhung des Batterieenergieinhalts bei sinkender Beschleunigungszeit ist in diesem Bereich notwendig, um den höheren Verbrauch im Kundenzyklus bedingt durch das höhere Fahrzeuggewicht und die niedrigeren Wirkungsgrade auszugleichen. Eine Anpassung der Batterie aus Leistungssicht (ein höherer Energieinhalt wird durch zusätzliche Zellen erreicht, wodurch wiederum auch die Leistung steigt) ist dem Ergebnis nach im Bereich der niedrigen Steigung nicht notwendig. Ein Zusammenhang zwischen der Beschleunigungszeit und der EM1-Nennleistung besteht nur indirekt über das serielle Fahren, das wiederum von der Batterieleistung beeinflusst wird.

Anhand der Verläufe der Variationsparameter auf der Pareto-Front lässt sich der beschriebene Knick nicht erklären. Die Ursache zeigt sich erst bei detaillierter Analyse der Beschleunigungsvorgänge: Bei kleineren Leistungen und hohen Beschleunigungszeiten liegt das Anfahrmoment noch deutlich unter der Traktionsgrenze, sodass die Beschleunigungszeit durch ein höheres Drehmoment der EM2 verringert werden kann (dies erfolgt hier durch Steigerung der Nennleistung). Dafür ist es nicht erforderlich, die elektrische Quellenleistung zu erhöhen. Mit steigenden Leistungen nähern sich Traktionsgrenze (der Einfluss der dynamischen Achslastverteilung ist größer als der des steigenden Fahrzeuggewichts) und Anfahrmoment immer weiter aneinander an, bis schließlich bei der Beschleunigungszeit von 8,2 s das Antriebsmoment die Traktionsgrenze übersteigt. Eine weitere Verringerung der Beschleunigungszeit kann von da an nur durch höhere Leistungen erreicht werden. Bei Steigerung der EM2-Leistung muss folglich auch die Quellenleistung (Batterie und/oder EM1) angehoben werden. Weil dies mit hohen Kosten verbunden ist, kommt es zu dem beschriebenen Knick in der Pareto-Front.

Die Komponenteneigenschaften der ermittelten pareto-optimalen Antriebsstrangkonfiguration mit den geringsten Kosten bzw. der höchsten Beschleunigungszeit auf der Pareto-Front sind in Abbildung 8.20 dargestellt. Die Antriebsaggregate VM und EM2 sind mit 52 kW und 46 kW ähnlich leistungsstark dimensioniert. Die Leistung des VM wird jedoch im Geschwindigkeitsbereich bis 140 km/h aufgrund der Übersetzungsbegrenzung nicht vollständig ausgenutzt. Als Folge ergibt sich eine Systemleistung von 75 kW. Der VM wird dem Ergebnis nach optimalerweise bei minimal möglicher Geschwindigkeit bzw. Drehzahl angekoppelt. Der Generator ist mit einer Peakleistung von 21 kW deutlich kleiner als die Antriebsmaschine dimensioniert. Für die erforderliche rein elektrische Reichweite ergibt sich eine 87s1p Verschaltung der vorgegebenen 18 Ah Zelle. Diese Batterie verfügt über eine Nennleistung von 58 kW und ist somit in Bezug auf die Leistung überdimensioniert.[7] Wie schon zuvor beschrieben, muss daher bei Leistungssteigerung der EM2 die Traktionsbatterie zunächst aus Leistungssicht nicht vergrößert werden. Für die

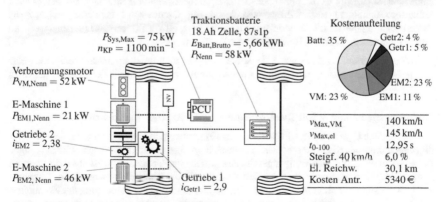

Abbildung 8.20: Pareto-optimale Antriebsstrangkonfiguration mit minimalen Kosten (ohne Einhaltung der Randbedingung an die Reproduzierbarkeit der Fahrleistungen)

---

[7] Zu einem bestimmten Grad ist dies auch notwendig, um auch bei niedrigem SOC und/oder Temperaturen die Anforderung erfüllen zu können.

optimale Übersetzung des Getriebes 1 ergibt sich der maximal zulässige Wert von 2,9. Nicht direkt ersichtlich ist der Grund für die Übersetzung von 2,38, die sich als Differenzübersetzung für die EM2 ergibt. Mit dieser Übersetzung wird die EM2 bei Höchstgeschwindigkeit nicht bis zur Maximaldrehzahl ausgefahren, sodass die Übersetzung und damit das Radmoment prinzipiell angehoben werden könnte. Folglich könnte die EM2 bei gleicher Beschleunigungszeit leistungsschwächer dimensioniert und dadurch Kosten eingespart werden. Der Grund, warum dies aus Gesamtsystemsicht nicht sinnvoll ist, ist die Steigerung der EM2-Schleppverluste mit der Drehzahl. Eine größere Übersetzung i_{EM2} würde zu höheren Schleppverlusten führen, sodass die für die Höchstgeschwindigkeit erforderliche VM-Leistung steigt. Dieser Nachteil kompensiert die Vorteile einer kürzeren Differenzübersetzung, sodass bei der Optimierung der optimaler Kompromiss aller Einflüsse mit $i_{EM2} = 2,38$ identifiziert wird.

Die an den Antrieb gestellten Anforderungen werden allesamt erfüllt, ohne diese deutlich überzuerfüllen. Lediglich die geforderte elektrische Höchstgeschwindigkeit wird mit 145 km/h um 5 km/h übertroffen, weil sich die Leistung der EM2 aus der höheren Anforderung der erforderlichen Beschleunigungszeit ergibt. Den Hauptanteil an den Gesamtkosten aller betrachteten Antriebskomponenten hat mit 35 % die Traktionsbatterie. Die Anteile von VM und EM2 (inkl. LE) betragen identische 23 %, der des Generators 11 % und die der Getriebe 9 %.

Abbildung 8.21 zeigt die Simulation des Grenzfahrprofils (bestehend aus drei aufeinanderfolgenden Volllastbeschleunigungen bis zur Höchstgeschwindigkeit) mit der zuvor beschriebenen Antriebsstrangkonfiguration. Bei diesem Antrieb wurde die Reproduzierbarkeit der Fahrleistungen nicht gefordert, entsprechend ergibt sich schon bei der zweiten Volllastbeschleunigung eine Erhöhung der Beschleunigungszeit bedingt durch die Abnahme der verfügbaren elektrischen Boostleistung. Der Grund für diese Abnahme wird im dritten Diagramm verdeutlicht, in dem die Belastung der Traktionsbatterie anhand der dimensionslosen Kennzahl $E_{Drtg,Batt} / E_{Drtg,Batt,Max}$ dargestellt ist (für die Beschreibung des Deratingmodells siehe Kapitel 5.4). Bei der zweiten Volllastbeschleunigung erreicht dieser Wert die zulässige Grenze von 1, bei der die freigegebene Batterieleistung bis auf die Dauerleistung herunter geregelt wird (Derating) und entsprechend weniger elektrische Leistung für die EM2 zur Verfügung steht.

Im weiteren Verlauf wird untersucht, wie die Komponentendimensionierung optimalerweise angepasst werden muss, um die Anforderung an die Reproduzierbarkeit der Fahrleistungen zu erfüllen.

Optimierungen 2 und 3: Mit Randbedingung an die Reproduzierbarkeit

Bei der zweiten Optimierung wird bei gleicher Komponentenbibliothek und gleichen Randbedingungen die zusätzliche Anforderung berücksichtigt, dass mehrere Volllastbeschleunigungen mit reproduzierbarer Beschleunigungszeit entsprechend des Grenzfahrprofils absolviert werden müssen. Mit der zuvor ermittelten Antriebsstrangkonfiguration ist dies aufgrund des Deratings der Traktionsbatterie nicht möglich. Aus diesem Grund muss eine Anpassung der Komponentendimensionierung (und/oder der Betriebsstrategie) erfolgen. Als weitere Auslegungsvariante wird eine dritte Optimierung durchgeführt, bei dem ebenfalls reproduzierbare Fahrleistungen gefordert werden, die Traktionsbatterie jedoch im Vergleich zur ersten Optimierung (z. B. aufgrund von Packagerestriktionen) nicht vergrößert werden darf. Im Folgenden werden lediglich die Varianten der Pareto-Front mit den geringsten Komponentenkosten verglichen. Tabelle 8.8 zeigt die resultierenden optimalen Parameter dieser Antriebsstrangkonfigurationen. Zeile 1 stellt

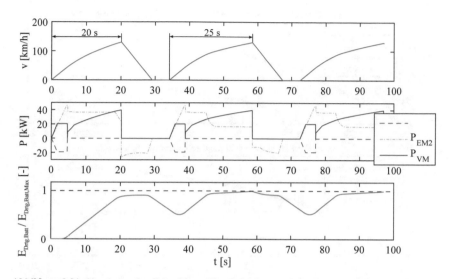

Abbildung 8.21: Simulation des Grenzfahrprofils mit der kostenminimalen pareto-optimalen Antriebs-strangkonfiguration

die bereits beschriebene Konfiguration 1 als Ergebnis der ersten Optimierung dar. Darüber hinaus ist in Abbildung 8.22 die mechanische Leistungsfreigabe über der Fahrzeuggeschwindigkeit der drei Varianten gegenübergestellt.

Tabelle 8.8: Optimale Parameter der Antriebsstrangkonfigurationen mit minimalen Kosten ohne (1) und mit (2&3) Berücksichtigung der Anforderung an die Reproduzierbarkeit der Fahrleistungen

Konfig.	i_1	i_{EM2}	P_{EM1}	P_{EM2}	P_{VM}	n_{KP}	Batt.	P_{Sys}
1	2,9	2,38	21 kW	46 kW	52 kW	$1100 \, min^{-1}$	87s1p	75 kW
2	2,85	2,43	22 kW	46 kW	56 kW	$1100 \, min^{-1}$	91s1p	70 kW
3	2,84	2,50	24 kW	49 kW	55 kW	$1250 \, min^{-1}$	87s1p	63 kW

Zur Erfüllung der zusätzlichen Randbedingung muss im Vergleich zur Konfiguration 1 die Belastung der Batterie reduziert und/oder deren Dauerleistung erhöht werden. Stehen alle Freiheitsgrade zur Verfügung (Konfiguration 2), erfolgen dem optimalen Ergebnis nach beide Maßnahmen parallel. Es werden vier Batteriezellen hinzugefügt und dadurch Nenn- und Dauerleistung der Traktionsbatterie um ca. 5 % erhöht. Zusätzlich wird die Leistung des VM um 4 kW angehoben, während die maximale Systemleistung um 5 kW verringert wird. Wie in Abbildung 8.22 zu sehen, führt dies zu einer geringeren Boostleistung der EM2 im gekoppelten Betrieb bei über 100 km/h und somit zu einer geringeren Batteriebelastung in diesem Bereich. Diese Maßnahme verbessert das Deratingverhalten im Grenzfahrprofil, hat jedoch keine direkte Auswirkung auf die Beschleunigungszeit von 0 bis 100 km/h. Durch die höhere Generatorleistung kann zudem im seriellen

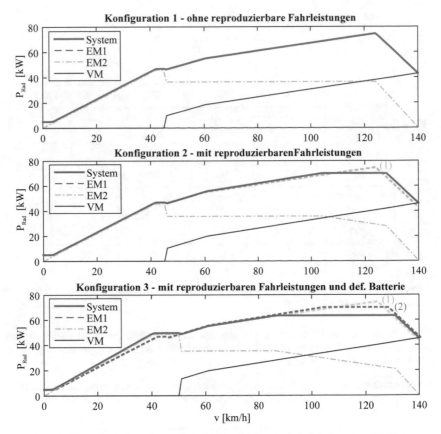

Abbildung 8.22: Mechanische Leistungsfreigabe über der Geschwindigkeit der unterschiedlichen optimalen Antriebsstrangkonfigurationen

Betrieb die Batterie etwas stärker entlastet werden. Aufgrund der höheren VM-Leistung können außerdem bei Höchstgeschwindigkeit größere EM2-Schleppverluste kompensiert werden, wodurch die Möglichkeit besteht, die Übersetzung i_{EM2} anzuheben. Die daraus resultierende bessere Anfahrperformance gleicht das durch die schwerere Batterie bedingte höhere Fahrzeuggewicht aus.

Bei der dritten Konfiguration soll die Randbedingung an die Reproduzierbarkeit erfüllt werden, ohne die Batterie (87s1p) aus Konfiguration 1 anzupassen. Dies kann bei Erfüllung der Mindestanforderungen an die Fahrleistungen nur durch die Verringerung der Batteriebelastung erreicht werden. Wie Tabelle 8.8 zeigt, erfolgt dies im Wesentlichen durch die deutliche Erhöhung der EM1- bzw. Generatorleistung und der späteren Ankopplung des VM. Dadurch ist die serielle Leistung zum einen größer und zum anderen steht sie bei der Volllastbeschleunigung länger zur Verfügung, sodass der elektrische Leistungsbedarf der EM2 zu einem deutlich geringeren Anteil von der Batterie bereitgestellt werden muss. Durch die Begrenzung der Systemleistung auf 63 kW wird die Boostleistung und die erforderliche Batterieleistung bei mittleren und hohen Geschwindigkeiten nochmals verringert. Dies wird durch ein größeres EM2-Drehmoment und die nochmals kürzere Übersetzung i_{EM2} ausgeglichen.

Die Anpassungen der Komponentendimensionierungen zur Erfüllung der Anforderung an die Reproduzierbarkeit der Fahrleistungen haben zur Folge, dass die Fahrleistungsanforderungen von den Konfigurationen 2 und 3 geringfügig übererfüllt werden (siehe Tabelle 8.9). Die höhere VM-Leistung führt (trotz der kürzeren EM2-Übersetzung) zu einer um 6 km/h größeren Höchstgeschwindigkeit als gefordert. Die aufgrund der Dauerleistungsanforderung vergrößerte Traktionsbatterie der Konfiguration 2 bewirkt eine entsprechend höhere Reichweite. Durch kürzere Übersetzungen der EM2 und größere serielle Leistungen steigt außerdem die Dauersteigfähigkeit im Vergleich zur Konfiguration 1. Ein wichtiger Aspekt bei der Bewertung der Maßnahmen sind deren zusätzlichen Kosten. Die Zusatzkosten können als Kosten zur Erfüllung der Randbedingung an die Reproduzierbarkeit der Fahrleistungen interpretiert werden, weil die Maßnahmen nur einen sehr begrenzten zusätzlichen Kundennutzen bieten (bzw. durch die geringere Systemleistung sogar zu einem geringeren Kundennutzen führen). Im Fall der Konfiguration 2 beträgt die Kostenzunahme der Antriebskomponenten 3,4 % (180 €). Davon sind ca. 2 Prozentpunkte auf die Batterie und 1,4 Prozentpunkte auf den VM zurückzuführen. Bei festgelegter Batterie und damit eingeschränktem Suchraum (Konfiguration 3) ist die Kostenzunahme mit 3,2 % (170 €) etwas geringer. Die Ursache dafür, dass bei eingeschränktem Suchraum eine Konfiguration mit geringeren Kosten identifiziert wird, ist die Nichtberücksichtigung der Reichweiten-Randbedingung bei der dritten Optimierung: Bei der ersten Konfiguration ist die Batterie exakt so ausgelegt, dass die geforderten 30 km elektrische Reichweite im Kundenzyklus erfüllt werden. Mit einer leistungsstärkeren EM steigt der Verbrauch, sodass auch der Energieinhalt der Batterie zur Einhaltung der Reichweitenanforderung erhöht werden muss. Um dennoch ein Ergebnis mit der festgelegten Batterie und der Anforderung an die Reproduzierbarkeit der Fahrleistungen zu erhalten, ist die Reichweitenanforderung bei der dritten Optimierung nicht aktiv.

Tabelle 8.9: Fahrzeugeigenschaften der Antriebsstrangkonfigurationen mit minimalen Kosten ohne (1) und mit (2&3) Berücksichtigung der Anforderung an die Reproduzierbarkeit der Fahrleistungen

Konfig.	$v_{Max,VM}$	$v_{Max,el}$	t_{0-100}	el. Reichw.	Dauersteigf.	Kosten
1	140 km/h	145 km/h	12,95 s	30,1 km	6,0 %	5340 €
2	146 km/h	144 km/h	12,90 s	31,6 km	6,3 %	5520 € (+3,4 %)
3	141 km/h	146 km/h	12,84 s	29,9 km	6,8 %	5510 € (+3,2 %)

8.3.3 Diskussion der Ergebnisse

Die Optimierung der Auslegung des parallel-seriellen Hybriden zeigt exemplarisch das breite Anwendungsspektrum der Optimierungsmethodik. Anders als beim Brennstoffzellenfahrzeug in Abschnitt 8.2 besteht bei diesem Antriebskonzept die Möglichkeit, sowohl die mechanische Antriebsleistung als auch die elektrische auf unterschiedliche Komponenten aufzuteilen. Dies führt zu einer Vielzahl an Freiheiten bezüglich der Komponentendimensionierung. Eine sequenzielle Auslegung der Komponenten könnte im Gegensatz zur Optimierungsmethodik dabei nicht alle Wechselwirkungen und Einflüsse berücksichtigen. Im Folgenden werden zunächst zusammenfassend die Kernaussagen genannt, um anschließend detailliert auf diese einzugehen.

Gesamtoptimierung (Optimierung 1)

• Verringerung der Beschleunigungszeit erfolgt bis zur Traktionsgrenze über Steigerung der Komponentendrehmomente

• Bei optimaler Auslegung werden alle Anforderungen exakt erfüllt

• Insgesamt geringe Systemleistung im Vergleich zur Komponentensummenleistung, weil die E-Maschine 1 nur als Generator und der VM in einem eingeschränkten Drehzahlbereich genutzt wird

• Optimale Differenzübersetzung der E-Maschine 2 minimiert Schleppverluste bei möglichst großer Drehmomentensteigerung

• Batterieenergieinhalt wird durch den elektrischen Verbrauch und die geforderte elektrische Reichweite definiert

Die multikriterielle Optimierung des Antriebsstrangs ergibt eine eindeutige Pareto-Front, die sich aus den kostenoptimalen Konfigurationen für unterschiedliche Fahrleistungen zusammensetzt. Dabei zeigt sich insbesondere die Notwendigkeit, Einflüsse der Traktionsgrenze und dynamischen der Achslastverlagerung bei der Simulation zu berücksichtigen. Im betrachteten Fall führt das Erreichen der Traktionsgrenze zu einem deutlichen Anstieg der Kosten zur Verringerung der Beschleunigungszeit. Entsprechend lässt sich aus dem Ergebnis ableiten, dass aus Kostensicht die Reduzierung der Beschleunigungszeit bis zur Traktionsgrenze durch die Erhöhung des EM2-Drehmoments erfolgen sollte. Darüber hinaus steigt der Aufwand für eine weitere Reduzierung an, wodurch sich das Kosten-Nutzen-Verhältnis stark verschlechtert.

Für die Konfiguration mit minimalen Kosten ergibt sich entsprechend der Randbedingungen ein Antriebsstrang mit vergleichsweise kleinen Komponentenleistungen und geringem Getriebeaufwand. Die Komponenten werden so ausgelegt, dass die Anforderungen nahezu exakt erfüllt werden. Auffällig ist dabei die im Vergleich zur Summe der Komponentenleistungen geringe Systemleistung. Der Grund dafür ist zum einen, dass die EM1 nur als Generator betrieben wird, und zum anderen, dass der VM nur einen eingeschränkten Drehzahlbereich genutzt wird und damit nicht seine Nennleistung zur Verfügung steht. Das Ergebnis der optimalen Differenzübersetzung der EM2 verdeutlicht den Einfluss vermeintlich nebensächlicher Komponenteneigenschaften: Aufgrund der mit der Differenzübersetzung steigenden Schleppverluste der EM2 existiert ein optimaler Wert für diese Übersetzung, ab der die VM-Kosten zur Kompensation der Schleppverluste größer sind als der Nutzen einer kürzeren Differenzübersetzung. Den größten Einfluss auf die Antriebsstrangkosten hat die Traktionsbatterie, deren Energieinhalt jedoch durch die erforderliche elektrische Reichweite definiert ist. Die Möglichkeiten zur Reduzierung des elektrischen Verbrauchs sind begrenzt, weil sich die EM2-Mindestleistung und die Getriebeübersetzung aus den erforderlichen Fahrleistungen ergeben. Das Ergebnis zeigt, dass eine Überdimensionierung der EM2 nicht sinnvoll ist (der Verbrauch würde aufgrund der relativ geringeren Lasten tendenziell eher steigen).

Reproduzierbarkeit der Fahrleistungen (Optimierung 2 und 3)

- Optimierung des Gesamtsystems erfolgt durch Anpassung aller Komponenten
- Begrenzung der spezifischen Batterieleistung, um eine lange Verfügbarkeit zu gewährleisten
  - primär durch zusätzliche Zellen und größere Verbrennungsmotorleistung
  - wenn Batterie nicht vergrößert werden kann durch eine größere Generatorleistung und längeres serielles Fahren
- Kostensteigerung von 3,4 % durch die Reproduzierbarkeitsanforderung
- Geringer Einfluss der gewählten Leistungsfreigabe auf das Ergebnis, weil die Traktionsbatterie die elektrische Leistung begrenzt

Als weiterer Einfluss wird die Reproduzierbarkeit von Fahrleistungen berücksichtigt. Dadurch kann schon früh im Auslegungsprozess der Einfluss des Deratingverhaltens miteinbezogen und die Dimensionierung entsprechend angepasst werden. Im betrachteten Fall zeigt sich, dass die Boostleistung der Traktionsbatterie nicht bis zur maximalen Leistung ausgenutzt werden sollte, weil diese nicht für drei aufeinanderfolgende Volllastbeschleunigungen zur Verfügung steht. Mit Hilfe der Optimierungsmethodik wird aufgezeigt, dass der kostenoptimale Weg zur Erfüllung dieser Anforderung nicht darin besteht, eine Komponente zu ertüchtigen (wie z. B. ausschließlich die Batterie zu vergrößern), sondern darin, das Gesamtsystem optimal aufeinander abzustimmen. Dies erfolgt durch die Anpassung nahezu aller betrachteten Antriebsstrangkomponenten inklusive der Betriebsstrategieapplikation. Die erweiterte Ausnutzung des seriellen Betriebs (d. h. bei VM-Drehzahlen, bei denen bereits gekoppelt werden könnte) erfordert u. a. eine Leistungssteigerung der EM2 und ist in Summe zur Vermeidung des Batteriederatings erst dann sinnvoll, wenn die Batterie nicht vergrößert werden kann. Aber auch in diesem Fall wird bei einer Volllastbeschleunigung nur geringfügig länger seriell gefahren, weil die Kopplung des VM und die damit einhergehende Reduzierung der EM2-Boostleistung meist zu einer stärkeren Entlastung der Batterie führt. Ein Vorteil der Optimierungsmethodik ist die kostenseitige Bewertung von zusätzlichen Anforderungen an den Antrieb. In diesem Fall führt die Anforderung an die Reproduzierbarkeit der Fahrleistungen zur einer Kostensteigerung von 3,4 %. Grundsätzlich lässt sich aber auch der Einfluss beliebiger anderer Randbedingungen auf die optimale Antriebsstrangauslegung ermitteln.

Für die Simulation der Volllastbeschleunigung wurde eine Kennlinie für die mechanische Leistungsfreigabe der Komponenten definiert, die Komfortaspekte (Vermeidung von Leistungssprüngen) berücksichtigt sowie die EM1 nicht und die EM2 nur eingeschränkt zum elektrischen Boosten nutzt. Die ermittelten optimalen Antriebsstrangkonfigurationen gelten dementsprechend auch nur für die Verwendung dieser Kennlinie. Die Ergebnisse mit der Anforderung an die Reproduzierbarkeit der Fahrleistungen zeigen jedoch, dass hier die Traktionsbatterie die begrenzende Komponente darstellt. Aus diesem Grund muss die Boostleistung bei angekoppeltem VM im Vergleich zur ursprünglichen Applikation sogar reduziert werden. Die Freigabe der gesamten Boostleistung von EM1 und EM2 würde das Endergebnis somit nicht beeinflussen, wodurch das Ergebnis nahezu unabhängig von der gewählten Kennlinie für die Leistungsfreigabe ist.

In Bezug auf den gesamten Auslegungsprozess ist die aufgezeigte Optimierung als erste Schleife zu verstehen. Dabei werden aus den nahezu unendlichen Möglichkeiten zielführende Konfigurationen identifiziert sowie wesentliche Einflüsse und Wechselwirkungen aufgezeigt. Im nächsten Schritt gilt es, die Aussagen durch weitere Analysen zu schärfen. Dazu gehört z. B. die Auslegung der Kühlkreisläufe. Diese stellen sicher, dass die angenommene Kühlleistung auch an die Umgebung abgegeben werden kann. Das exakte Deratingverhalten der Komponenten kann schließlich erst mit detaillierten (und zeitaufwändigen) Simulationen, bei denen die Wechselwirkungen zwischen dem Antriebsstrang, den Kühlkreisläufen und der Umgebung bestimmt wird, ermittelt werden. Ähnliches gilt auch für die Kosten des Antriebsstrangs, die auf dieser Betrachtungsebene nur grob abgeschätzt werden können. Sie eignen sich daher besonders für vergleichende Betrachtungen unterschiedlicher Konfigurationen, die absoluten Werte sind dagegen eher als Indikator zu sehen. Erkenntnisse der Detailanalysen können anschließend in eine zweite Optimierungsschleife einfließen und die Ergebnisse so präzisiert werden.

9 Zusammenfassung und Ausblick

In der frühen Konzeptauslegung werden Antriebsstrangkonfigurationen gesucht, die an das Fahrzeug gestellte Anforderungen erfüllen und dabei die Entwicklungsziele optimieren. Die Vielzahl an Freiheitsgraden bei der Auslegung elektrifizierter und/oder hybridisierter Fahrzeugantriebe führt zu einer sehr großen Anzahl möglicher Konfigurationen, sodass die Ermittlung der geeignetsten Varianten rechnergestützte Methoden erfordert. Zu diesem Zweck wurde in dieser Arbeit eine simulationsgestützte Methodik zur Identifikation optimaler BEV, PHEV und FCEV Antriebsstrangkonfigurationen entwickelt. Durch die umfangreiche Analyse aller wesentlichen Einflüsse auf das Gesamtsystem Antriebsstrang und die Eingrenzung der Variantenvielfalt auf zielführende Konfigurationen kann mit Hilfe der Methodik die frühe Konzeptphase des Fahrzeugentwicklungsprozesses beschleunigt und zeitgleich die Ergebnisqualität verbessert werden.

Mit den Recherchen zum Stand der Technik der Antriebsstrangauslegung und -optimierung wurde das weite Themenspektrum innerhalb dieses Anwendungsgebiets aufgezeigt. Die dabei identifizierte Literatur reicht von einfachen Parameterstudien bezüglich sinnvoller E-Maschinenleistungen und Batterieenergieinhalten über Untersuchungen zu geeigneten Optimierungsalgorithmen und den Herausforderungen bezüglich der Berechnungsdauer von Simulationsmodellen bis hin zu Arbeiten, die sich mit der Betriebsstrategie hybrider Antriebsstränge auseinandersetzen. Die aus der Literatur aufgezeigten Arbeiten befassen sich stets mit einem Teil der genannten Aspekte und legen jeweils den Fokus auf ausgewählte Antriebsstränge. Weiterhin wurden auslegungsrelevante Einflüsse identifiziert, die in vorhanden Methoden bisher unberücksichtigt bleiben, wie z. B. die Spannungslage und das Deratingverhalten der elektrischen Komponenten. Aus den gewonnenen Erkenntnissen wurde der Handlungsbedarf abgeleitet, eine universell anwendbare Optimierungsmethodik für unterschiedliche elektrifizierte Antriebsarchitekturen zu entwickeln, die alle notwendigen Einflüsse und Wechselwirkungen miteinbezieht und bereits in der Literatur gewonnene Erkenntnisse nutzt.

Zur Beschreibung der Grundlagen elektrifizierter Antriebsstränge wurde zunächst auf grundlegende hybride Architekturen und anschließend auf die im Rahmen dieser Arbeit relevanten Komponenten sowie deren Steuerung und Koordination durch die Betriebsstrategie eingegangen.

Als Grundlage der Optimierungsmethodik wurde ein allgemeingültiger systematischer Ansatz entwickelt. Damit eine Anwendung auf konkrete Fragestellungen erfolgen kann, wurde anschließend das Anwendungsgebiet eingegrenzt, für das die jeweiligen Methoden und Simulationsmodelle erstellt werden sollen. Dieses umfasst diverse hybride Antriebsarchitekturen sowie die in der frühen Konzeptphase auslegungsrelevanten Kriterien und Randbedingungen und variablen Komponenten- und Systemparameter. Aus dem systematischen Ansatz resultierte schließlich ein fünf Schritte umfassende Methodik zur Lösung spezifischer Fragestellungen. Diese Schritte sind:

- Fahrzeugauswahl und Auslegungskriterien

- Komponentenbibliothek

- Bedarfskennfeld

- Optimierung

- Visualisierung der Ergebnisse

© Springer Fachmedien Wiesbaden GmbH, ein Teil von Springer Nature 2018
F. Weiß, *Optimale Konzeptauslegung elektrifizierter Fahrzeugantriebsstränge*,
AutoUni – Schriftenreihe 122, https://doi.org/10.1007/978-3-658-22097-6_9

Wesentliche Auslegungsziele sind der Kraftstoff- bzw. Energieverbrauch sowie Fahrleistungen des Antriebs bzw. des Gesamtfahrzeugs. Zur Ermittlung dieser und weiterer Größen wurde unter Berücksichtigung der notwendigen Genauigkeit und Rechengeschwindigkeit eine modulare Simulationsumgebung entwickelt. Diese ist in der Lage, alle betrachteten Architekturen abzubilden und sowohl Verbräuche als auch Fahrleistungen zu berechnen. Weiterhin wurden Skalierungsansätze erarbeitet, mit denen die Eigenschaften der Antriebsstrangkomponenten in Abhängigkeit der Dimensionierung bestimmt werden können. Abschließend wurde stichprobenartig die Eignung des quasi-statischen Rückwärtssimulation nachgewiesen. Dies erfolgte einerseits durch den Vergleich von Simulation und Messung des Kraftstoffverbrauchs eines Verbrennungsmotors sowie andererseits durch den Vergleich des Simulationsergebnisses eines BEVs mit einer detaillierten Referenz-Simulationsumgebung.

Die Simulation von Hybridfahrzeugen erfordert eine Betriebsstrategie, welche die Leistungsaufteilung zwischen den Komponenten und die Steuerung des Batterieladezustands koordiniert. Weil sie einen großen Einfluss auf den Energieverbrauch des Antriebs ausübt, ist sie von großer Bedeutung bei der Antriebsstrangoptimierung. Damit der Vergleich verschiedener Antriebsstrangkonfigurationen hinsichtlich des Verbrauchs objektiv und reproduzierbar erfolgt, wurde eine Betriebsstrategie umgesetzt, die das Energie- bzw. Kraftstoffeinsparpotenzial möglichst optimal nutzt. Durch einen regelbasierten Ansatz konnten die Anforderungen an Rechenzeit und automatisierte Applikation erfüllt werden. Die Überprüfung der Ergebnisgüte erfolgte durch den Vergleich mit einer durch Dynamic Programming ermittelten optimalen Betriebsstrategie und ergab lediglich geringfügige Abweichungen.

Zur Auswahl eines geeigneten Optimierungsalgorithmus wurde ein auf die Problemstellung zugeschnittenes Anforderungsprofil definiert. Es wurden drei Ansätze aus der Literatur identifiziert, die alle Anforderungen erfüllen. Aufgrund der Vorteile hinsichtlich Berechnungszeit und der besonderen Eignung für mehrkriterielle Optimierungen wurde mit dem NSGA-II eine Variante der Genetischen Algorithmen als zielführendes Verfahren ausgewählt. Mit einer Parameterstudie wurden für den betrachteten Anwendungsfall geeignete Einstellungen des Optimierungsalgorithmus ermittelt.

Die Validierung der erarbeiteten Optimierungsmethodik erfolgte in zwei Ebenen. In der ersten Ebene wurden die Simulationsmethoden für Fahrleistung und Verbrauch einzelner Antriebsstränge validiert. Dies erfolgte durch den Vergleich der Simulationsergebnisse mit den Katalogwerten zweier realer BEVs. Trotz Unsicherheiten bezüglich der Komponenteneigenschaften zeigten sich dabei nur sehr geringe Unterschiede, sodass davon ausgegangen wurde, dass alle für diese Betrachtung wesentlichen Einflüsse abgebildet werden. In der zweiten übergeordneten Ebene lag der Fokus auf der gesamten Antriebsstrangoptimierung. Dafür wurde die optimale Elektrifizierung verschiedener realer Vollhybride ermittelt. Die pareto-optimalen Ergebnisse mit einem guten Kosten-Nutzen-Verhältnis zeigten hohe Übereinstimmungen mit den tatsächlichen Komponentendimensionierungen dieser Serienfahrzeuge.

Im Anschluss an die Validierung wurden mit der Methodik exemplarisch zwei Problemstellungen bearbeitet. Im ersten Beispiel wurde der optimale Antriebsstrang eines leistungsstarken FCEV im D-Segment hinsichtlich des SOC-neutralen Wasserstoffverbrauchs und der Komponentenkosten ermittelt. Dabei zeigte sich ein großer Einfluss der unterschiedlichen Spannungslagen auf die Auslegung der Komponenten. Grundsätzlich stellte sich dabei ein einzelner batterieseitiger DC/DC-Wandler als optimal heraus, sofern die Spannungslage des Brennstoffzellensystems dies ermöglicht. Weiterhin ergab sich, dass die Peakleistung aufgrund der geringeren Kosten optimalerweise von der Traktionsbatterie bereitgestellt wird. Mit den betrachteten Zellen führte dies zu großen PHEV-typischen Batterieenergieinhalten. Mit diesem Anwendungsbeispiel wurde somit aufgezeigt, dass es unter bestimmten Randbedingungen aus Gesamtsystemsicht und zur Minimierung der Antriebsstrangkosten sinnvoll ist, ein FCEV als Plug-In Hybrid auszulegen.

Im zweiten Beispiel wird die Verwendung der Methodik an einem PHEV-Antriebsstrang mit Freiheitsgraden hinsichtlich der mechanischen und elektrischen Leistungsaufteilung demonstriert. Ein Fokus lag dabei auf den Auswirkungen von Anforderungen an die Reproduzierbarkeit von Fahrleistungen auf die Komponentendimensionierung. Zunächst wurde eine erste Optimierung ohne Berücksichtigung der Reproduzierbarkeit durchgeführt. Die Komponentendimensionierung der kostenoptimalen Konfiguration ergibt sich dabei im Wesentlichen aus den Mindestanforderungen an den Antrieb. Bei einer zweiten Optimierung wurde als zusätzliche Anforderung die Reproduzierbarkeit der Fahrleistung gefordert, um so im Vergleich zum Ergebnis der ersten Optimierung die kostenoptimalen Maßnahmen zur Gewährleistung dieser Anforderung zu ermitteln. Diese Maßnahmen ergaben die Anpassung nahezu aller Auslegungsparameter und führten zu Mehrkosten im Antriebsstrang von ca. 3 %.

Die vorgestellte Methodik bietet gegenüber der konventionellen Vorgehensweise der Antriebsstrangauslegung den Vorteil, mit Hilfe des automatisierten Optimierungsansatzes eine deutlich höhere Anzahl möglicher Varianten hinsichtlich ihrer Eigenschaften untersuchen und bewerten zu können. Dies erhöht die Wahrscheinlich deutlich, einen optimal auf die Anforderungen zugeschnittenen Antrieb zu identifizieren. Ein wesentlicher Mehrwert der Methodik gegenüber bestehender Methoden aus der Literatur besteht in der Allgemeingültigkeit und gleichzeitigen Detaillierungstiefe. Es wurde erstmalig eine hohe Variabilität der Antriebstrangarchitekturen mit der vorliegenden Simulationstiefe, einer automatisch applizierbaren und nahezu optimalen Betriebsstrategie sowie einem genetischen Optimierungsalgorithmus zu einer Gesamtmethodik kombiniert und diese anschließend anhand eines Ergebnisvergleichs mit Serienauslegungen validiert. In dieser Arbeit wurde außerdem erstmalig im Vergleich zu vorherigen Arbeiten der Einfluss der Spannungslage und des zeitlichen Komponentenverhaltens auf die optimale Antriebsstrangauslegung ermittelt. Dies ermöglicht die Berücksichtigung aller in der frühen Konzeptphase bewertbaren Systemwechselwirkungen des Antriebsstrangs bereits in der ersten Auslegungsschleife. Dadurch können aufwändige Iterationen im weiteren Verlauf der detaillierten Komponentenauslegung vermieden und die Ergebnisqualität erhöht werden.

Die Methodik wurde mit dem Ziel einer möglichst flexiblen Erweiterbarkeit entworfen. Als Ausblick für eine zukünftige Weiterentwicklung ist daher das Hinzufügen weiterer Antriebsstrangarchitekturen, Komponentenmodelle, Zielgrößen und Auslegungsparameter zu nennen. In Bezug auf die Komponentenmodelle sind z. B. Schwungradspeicher oder neuartige Getriebestrukturen denkbar. Sinnvoll wäre die Anwendung der Methodik außerdem bei leistungsverzweigten Architekturen oder mit vollständig neuartigen stärker elektrifizierten Hybridgetrieben, die sich noch im Forschungsstadium befinden und aus denen sich ebenfalls neuartige Antriebsstrangarchitekturen ergeben. Die Optimierung von Antriebssträngen mit neuartigen Getriebestrukturen hätte zum Vorteil, dass schon frühzeitig deren Potenziale im Gesamtsystemverbund aufgezeigt werden könnten. Eine Herausforderung stellt jedoch stets die Notwendigkeit einer automatisch applizierbaren Betriebsstrategie dar. Bei der Antriebsstrangsimulation wurden insbesondere zur notwendigen Minimierung der Berechnungsdauer Vereinfachungen vorgenommen bzw. Annahmen getroffen. Dazu gehört, dass auf Fahrer- und Komponentensteuergerätemodelle verzichtet wird und hochdynamische Vorgänge vernachlässigt werden. Die Modellierung des Derating-verhaltens von E-Maschine und Traktionsbatterie erfolgt mit einem vereinfachten thermischen Modell ohne detaillierte Betrachtung von Kühlkreisläufen und Umgebung. In einem nächsten Schritt könnten diese Modelle erweitert und detailliert werden. Von Interesse wäre außeredem der thermische Einfluss auf die Komponentenalterung, die wiederum bei der Optimierung berücksichtigt werden könnte. Die Skalierung der Antriebsstrangkomponenten erfolgt weitesgehend anhand von Wachstumsgesetzten. Eine Weiterentwicklung könnte darin bestehen, dass die Skalierung durch weitere, der eigentlichen Optimierungsmethodik vorgelagerte Prozesse, detailliert wird. Für eine zielgerichtete Anwendung der Methodik ist außerdem ein Transfer in weitere Phasen des Entwicklungsprozesses denkbar. So könnte nach einer ersten Auslegungs- und Optimierungs-schleife eine Detailauslegung der Komponenten erfolgen und die dabei gewonnenen Erkenntnisse in eine weitere Optimierung einfließen. Dadurch könnte die Ergebnisqualität nochmals verbessert und detailliertere Komponenteneigenschaften miteinbezogen werden.

Literaturverzeichnis

[1] Altman, Y. M. *Accelerating MATLAB Performance: 1001 tips to speed up MATLAB programs*. Taylor & Francis, 2014.

[2] Arendt, M. "Regelungstechnische Optimierung der Steuerung Eines Brennstoffzellensystems Im Dynamischen Betrieb". Dissertation. Bochum: Ruhr-Universität Bochum, 2012.

[3] Argonne National Laboratory. *PSAT (Powertrain Systems Analysis Toolkit)*. URL: http://www.transportation.anl.gov/modeling_simulation/PSAT/ (besucht am 05.11.2015).

[4] Balazs, A. et al. "Optimierte Auslegung von Hybridantriebssträngen unter realen Fahrbedingungen". In: *ATZ - Automobiltechnische Zeitschrift* 2012-06 (2012).

[5] Bangeman, C. "Ist der Hybrid sparsamer als der Diesel?" In: *auto motor und sport* 14/2010 (2010).

[6] Banvait, H. et al. "A rule-based energy management strategy for Plug-in Hybrid Electric Vehicle (PHEV)". In: *American Control Conference*. 2009, S. 3938–3943.

[7] Basshuysen, R. van und Schäfer, F. *Handbuch Verbrennungsmotor: Grundlagen, Komponenten, Systeme, Perspektiven*. ATZ-MTZ Fachbuch. Vieweg + Teubner, 2010.

[8] Bellman, R. *Dynamic Programming*. Princeton, NJ und USA: Princeton University Press, 1957.

[9] Berger, O. "Thermodynamische Analyse eines Brennstoffzellensystems zum Antrieb von Kraftfahrzeugen". Dissertation. Universität Duisburg-Essen, Fakultät für Ingenieurwissenschaften, 2009.

[10] Bertsche, B. et al. *Fahrzeuggetriebe: Grundlagen, Auswahl, Auslegung Und Konstruktion*. Springer, 2007.

[11] Blankenbach, B. und Munteanu, A. "E-Maschinentechnologien für Hybrid- und Elektrofahrzeuge im Spannungsfeld von 48 V bis über 600 V". In: *Der Antrieb von morgen, 10. MTZ-Fachtagung*. 2015.

[12] BMW. *Der BMW i3. BMW Medieninformation 07/2013*. 2013.

[13] Board on Energy and Environmental Systems et al. *Transitions to Alternative Vehicles and Fuels*. Washington, D.C.: National Academies Press, 2013.

[14] Böckh, P. und Wetzel, T. *Wärmeübertragung: Grundlagen und Praxis*. 5. Aufl. Berlin: Springer Vieweg, 2014.

[15] Döhle, J. und Stiebels, B. "Der neue Touareg Hybrid". In: *ATZextra* 12/2009 (2009), S. 30–35.

[16] Braess, H.-H. und Seiffert, U. *Vieweg Handbuch Kraftfahrzeugtechnik*. 6. Aufl. Wiesbaden: Vieweg+Teubner Verlag, 2012.

[17] Brokate, J. et al. *Der PKW-Markt bis 2040: Was das Auto von morgen antreibt: Szenario-Analyse im Auftrag des Mineralölwirtschaftsverbandes*. 2013.

© Springer Fachmedien Wiesbaden GmbH, ein Teil von Springer Nature 2018
F. Weiß, *Optimale Konzeptauslegung elektrifizierter Fahrzeugantriebsstränge*,
AutoUni – Schriftenreihe 122, https://doi.org/10.1007/978-3-658-22097-6

[18]   Buecherl, D. et al. "Verification of the optimum hybridization factor as design parameter of hybrid electric vehicles". In: *IEEE : Vehicle Power and Propulsion Conference, 2009. VPPC '09.* 2009, S. 847–851.

[19]   Cambridge Economics und Ricardo-AEA. *An economic assessment of low carbon vehicles.* 2013.

[20]   Canzler, W. et al. *Die neue Verkehrswelt: Mobilität im Zeichen des Überflusses: schlau organisiert, effizient, bequem und nachhaltig unterwegs: Eine Grundlagenstudie im Auftrag des BEE e.V.* Ponte Press, 2015.

[21]   Caratozzolo, P. et al. "Energy management strategies for hybrid electric vehicles". In: *Electric Machines and Drives Conference.* Bd. 1. 2003, S. 241–248.

[22]   Chiong, R. *Nature-Inspired Algorithms for Optimisation.* Studies in Computational Intelligence. Springer, 2009.

[23]   Coello, C. A. "An updated survey of GA-based multiobjective optimization techniques". In: *ACM Computing Surveys* 32.2 (2000), S. 109–143.

[24]   Commission, E. *COMMISSION IMPLEMENTING REGULATION (EU) setting out a methodology for determining the correlation parameters necessary for reflecting the change in the regulatory test procedure and amending Regulation (EU) No 1014/2010 (DRAFT).* 2016.

[25]   Cooper, H. M. "Organizing knowledge syntheses: A taxonomy of literature reviews". In: *Knowledge in Society* 1.1 (1988), S. 104–126.

[26]   Corbo, P. et al. *Hydrogen Fuel Cells for Road Vehicles.* Green energy and technology. Springer, 2011.

[27]   Czapnik, B. "Methodik zur Synthese, Analyse und Bewertung von Antriebskonzepten". Dissertation. Technische Universität Braunschweig, Institut für Fahrzeugtechnik. Shaker Verlag, 2013.

[28]   De Backer, J. und Yaguchi, H. "The new Toyota Prius hybrid system". In: *7th Braunschweig Symposium Hybrid Vehicles, Electric Vehicles and Energy Management.* 2010.

[29]   Deb, K. *Multi-Objective Optimization Using Evolutionary Algorithms.* Wiley Interscience Series in Systems and Optimization. Wiley, 2001.

[30]   Deb, K. et al. "A fast and elitist multiobjective genetic algorithm: NSGA-II". In: *Evolutionary Computation, IEEE Transactions on* 6.2 (2002), S. 182–197.

[31]   Desai, C. und Williamson, S. S. "Particle swarm optimization for efficient selection of hybrid electric vehicle design parameters". In: *IEEE : Energy Conversion Congress and Exposition (ECCE).* 2010, S. 1623–1628.

[32]   Desai, C. und Williamson, S. "Comparative study of hybrid electric vehicle control strategies for improved drivetrain efficiency analysis". In: *2009 IEEE Electrical Power & Energy Conference (EPEC)* (2009), S. 1–6.

[33]   Desai, C. et al. "Optimal drivetrain component sizing for a Plug-in Hybrid Electric transit bus using Multi-Objective Genetic Algorithm". In: *Electric Power and Energy Conference (EPEC).* 2010, S. 1–5.

[34] Dubbel, H. et al. *Taschenbuch für den Maschinenbau*. 23. Aufl. Berlin und Heidelberg: Springer-Verlag, 2011.

[35] Ebbesen, S. et al. "Particle swarm optimization for hybrid electric drive-train sizing". In: *Int. J. of Veh. Des.* 58 (2012), S. 181–199.

[36] Eckardt, B. "Gleichspannungswandler hoher Leistungsdichte im Antriebsstrang von Kraftfahrzeugen". Dissertation. Technische Universität Erlangen Nürnberg. Shaker Verlag, 2010.

[37] Eghtessad, M. "Optimale Antriebsstrangkonfigurationen für Elektrofahrzeuge". Dissertation. Technische Universität Braunschweig. Shaker Verlag, 2014.

[38] Eichlseder, H. und Klell, M. *Wasserstoff in der Fahrzeugtechnik: Erzeugung, Speicherung, Anwendung*. 3. Aufl. Aus dem Programm Kraftfahrzeugtechnik. Wiesbaden: Springer Vieweg, 2012.

[39] Ernst, C.-S. und Harter, C. *CO2-Emissionsreduktion bei Pkw und leichten Nutzfahrzeugen nach 2020*. Aachen, 2014.

[40] Eshelman, L. J. und Schaffer, J. D. "Real–Coded Genetic Algorithms and Interval-Schemata". In: *Foundation of Genetic Algorithms 2*. Hrsg. von Morgan Kaufmann. San Mateo, 1993, S. 187–202.

[41] EUROPÄISCHE UNION / EUROPÄISCHE KOMMISSION. *Verordnung (EG) Nr. 443/2009 des Europäischen Parlaments und des Rates Europäische Union*. 2009.

[42] Fadel, A. und Zhou, B. "An experimental and analytical comparison study of power management methodologies of fuel cell–battery hybrid vehicles". In: *Journal of Power Sources* 196.6 (2011), S. 3271–3279.

[43] Falk, A. und Volker, W. "DC/DC-Wandler: Schnittstelle zwischen Batterie und Antrieb". In: *Hybridfahrzeuge*. Hrsg. von Voß, B. Bd. 52. Haus der Technik Fachbuch. Expert-Verlag, 2005, S. 78–87.

[44] Fan, B. S.-M. "Multidisciplinary Optimization of Hybrid Electric Vehicles: Component Sizing and Power Management Logic". Dissertation. University of Waterloo, Canada, 2011.

[45] Fellini, R. et al. "Optimal design of automotive hybrid powertrain systems". In: *EcoDesign '99: First International Symposium On: Environmentally Conscious Design and Inverse Manufacturing*. 1999, S. 400–405.

[46] Feroldi, D. et al. "Energy Management Strategies based on efficiency map for Fuel Cell Hybrid Vehicles". In: *Journal of Power Sources* 190.2 (2009), S. 387–401.

[47] Fink, H. und Fetzer, J. "2. Generation Li-Ionen-Batteriesysteme – Techniktrends und KPIs". In: *10. MTZ Fachtagung, Der Antrieb von morgen*. 2015.

[48] Finken, T. "Fahrzyklusgerechte Auslegung von permanentmagneterregten Synchronmaschinen für Hybrid- und Elektrofahrzeuge". Dissertation. RWTH Aachen. Shaker Verlag, 2011.

[49] Fischer, R. et al. "Getriebe mit sieben Betriebsmodi für Plug-in-Hybridkonzepte". In: *MTZ - Motortechnische Zeitschrift* 75.12 (2014), S. 26–33.

[50] Fischer, R. et al. *Das Getriebebuch*. Der Fahrzeugantrieb. Springer, 2012.

[51]   Fröberg, A. "Efficient Simulation and Optimal Control for Vehicle Propulsion". Dissertation. Universität Linköping, Department of Electrical Engineering, Schweden, 2008.

[52]   Gao, W. und Mi, C. "Hybrid vehicle design using global optimisation algorithms". In: *Int. J. of Electric and Hybrid Vehicles* 1.1 (2007), S. 57–70.

[53]   Garcia, O. "DC/DC-Wandler für die Leistungsverteilung in einem Elektrofahrzeug mit Brennstoffzellen und Superkondensatoren". Dissertation. ETH Zürich, 2002.

[54]   Geller, W. *Thermodynamik für Maschinenbauer: Grundlagen für die Praxis*. 5. Aufl. Springer-Lehrbuch. Berlin: Springer Vieweg, 2015.

[55]   Gerling, D. "Elektrische Maschinen und Antriebe: Vorlesung". Lehrstuhl für Elektrische Antriebstechnik und Aktorik. Universität der Bundeswehr München, 2014.

[56]   Golbuff, S. *Design Optimization of a Plug-In Hybrid Electric Vehicle*. SAE Technical Paper Series. SAE International, 2007.

[57]   Golloch, R. *Downsizing Bei Verbrennungsmotoren: Ein Wirkungsvolles Konzept Zur Kraftstoffverbrauchssenkung*. VDI-Buch. Physica-Verlag, 2005.

[58]   Guzzella, L. und Sciarretta, A. *Vehicle Propulsion Systems: Introduction to Modeling and Optimization*. Springer-Verlag, 2012.

[59]   Hacker, F. et al. *Konventionelle und alternative Fahrzeugtechnologien bei Pkw und schweren Nutzfahrzeugen - Potenziale zur Minderung des Energieverbrauchs bis 2050: Öko-Institut Working Paper 3 / 2014*. 2014.

[60]   Hadler, J. et al. "Golf Blue-e-Motion - Der elektrische Volkswagen". In: *33. Internationales Wiener Motorensymposium*. Bd. 1. VDI-Verlag, 2012, S. 146–165.

[61]   Hammadi, M. et al. "Multidisciplinary approach for modelling and optimization of Road Electric Vehicles in conceptual design level". In: *Electrical Systems for Aircraft, Railway and Ship Propulsion (ESARS)*. 2012, S. 1–6.

[62]   Han, J. et al. "Optimal design of hybrid fuel cell vehicles". In: *Proceedings of the 4th International Conference on Fuel Cell Science, Engineering, and Technology*. 2006, S. 273–282.

[63]   Hasanzadeh, A. et al. "Optimum Design of Series Hybrid Electric Buses by Genetic Algorithm". In: *Proceedings of the IEEE International Symposium on: Industrial Electronics*. Bd. 4. 2005, S. 1465–1470.

[64]   Hegazy, O. und Mierlo, J. van. "Particle Swarm Optimization for optimal powertrain component sizing and design of fuel cell hybrid electric vehicle". In: *12th International Conference on: Optimization of Electrical and Electronic Equipment (OPTIM)*. 2010, S. 601–609.

[65]   Heistermann, J. *Genetische Algorithmen: Theorie und Praxis evolutionärer Optimierung*. Bd. 9. Teubner-Textte zur Informatik. Wiesbaden: Vieweg+Teubner Verlag, 1994.

[66]   Higuchi, N. und Shimada, H. "Efficiency enhancement of a new two-motor hybrid system". In: *Electric Vehicle Symposium and Exhibition (EVS27)*. 2013, S. 1–11.

[67]   Hofmann, P. *Hybridfahrzeuge*. Wien und New York: Springer, 2010.

[68]   Holland, J. H. "Outline for a Logical Theory of Adaptive Systems". In: *J. ACM* 9.3 (1962), S. 297–314.

[69] Hughes, A. *Electric Motors and Drives: Fundamentals, Types and Applications*. Elsevier Science, 2005.

[70] Huß, M. et al. *Scaling Functions for the Simulation of Different SI-Engine Concepts in Conventional and Electrified Power Trains*. Stuttgart, 2011.

[71] Jager, B. de et al. *Optimal Control of Hybrid Vehicles*. Advances in Industrial Control. Springer, 2013.

[72] Jain, M. et al. "Genetic algorithm based optimal powertrain component sizing and control strategy design for a fuel cell hybrid electric bus". In: *Vehicle Power and Propulsion Conference, 2009. VPPC '09. IEEE*. 2009, S. 980–985.

[73] Jianping Gao et al. "A Comparative Study of Supervisory Control Strategies for a Series Hybrid Electric Vehicle". In: *Power and Energy Engineering Conference*. 2009, S. 1–7.

[74] Jörg, A. "Optimale Auslegung und Betriebsführung von Hybridfahrzeugen". Dissertation. Technische Universität München, Lehrstuhl für Elektrische Antriebssysteme, 2009.

[75] Kampker, A. et al. *Elektromobilität: Grundlagen einer Zukunftstechnologie*. Berlin und Heidelberg: Springer, 2013.

[76] Kim, M.-J. und Peng, H. "Power management and design optimization of fuel cell/ battery hybrid vehicles". In: *Selected papers from the International Batterie association & Hawaii Battery Conference 2006 Waikoloa, Hawaii, USA 9-12 January 2006*. Bd. 165. 2. 2007, S. 819–832.

[77] Kim, N. et al. "Optimal Control of Hybrid Electric Vehicles Based on Pontryagin's Minimum Principle". In: *IEEE Transactions on Control Systems Technology* 19.5 (2011), S. 1279–1287.

[78] Kirchner, E. *Leistungsübertragung in Fahrzeuggetrieben: Grundlagen der Auslegung, Entwicklung und Validierung von Fahrzeuggetrieben und deren Komponenten*. Springer-Verlag, 2007.

[79] Kisacikoglu, M. C. et al. "Load sharing using fuzzy logic control in a fuel cell/ ultra-capacitor hybrid vehicle". In: *International Journal of Hydrogen Energy* 34.3 (2009), S. 1497–1507.

[80] Klein, R. *So fährt der Optima Hybrid. Kia Optima Hybrid: Fahrbericht*. 2012. URL: http : / / www . autobild . de / artikel / kia - optima - hybrid - fahrbericht - 3674200.html (besucht am 04. 11. 2015).

[81] Koziel, S. und Yang, X.-S. *Computational Optimization, Methods and Algorithms*. Bd. 356. Studies in Computational Intelligence. Berlin und Heidelberg: Springer-Verlag, 2011.

[82] Küçükay, F. "Grundlagen der Fahrzeugkonstruktion: Vorlesungsmanuskript". TU Braunschweig, 2010.

[83] Kurzweil, P. *Brennstoffzellentechnik: Grundlagen, Komponenten, Systeme, Anwendungen*. Springer-Verlag, 2013.

[84] Kutter, S. und Bäker, B. "An iterative algorithm for the global optimal predictive control of hybrid electric vehicles". In: *IEEE : Vehicle Power and Propulsion Conference (VPPC)*. 2011, S. 1–6.

[85] Larminie, J. und Dicks, A. *Fuel Cell Systems Explained*. J. Wiley, 2003.

[86] Laux, H. et al. *Entscheidungstheorie*. 9. vollst. überarb. Aufl. Springer-Lehrbuch. Berlin: Springer-Verlag, 2014.

[87] Le Berr, F. et al. *Sensitivity Study on the Design Methodology of an Electric Vehicle*. SAE International, 2012.

[88] Lunze, J. *Automatisierungstechnik: Methoden für die Überwachung und Steuerung kontinuierlicher und ereignisdiskreter Systeme*. Oldenbourg Wissenschaftsverlag, 2012.

[89] März, M. *Leistungselektronik für e-Fahrzeuge: Konzepte und Herausforderungen*. Erlangen, 8.-12. März 2010.

[90] Merker, G. P. et al. *Grundlagen Verbrennungsmotoren: Funktionsweise, Simulation, Messtechnik*. 6. Aufl. ATZ / MTZ-Fachbuch. Wiesbaden: Vieweg+ Teubner, 2012.

[91] Merwerth, J. *The hybrid-synchronous machine of the new BMW i3 & i8: Challenges with electric traction drives for vehicles. Workshop University Lund*. 2014.

[92] Mitchell, M. *An Introduction to Genetic Algorithms*. Bradford Books, 1998.

[93] Moses, S. "Optimierungsstrategien für die Auslegung und Bewertung energieoptimaler Fahrzeugkonzepte". Diss. Techn. Univ. Berlin, 2014.

[94] Müller, G. et al. *Berechnung elektrischer Maschinen*. Wiley-VCH, 2008.

[95] Neusser, H.-J. et al. "Der Antriebsstrang des Jetta Hybrid von Volkswagen". In: *MTZ - Motortechnische Zeitschrift* 74.1 (2013), S. 10–19.

[96] Paganelli, G. et al. "Equivalent consumption minimization strategy for parallel hybrid powertrains". In: *IEEE 55th: Vehicular Technology Conference*. Bd. 4. 2002, S. 2076–2081.

[97] Pahl, G. et al. *Pahl/Beitz Konstruktionslehre: Grundlagen erfolgreicher Produktentwicklung. Methoden und Anwendung*. 5. Aufl. Berlin und Heidelberg: Springer-Verlag, 2003.

[98] Papageorgiou, M. *Optimierung: Statische, Dynamische, Stochastische Verfahren*. Springer London, Limited, 2012.

[99] Pardalos, P. M. et al. *Handbook of Global Optimization*. Springer, 2002.

[100] Patil, R. et al. "Design Optimization of a Series Plug-in Hybrid Electric Vehicle for Real-World Driving Conditions". In: *SAE Int. J. Engines* 3.1 (2010), S. 655–665.

[101] Phillip, K. et al. "Der elektrifizierte Antriebsstrang des Volkswagen Golf Plug-In Hybrid". In: *Tagungsband 34. Internationales Wiener Motorensymposium*. 2013.

[102] Pischinger, S. und Seibel, J. "Optimierte Auslegung von Ottomotoren in Hybrid-Antriebssträngen". In: *ATZ - Automobiltechnische Zeitschrift* 2007-08 (2007).

[103] Pudenz, K. *Golf elektrifiziert: Reichweite bis zu 190 km, LED-Scheinwerfer serienmäßig*. 2013.

[104] Puls, T. *CO2-Regulierung für Pkws: Fragen und Antworten zu den europäischen Grenzwerten für Fahrzeughersteller*. Köln, 2013.

[105] Quagliarella, D. *Genetic algorithms and evolution strategy in engineering and computer science: Recent advances and industrial applications*. Chichester: Wiley, 1998.

[106]   Rabe, M. et al. *Verifikation und Validierung für die Simulation in Produktion und Logistik: Vorgehensmodelle und Techniken*. VDI-Buch. Springer Berlin Heidelberg, 2008. URL: https://books.google.de/books?id=3JFV_V5FZ1YC.

[107]   Randolph, J. J. "A Guide to Writing the Dissertation Literature Review". In: *Practical Assessment, Research & Evaluation*. Bd. 14. 13. 2009.

[108]   Reichert, K. *Elektrische Antriebe energie-optimal auslegen und betreiben*. Impulsprogramm RAVEL. Bundesamt für Konjunkturfragen, 1993.

[109]   Reif, K. *Konventioneller Antriebsstrang und Hybridantriebe: mit Brennstoffzellen und alternativen Kraftstoffen*. Vieweg+Teubner Verlag, 2010.

[110]   Reif, K. und Noreikat, K. E. *Kraftfahrzeug-Hybridantriebe: Grundlagen, Komponenten, Systeme, Anwendungen*. ATZ/MTZ-Fachbuch. Vieweg Verlag, Friedr, & Sohn Verlagsgesellschaft mbH, 2012.

[111]   Ribau, J. P. et al. "Plug-in hybrid vehicle powertrain design optimization: energy consumption and cost ." In: *FISITA-Paper; FISITA World Automotive Congress*. 2012.

[112]   Rinza, P. und Schmitz, H. *Nutzwert-Kosten-Analyse: Eine Entscheidungshilfe*. Betriebswirtschaft und Betriebspraxis. Berlin und Heidelberg: Springer-Verlag, 1992.

[113]   Roy, H. K. et al. "A Generalized Powertrain Design Optimization Methodology to Reduce Fuel Economy Variability in Hybrid Electric Vehicles". In: *IEEE Transactions on Vehicular Technology* 99 (2013), S. 1.

[114]   Salmasi, F. "Control Strategies for Hybrid Electric Vehicles: Evolution, Classification, Comparison, and Future Trends". In: *IEEE Transactions on Vehicular Technology* 56.5 (2007), S. 2393–2404.

[115]   Sarioglu, L. "Conceptual Design of Fuel-Cell Vehicle Powertrains". Dissertation. Technische Universität Braunschweig, 2013.

[116]   Schlegel, C. et al. "Detailed Loss Modelling of Vehicle Gearboxes". In: *Proceedings of the 7th International Modelica Conference*. 2009.

[117]   Schouten, N. J. et al. "Fuzzy logic control for parallel hybrid vehicles: Control Systems Technology, IEEE Transactions on". In: *Control Systems Technology, IEEE Transactions on* 10.3 (2002), S. 460–468.

[118]   Schröder, D. *Leistungselektronische Schaltungen: Funktion, Auslegung und Anwendung*. Springer-Lehrbuch. Springer Berlin Heidelberg, 2012.

[119]   Schröder, D. *Elektrische Antriebe — Grundlagen*. Berlin und Heidelberg: Springer-Verlag, 2007.

[120]   Sciarretta, A. et al. "Optimal control of parallel hybrid electric vehicles". In: *IEEE Transactions on Control Systems Technology* 12.3 (2004), S. 352–363.

[121]   Seber, G. A. F. und Wild, C. J. *Nonlinear Regression*. Wiley Series in Probability and Statistics. Wiley, 2003.

[122]   Siebertz, K. et al. *Statistische Versuchsplanung*. VDI-Buch. Springer, 2010.

[123]   Sinoquet, D. et al. "Design optimization and optimal control for hybrid vehicles". In: *Optimization and Engineering* 12.1-2 (2011), S. 199–213.

[124]   Skolaut, W. *Maschinenbau: Ein Lehrbuch für das ganze Bachelor-Studium*. Berlin: Springer Vieweg, 2014.

[125]   Sorrentino, M. et al. "Analysis of a rule-based control strategy for on-board energy management of series hybrid vehicles". In: *Control Engineering Practice* 19.12 (2011), S. 1433–1441.

[126]   Spring, E. *Elektrische Maschinen: Eine Einführung*. Berlin und Heidelberg: Springer-Verlag, 2009.

[127]   Stoffregen, J. *Motorradtechnik: Grundlagen Und Konzepte Von Motor, Antrieb Und Fahrwerk*. ATZ/MTZ-Fachbuch. Vieweg+Teubner Verlag, 2012.

[128]   Sundström, Ö. et al. "On Implementation of Dynamic Programming for Optimal Control Problems with Final State Constraints". In: *Oil & Gas Science and Technology – Rev. IFP* 65 (2010), S. 91–102.

[129]   Teslamotors. *Supercharger*. 2015. URL: http://www.teslamotors.com/de_DE/supercharger (besucht am 19.08.2015).

[130]   TNO et al. *Support for the revision of Regulation (EC) No 43/2009 on CO2 emissions from cars: Final report*. 2011.

[131]   Toyota. *The Toyota Fuel Cell Vehicle*. 2015. URL: http://www.toyota.com/mirai/fcv.html (besucht am 28.05.2015).

[132]   Unbehauen, H. *Regelungstechnik. 1. Klassische Verfahren zur Analyse und Synthese linearer kontinuierlicher Regelsysteme, Fuzzy-Regelsysteme*. Regelungstechnik. Vieweg + Teubner, 2005.

[133]   United Nations Economic Comission for Europe. *UN Vehicle Regulations - 1958 Agreement; Regulation No. 101 - Rev.3: UNECE R101*. URL: http://www.unece.org/trans/main/wp29/wp29regs101-120.html (besucht am 07.12.2015).

[134]   United States Code of Federal Regulations. *Title 40: Protection of Environment, Part 86: Control of emissions from new and in-use highway vehicles and engines: 40 C.F.R. 86 Appendix I*.

[135]   VDI. *Technisch-wirtschaftliches Konstruieren. VDI Richtlinie 2225*. Düsseldorf, 1997.

[136]   Volkswagen AG. *Der e-Golf: Technik und Preise. Gültig für das Modelljahr 2017*. 2016. URL: http://www.volkswagen.de/de/models/golf_7/brochure/catalogue.html (besucht am 10.05.2016).

[137]   Vukosavić, S. N. *Electrical machines*. Power Electronics and Power Systems. New York: Springer-Verlag, 2013.

[138]   Weise, T. *Global Optimization Algorithms - Theory and Application*. Deutschland: it-weise.de (self-published), 2009. URL: http://www.it-weise.de/projects/book.pdf (besucht am 15.11.2015).

[139]   Wintrich, A. et al. *Applikationshandbuch Leistungshalbleiter*. ISLE, 2010.

[140]   Wipke, K. B. et al. "ADVISOR 2.1: a user-friendly advanced powertrain simulation using a combined backward/forward approach". In: *IEEE Transactions on Vehicular Technology* 48.6 (1999), S. 1751–1761.

[141] Wirasingha, S. und Emadi, A. "Classification and Review of Control Strategies for Plug-In Hybrid Electric Vehicles". In: *IEEE Transactions on Vehicular Technology* 60.1 (2011), S. 111–122.

[142] Wolpert, D. H. und Macready, W. G. "No free lunch theorems for optimization". In: *IEEE Transactions on Evolutionary Computation* 1.1 (1997), S. 67–82.

[143] Wyler, M. "Diesel-Elektro-Range: Range Rover Hybrid". In: *automobil revue* 49 (2013).

[144] Zach, F. *Leistungselektronik: Ein Handbuch Band 1*. Springer Vienna, 2010.

[145] Zangemeister, C. *Nutzwertanalyse in der Systemtechnik*. 5. Aufl. Norderstedt und Berlin: Books on Demand, 2014.

[146] Zhou, L. et al. "Development of Hybrid Powertrain Controller for a PSHEV". In: *Vehicular Electronics and Safety*. 2006, S. 222–227.

[147] Zillmer, M. et al. "Der Elektroantrieb des Volkswagen e-up! Ein Schritt zur modularen Elektrifizierung des Antriebsstrangs". In: *Tagungsband 34. Internationales Wiener Motorensymposium*. 2013.

[148] Zitzler, E. und Thiele, L. "Multiobjective Optimization Using Evolutionary Algorithms - A Comparative Case Study". In: *Proceedings of the 5th International Conference on Parallel Problem Solving from Nature*. Springer-Verlag, 1998, S. 292–304.

[149] Zoelch, U. *Ein Beitrag zu optimaler Auslegung und Betrieb von Hybridfahrzeugen*. Berichte aus der Fahrzeugtechnik. Shaker, 1998.

A Systematische Literaturrecherche

Im Rahmen einer technischen Dissertation sind insbesondere die Identifikation von vorhanden Methoden, die Suche nach Forschungslücken und die daraus resultierende Abgrenzung der Problemstellung von Bedeutung. Im Folgenden wird die Vorgehensweise der Literaturrecherche dokumentiert, um transparent aufzuzeigen, nach welchen Kriterien die Literatur gesucht und eine Auswahl getroffen wird. Dabei wird eine strukturierte Vorgehensweise nach wissenschaftlichem Standard angewandt. Sie orientiert sich an dem Artikel „A Guide to Writing the Dissertation Literatur Review" [107].

Nach *Cooper's Taxonomy of Literature Reviews* [25] wird eine Literaturrecherche hinsichtlich fünf verschiedener Charakteristika klassifiziert: Fokus, Ziel, Perspektive, Abdeckung, Gliederung und Zielgruppe.

Für die Literaturrecherche wird folgende Einteilung vorgenommen:

Fokus: Forschungsmethoden, Anwendung

Der Fokus liegt auf Literatur, die sich mit der Methodik zur Identifikation optimaler Komponenteneigenschaften elektrifizierter Fahrzeugantriebe beschäftigt und wie die jeweilige Methodik auf verschiedene Beispiele angewendet wird. Die Forschungsergebnisse, in diesem Kontext z. B. identifizierte optimale Fahrzeugkonfigurationen, sind von untergeordneter Bedeutung.

Ziel: Einordnung, kritische Analyse, Aufdecken von Grenzen und Forschungslücken

Das Ziel ist die kritische Analyse der vorhandenen Literatur zum Themenfeld der Dissertation und die anschließende Ableitung einer Forschungsfrage durch das Aufdecken von Grenzen und Lücken innerhalb des Themengebiets. Außerdem soll die Dissertation innerhalb der Forschungslandschaft eingeordnet werden.

Perspektive: Neutrale Position

Als Perspektive wird eine neutrale, unvoreingenommene, aber technisch kritische Position eingenommen. Es wird somit nicht untersucht, ob die Autoren möglicherweise voreingenommen waren und dadurch die Forschungsergebnisse beeinflusst werden.

Abdeckung: Repräsentative Auswahl

Ein wichtiges Kriterium der Literaturrecherche ist deren Abdeckung. Elektronische Hilfsmittel ermöglichen zwar eine schnelle und umfangreiche weltweite Suche, jedoch ist die Anzahl der Treffer oft nicht mehr handhabbar, sodass eine vollständige Recherche in der Praxis kaum durchführbar ist. Aus diesem Grund wird hier eine repräsentative Auswahl an Artikeln betrachtet, die jedoch ausreicht, den Stand der Technik umfassend zu dokumentieren und zu bewerten.

Gliederung: Konzeptionell

Die Ergebnisse der Literaturrecherche werden konzeptionell gegliedert. Dabei wird die Literatur z. B. entsprechend der angewandten Methoden zusammengefasst.

© Springer Fachmedien Wiesbaden GmbH, ein Teil von Springer Nature 2018
F. Weiß, *Optimale Konzeptauslegung elektrifizierter Fahrzeugantriebsstränge*,
AutoUni – Schriftenreihe 122, https://doi.org/10.1007/978-3-658-22097-6

Zielgruppe: Betreuender Professor, Gutachter, Betreuer, Fachexperten

Die Zielgruppe der Dissertation umfasst in erster Linie den betreuenden Professor, weitere Gutachter sowie die Betreuer von Unternehmensseite. Weiterhin ist die Dissertation an die Fachexperten des Themengebiets adressiert. Daraus ergibt sich, dass die Sprache den wissenschaftlichen Standards entsprechen soll und dass die fachspezifischen Fremdwörter ohne weitere Erklärung verwendet sowie technische Grundlagen vorausgesetzt werden können.

Problemdefinition

In der Problemdefinition wird formuliert, welche Fragen das Literaturreview beantworten soll und nach welchen expliziten Kriterien entschieden wird, ob ein Text aufgenommen wird [107].

Recherchefragestellungen

- Gibt es dokumentierte Methoden, optimale Komponentenparameter für elektrifizierte Fahrzeugantriebe zu identifizieren?
  - Wie wurde dabei vorgegangen?
  - Welcher Detaillierungsgrad wurde verwendet bzw. erreicht?
  - Welche Antriebsstrangtopologie(n) wurde(n) betrachtet?
  - Wie sind die Ergebnisse zu bewerten? (Praxisnähe/Algorithmen)
- Welche Genauigkeit und Grenzen hat die Methode?

Kriterien

Veröffentlichungen werden aufgenommen, wenn sie alle der folgenden Kriterien erfüllen:

- Betrachtung mindestens eines der folgenden elektrifizierten Antriebe: Elektrofahrzeug, Hybridfahrzeug (hier: mit einem Verbrennungs- und mindestens einem Elektromotor, sowohl HEV als auch PHEV, beliebige Anordnung der Komponenten), Brennstoffzellenfahrzeug
- Verwendung eines Optimierungsalgorithmus zur Optimierung der Eigenschaften einer oder mehrerer Antriebsstrangkomponenten
- Optimierung einer oder mehrerer Zielgrößen
- Verfasst in deutsch oder englisch
- Existieren mehrere Veröffentlichungen von einem oder mehreren Autoren zum selben Thema, wird nur die umfangreichste Veröffentlichung aufgenommen (z. B. eine Dissertation und ein Paper, welches einen Teilaspekt dieser beschreibt).

Verwendete Datenbanken

Tabelle A.1 zeigt die bei der Literaturrecherche verwendeten Datenbanken.

Die bei der Suche identifizierten Veröffentlichungen werden nach einer Vorauswahl detailliert betrachtet. Zum übersichtlichen Vergleich, inwieweit die Recherchefragestellung von den jeweiligen Veröffentlichungen beantwortet werden können, wird der Inhalt in verschiedene Kategorien unterteilt und tabellarisch dargestellt. Diese Kategorien sind:

Tabelle A.1: Für die Literaturrecherche verwendete Datenbanken

VW-Interne Literatursuche		
Diplom- und Studienarbeiten bei VW		
Aufsätze und Vorträge des DKF ab 1996		
Zeitschriften	SAE	Tagungen
Bücher und Dissertationen veröffentilcht bei:		
Springer	Gabler	Teubner
Vieweg	DUV	VDI

Deutsche Zentralbibliothek für Technik (...)		
TIBKat	TIBscholar	Konferenzbeiträge
NTIS	TEMA	DKF
DataCite	AV-Medien	Espacenet
ETDEWEB	Fraunhofer Publica	INSPEC
STN Index Technik	TEMA (WTI)	ViFaTec
Zentralblatt MATH		

IEEE eXplore

ScienceDirect

- Antriebsarchitektur
- Vorgehensweise
- Detaillierung der Betriebsstrategie
- Detaillierung der Fahrzeugsimulation
- Vorgehensweise Komponentenskalierung
- Optimierung
- Praxisnähe
- Nicht betrachtete Aspekte
- Sonstiges

Zusätzlich wird eine Priorisierung der Literatur durchgeführt. Diese richtet sich nach der Übereinstimmung des Inhalts mit dem Forschungsthema, bzw. inwieweit die Recherchefragestellungen beantwortet können und nach der Einschätzung hinsichtlich der Qualität der Forschungsmethoden und -ergebnisse. Die mit dieser Vorgehensweise identifizierten Veröffentlichungen werden im Kapitel 2.1 zur Beschreibung der Ansätze in der Literatur herangezogen.

B Simulationsumgebung

B.1 Referenz-Simulationsumgebung

Zur Bewertung der Ergebnisgüte der entwickelten rückwärtsbasierten Längsdynamiksimulation wird eine Referenz-Simulationsumgebung verwendet. Bei dieser handelt es sich um eine detaillierte Software-in-the-Loop Umgebung, bei der sowohl die Komponenten- als auch die Steuergerätemodelle analog zur realen Antriebsstrangarchitektur abgebildet sind. Der wesentliche Einsatzzweck dieser Software ist die Entwicklung und Erprobung von Steuergerätecode. Entsprechend detailliert wird das Komponentenverhalten abgebildet (z. B. hoch aufgelöste Simulation der Hardwaremodelle, Simulation von Zustandsübergängen). Anders als die entwickelte Simulationsumgebung handelt es sich bei der Referenz um eine vorwärtsbasierte Antriebsstrangsimulation mit einem Fahrermodell, das vergleichbar mit einem realen Fahrer durch die Vorgabe von Fahrpedalwerten einem Geschwindigkeitssollprofil folgt. Aufgrund des dafür erforderlichen Regelverhaltens kommt es dabei zwangsläufig zu Abweichungen der Ist-Geschwindigkeit von dem Sollwert. Die Referenz-Simulationsumgebung wurde anhand von Fahrzeugmessungen validiert und eignet sich daher zur Bewertung neu entwickelter Simulationen.

B.2 Fahrzyklen

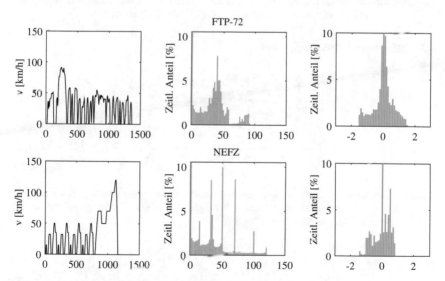

Abbildung B.1: Geschwindigkeitsverlauf (links) und Histogramme zur Geschwindigkeits- (mittig) und Beschleunigungsverteilung (rechts) vom FTP-72 und NEFZ

© Springer Fachmedien Wiesbaden GmbH, ein Teil von Springer Nature 2018
F. Weiß, *Optimale Konzeptauslegung elektrifizierter Fahrzeugantriebsstränge*,
AutoUni – Schriftenreihe 122, https://doi.org/10.1007/978-3-658-22097-6

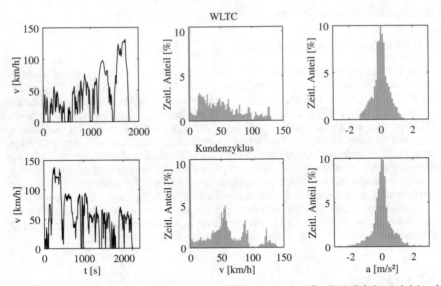

Abbildung B.2: Geschwindigkeitsverlauf (links) und Histogramme zur Geschwindigkeits- (mittig) und Beschleunigungsverteilung (rechts) vom WLTC und Kundenzyklus

B.3 Komponentenmodellierung

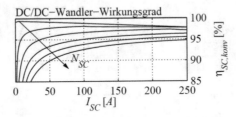

Abbildung B.3: Beispielhafter Wirkungsgradverlauf eines Gleichspannungswandlers für die Anwendung in einem Brennstoffzellenfahrzeug in Abhängigkeit des Stroms und der Anzahl versetzt getakteter Zweige N_{SC} [53]

B.4 Simulationsdaten

B.4.1 Fahrzeugdaten Optimierungseinstellungen

Tabelle B.1: Fahrzeugdaten für die Ermittlung passender Einstellungen für die genetischen Operatoren

Fahrzeugdaten	
Architektur	FCEV
$m_{Fzg,oA}$ (ohne Antriebskomp.)	1500 kg
Zuladung	200 kg
f_R	0,008
c_w, A	0,29, 2,26 m^2
r_{Rad}	0,315 m
P_{NV}	500 W

Auslegungskriterien	
Herstellungskosten Antrieb	Minimieren
Wasserstoffverbrauch im NEFZ	Minimieren

Randbedingungen	
Höchstgeschwindigkeit	$\geq$ 160 km/h
Beschleunigungszeit 0-100 km/h	$\leq$ 11,0 s

B.4.2 Komponenteneigenschaften Anwendung Brennstoffzellenfahrzeug

Tabelle B.2 zeigt die Eigenschaften der in der Komponentenbibliothek hinterlegten Antriebsstrangkomponenten, die bei der Optimierung des FCEV in Abschnitt 8.2 verwendet werden. Die Eigenschaften sind abgeleitet aus öffentlich zugänglichen Quellen und stellen keine Antriebsstrangkomponenten von Volkswagen dar. Die Kostenprognosen orientieren sich an den Studien und Veröffentlichungen [13, 19, 59, 20, 17, 130].

Tabelle B.2: Komponenteneigenschaften Anwendung Brennstoffzellenfahrzeug

Brennstoffzellensystem	Variante 1	Variante 2	
$P_{BZ,Nenn}$ (Zelle) [W]	490	490	
$\eta_{BZS,Max}$ [%]	57,5	56,0	
Spez. Leistung [kW/kg]	0,45	0,45	
Fixkosten [€]	1.000	1.000	
Spez. Kosten [€/kW]	160 / 75	160 / 75	
E-Maschine mit Umrichter	PSM		
$P_{EM,Nenn}$ [kW]	100		
$M_{EM,Max}$ [Nm]	320		
$n_{EM,Max}$ [min^{-1}]	12.000		
η_{Max} [%]	94		
Zul. Spannung Umrichter [V]	200-430		
Spez. Leistung [kW/kg]	0,7		
Fixkosten [€]	400		
Spez. Kosten [€/kW]	20		
Batteriezelle (HEV)	Zelle 1	Zelle 2	
Kapazität [Ah]	6	10	
U_{Nenn} [V]	3,7	3,7	
nutzb. SOC-Bereich [%]	20-80	20-80	
Spez. Kapazität [Ah/kg]	29	29	
Fixkosten (System) [€]	200	200	
Spez. Kosten (System) [€/kWh]	500	500	
Getriebe	Getriebe 1	Getriebe 2	Getriebe 3
Anzahl Gänge [-]	1	2	3
$M_{Ein,Max}$ [Nm]	600	600	600
Drehmomentendichte [kg/Nm]	0,1	0,13	0,145
$\eta_{Achsgetr}$ [%]	98	98	98
Fixkosten [€]	100	120	140
Spez. Kosten [€/Nm]	0,5	0,6	0,7
Gleichspannungswandler			
Spez. Leistung Halbbrücke [kW/kg]	3,45		
Spez. Leistung Vollbrücke [kW/kg]	2,78		
Spez. Kosten Halbbrücke [€/Nm]	3,6		
Spez. Kosten Vollbrücke [€/Nm]	5,4		

B.4.3 Komponentendaten Anwendung Mischhybrid

Tabelle B.3 zeigt die Eigenschaften der in der Komponentenbibliothek hinterlegten Antriebsstrangkomponenten, die bci der Optimierung des PHEV in Abschnitt 8.3 verwendet werden. Die Eigenschaften sind abgeleitet aus öffentlich zugänglichen Quellen und stellen keine Antriebsstrangkomponenten von Volkswagen dar. Die Kostenprognosen orientieren sich an den Studien und Veröffentlichungen [13, 19, 59, 20, 17, 130].

Tabelle B.3: Komponenteneigenschaften Anwendung Mischhybrid

Verbrennungsmotor	Turbomotor	
Hubraum, Zylinderanzahl	1,2l, 3-Zyl.	
$P_{VM,Nenn}$ [kW]	90	
$M_{VM,Max}$ [Nm]	200	
$n_{VM,Max}$ [min^{-1}]	5.500	
$n_{KP,Min}$ [min^{-1}]	1.100	
Spez. Leistung [kW/kg]	0,8	
Fixkosten [€]	500	
Spez. Kosten [€/kW]	14	
E-Maschine mit Umrichter	PSM	
$P_{EM,Nenn}$ [kW]	94	
$M_{EM,Max}$ [Nm]	345	
$n_{EM,Max}$ [min^{-1}]	10.000	
η_{Max} [%]	94	
Zul. Spannung Umrichter [V]	200-430	
Spez. Leistung [kW/kg]	0,7	
Fixkosten [€]	400	
Spez. Kosten [€/kW]	20	
Batteriezelle (PHEV)		
Kapazität [Ah]	18	
U_{Nenn} [V]	3,61	
nutzb. SOC-Bereich [%]	10-95	
Spez. Kapazität [Ah/kg]	37	
Fixkosten (Batteriesystem) [€]	200	
Spez. Kosten (Batteriesystem) [€/kWh]	300	
Getriebe	Getriebe 1	Getriebe 2 (i_{EM2})
Anzahl Gänge [-]	1	1
$M_{Ein,Max}$ [Nm]	800	400
Drehmomentendichte [kg/Nm]	0,1	0,1
η_{Max} [%]	97,6	97,6
$\eta_{Achsgetr}$ [%]	98	-
Fixkosten [€]	100	100
Spez. Kosten [€/Nm]	0,5	0,5

C Optimaler Betrieb mit Dynamic Programming

Bei DP handelt es sich nicht um eine Betriebsstrategie im eigentlichen Sinne, sondern um einen Algorithmus zur Lösung dynamischer Optimierungsprobleme, der für die Suche nach einer optimalen Leistungs- oder Drehmomentaufteilung im hybriden Antriebsstrang angewandt werden kann. In diesem Unterkapitel wird zunächst die mit DP zu lösende Problemstellung definiert und anschließend der Algorithmus und die Implementierung beschrieben.

C.1 Definition der Problemstellung

Bei der Suche nach der optimalen Steuerung zur Minimierung des Verbrauchs handelt es sich um ein klassisches dynamisches Optimierungsproblem. Problemstellungen dieser Art sind dadurch gekennzeichnet, dass eine Funktion $x(t)$ einer unabhängigen Variable t (i. d. R. die Zeit) gesucht wird, die eine Zielfunktion unter Berücksichtigung verschiedener Nebenbedingungen minimiert. Das zu Grunde liegende dynamische System wird durch die in Kapitel 5.2 beschriebene Antriebsstrangsimulation abgebildet. Des Weiteren wird es numerisch mit einer diskreten Zeitschrittweite berechnet und allgemein wie folgt definiert [98]:

$$x_{k+1} = f_k(x_k, u_k, w_k), \, k = 0, 1, ..., K-1. \tag{C.1}$$

Bei x handelt es sich um den Zustand des beschriebenen Systems, dessen Verlauf sich aus der Steuer- und Störgröße u bzw. w ergibt. Mit dem Index k wird der Wert zum Zeitpunkt $t = k \cdot T^1$ angegeben, wobei T das Abtastintervall bezeichnet. Die Kostenfunktion $\phi(x(k), u(k), w(k))$ gibt die Kosten für einen diskretes Zeitintervall an. Über den gesamten Zeithorizont folgen die zu minimierenden Gesamtkosten aus

$$J = \phi_K(x_K) + \sum_{k=0}^{K-1} \phi_k(x_k, u_k, w_k).$$
$$\Rightarrow \min J \tag{C.2}$$

Dies soll am Beispiel des Brennstoffzellenfahrzeugs veranschaulicht werden. Das Ziel soll dabei sein, den Gesamtwasserstoffverbrauch durch eine optimale Leistungsaufteilung zwischen BZS und Traktionsbatterie bei ausgeglichenem SOC zu minimieren. Der Zustand x ist dabei der SOC, dessen Start- und Endwert durch den Anfangsladezustand definiert ist. Die Steuerung u gibt die Aufteilung des elektrischen Leistungsbedarfs $w \mathrel{\widehat{=}} P_{\mathrm{erf}}$ an und bestimmt damit die Batterieleistung und folglich den SOC. Die Kosten ϕ_k entsprechen dem Wasserstoffverbrauch $m_{\mathrm{H_2},k}$ über das betrachtete Abtastintervall $[k, k+1]$. Daraus ergibt sich:

$$m_{\mathrm{H_2}} = m_{\mathrm{H_2},N}(\mathrm{SOC}_N) + \sum_{i=0}^{K-1} m_{\mathrm{H_2},k}(\mathrm{SOC}_k, u_k, w_k) \tag{C.3}$$

Gesucht ist demnach die optimale Steuerungstrajektorie $u^*(k)$ mit dem zugehörigen Zustandsverlauf $x(k)^*$, für die sich der geringste Gesamtwasserstoffverbrauch $m_{\mathrm{H_2}}$ ergibt (siehe Abbildung

---

[1] Dies gilt für den Fall eines konstanten Abtastintervalls.

© Springer Fachmedien Wiesbaden GmbH, ein Teil von Springer Nature 2018
F. Weiß, *Optimale Konzeptauslegung elektrifizierter Fahrzeugantriebsstränge*,
AutoUni – Schriftenreihe 122, https://doi.org/10.1007/978-3-658-22097-6

C.1). Dabei müssen sowohl die SOC-Grenzen als auch die Minimal- und Maximalleistungen der Komponenten berücksichtigt werden.

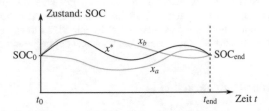

Abbildung C.1: Optimale Zustandstrajektorie x^* eines dynamischen Optimierungsproblems am Beispiel des SOC-neutralen Betriebs eines Hybridfahrzeugs

C.2 Algorithmus

DP wurde von R.E. Bellman entwickelt und basiert auf dem von ihm im Jahr 1952 formulieren Optimalitätsprinzip [8]. Dieses besagt, dass jede Resttrajektorie der optimalen Trajektorie $x^*(t)$ ebenso optimal ist im Sinne der Überführung des Zwischenzustands $x^*(t_1)$ in die Endbedingung $g(x(t_e,t_e)) = 0$. Abbildung C.2 zeigt beispielhaft eine solche optimale Zustandstrajektorie $x^*(t)$, die hier in zwei Abschnitte 1 und 2 unterteilt ist. Am Übergang der beiden Abschnitte wird dabei der Zwischenzustand $x^*(t_1)$ eingenommen. Wird dieser Bereich vom Zwischenzustand bis zum Endzustand als eigenes Teilproblem betrachtet, beschreibt der Abschnitt 2 nach dem Optimalitätprinzip auch dafür den optimalen Pfad. Würde für dieses Teilproblem eine alternative Trajektorie 3 existieren, die geringere Kosten verursacht, wäre dies ein Widerspruch zur Optimalität des ursprünglichen Problems, da in diesem Fall eine Kombination aus 1 und 3 die geringeren Gesamtkosten zur Folge hätte [98].

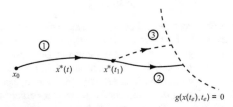

Abbildung C.2: Veranschaulichung des Optimalitätsprinzips nach R.E. Bellman [98]

In Bezug auf die Lösung der Problemstellung aus Gleichung C.2 kann mit Hilfe des Optimalitätsprinzips die Bellmansche Rekursionsformel C.4 hergeleitet werden, bei der J_k den Kosten und J_k^* den minimalen Kosten für die Überführung des Zustands $x(k)$ bis zur Endbedingung entspricht.[2] Die zu minimierende Summe setzt sich dabei aus den Kosten ϕ_k im Intervall k sowie den minimalen Kosten von $k+1$ bis zur Endbedingung zusammen.

---

[2] Für die ausführliche Herleitung siehe Papageorgiou [98].

$$\min J_k = J_k^* = \min \left\{ \phi_k(x_k, u_k, w_k) + J_{k+1}^* \left(f_k(x_k, u_k, w_k) \right) \right\} \tag{C.4}$$

Das besondere Merkmal dieser Formel ist, dass sie nur von u_k und nicht $u_{k+1,k+2,...,K-1}$ abhängt. Dies hat zur Folge, dass zur Lösung des Problems nacheinander jeweils eine einstufige Optimierung beginnend bei $k = K - 1$ über $k = K - 2, K - 3, ..., 0$ durchgeführt werden kann. Somit müssen zur Ermittlung des globalen Optimums dieser zeitdiskreten Problemstellung lediglich die Kosten für alle Steuerungsvarianten zu jedem k und nicht alle theoretisch möglichen Trajektorien berechnet werden. Vorteilhaft ist außerdem, dass die Kostenfunktion ϕ beliebig formuliert sein kann. So ist neben der Berechnung einer analytischen Funktion auch die Verwendung eines Blackbox-Modells möglich. Daher eignet sich dieses Verfahren besonders in Kombination mit dem in Kapitel 5.2 beschriebenen Antriebsstrangmodell.

C.3 Vorgehensweise

Bei der Umsetzung und Anwendung des DP für spezifische Problemstellungen gibt es hinsichtlich der einzelnen Teilschritte unterschiedliche Vorgehensweisen, die jeweils Auswirkungen auf Genauigkeit sowie Berechnungsaufwand und -geschwindigkeit haben. Im Folgenden wird lediglich der umgesetzte Algorithmus beschrieben, ohne auf die möglichen Alternativen im Detail einzugehen. Dabei wurde die Vorgehensweise mit dem Fokus auf ein möglichst genaues Ergebnis ausgewählt. Die Rechenzeit ist an dieser Stelle von untergeordneter Bedeutung, da die resultierende optimale Steuerungstrajektorie als Referenz dienen soll und nicht direkt in der Methodik der Antriebsstrangoptimierung angewandt wird.

Für die Anwendung des DP-Algorithmus muss zunächst die Zeit diskretisiert bzw. die Steuerung und der Zustand quantisiert werden. Demnach ergeben sich $K = (t_{end} - t_0)/\Delta t$ Zeitintervalle sowie eine frei zu wählende Anzahl an Zustands- und Steuerungsstützstellen I bzw. N. Insgesamt ergibt sich damit ein Zeit-Zustandsraum der Größe $(K + 1) \cdot I$ [71].

Der ausgeführte Algorithmus[3] besteht aus zwei Durchgängen, die nacheinander ausgeführt werden. Im ersten Durchgang werden auf der Zeitachse rückwärts für jeden Punkt des Zeit-Zustandsraums durch Anwendung der Gleichung C.4 die minimalen Kosten zum Erreichen der Endbedingung ermittelt. Dafür werden zunächst für einen Punkt $x_{i,k}$ die Kostenfunktion ϕ_k für alle Steuerungen u_n, $n = 0, 1, ..., N - 1$ (unter Berücksichtigung der Nebenbedingungen und der Störung w_k) sowie die daraus resultierenden Zustände zum nächsten Zeitpunkt t_{k+1} berechnet. Wie in Abbildung C.3 dargestellt, treffen die aus den jeweiligen Steuerungen resultierenden Zustände nicht notwendiger Weise das Gitter des Zeit-Zustandsraums. Nach der Rekursionsformel werden jedoch für die Ermittlung der minimalen Kosten $J_{i,k}^*$ die minimalen Kosten $J_{i,k+1}^*$ ausgehend vom Zustand des nächsten Zeitschrittes benötigt. Da rückwärts vorgegangen wird, sind diese bereits für die Punkte des Zeit-Zustandsraums bekannt. Die exakten Werte der minimalen Kosten $J_{k+1}^*(x_{i,k}, u_n)$ für die aus den jeweiligen Steuerungen resultierenden Zustände werden dabei durch lineare Interpolation zwischen den optimalen Kosten $J_{i,k+1}^*$ und $J_{i-1,k+1}^*$ an den Zuständen $x_{i,k+1}$ und $x_{i-1,k+1}$[4] ermittelt. Der optimale Steuerungswert für den betrachteten Zustand

---

[3] Angelehnt an Sundström et al. [128]
[4] Dies gilt für das abgebildete Beispiel. In Abhängigkeit der Steuerung kann die Interpolation auch an anderer Stelle i stattfinden.

$x_{i,k}$ wird durch die Auswahl des minimalen Werts der Summe $\phi_{i,k}(u_n) + J^*_{k+1}(x_{i,k}, u_n)$ bestimmt. Anschließend werden die minimalen Kosten sowie die entsprechende optimale Steuerung für diesen Gitterpunkt in einer Ergebnismatrix gespeichert und mit dem nächsten Zustandspunkt x_{i+1} oder Zeitpunkt t_{k-1} fortgefahren.

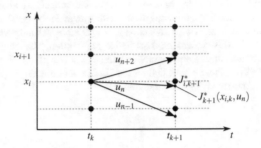

Abbildung C.3: Ermittlung der minimalen Kosten durch Variation der Steuerung u

Als Resultat dieser Vorgehensweise ergibt sich ein Kennfeld in der Größe des Zeit-Zustandsraums, in dem für jeden Punkt $x_{i,k}$ die minimalen Kosten zum Erreichen der Endbedingung und jeweils die dazugehörige Steuerung bis zum nächsten Zeitpunkt angegeben ist. Für einige Bereiche kann es vorkommen, dass aufgrund der Nebenbedingungen die Endbedingung nicht erreicht wird. Diese werden als ungültige Zustände definiert.

Im zweiten Schritt erfolgt vorwärts die Berechnung der optimalen Steuertrajektorie u^* sowie der zugehörigen global minimalen Kosten J^*_k. Dafür wird vom Ausgangszustand x_0 beginnend die optimale Steuerung u^*_k gewählt und durch die Simulation des Modells nach Gleichung C.1 der nächste Zustand x^*_k berechnet. Wie schon im ersten Durchgang stimmen diese Zustände nicht notwendiger Weise mit dem Gitter des Zeit-Zustandsraums überein, für die jeweils die optimalen Steuerungen und Kosten gespeichert sind. Um dennoch die optimale Steuerung für den nächsten Zeitpunkt zu bestimmen, wird auch hier eine lineare Interpolation durchgeführt. Dieser Vorgang wird für alle k bis t_{End} durchgeführt.

Der Vorteil dieser Vorgehensweise gegenüber anderen Varianten liegt im Wesentlichen darin, dass die optimale Steuertrajektorie u^* nicht auf den Gitterpunkten des Zeit-Zustandsraums liegen muss, sondern auch deutlich feinere Abstufungen haben kann. Dies ist dadurch möglich, dass Kosten und Steuerungswerte zwischen den Gitterpunkten durch Interpolation ermittelt werden. Die Genauigkeit des Ergebnisses bzw. die Abweichung vom globalen Optimum durch die Diskretisierung hängt daher in erster Linie (neben der zeitlichen Auflösung) von der Quantisierungsauflösung der Steuerung ab. Die Auflösung des Zustands ist nur von untergeordneter Bedeutung, da diese lediglich Einfluss auf den Interpolationsfehler hat.

Wie schon unter der Überschrift Algorithmus beschrieben, ermöglicht DP die Ermittlung der global optimalen Steuerungstrajektorie. Die Alternative besteht darin, alle bei der gewählten Diskretisierung möglichen Trajektorien zu berechnen (die sogenannte *brute force* Methode) und aus diesen das Optimum auszuwählen. Um den Unterschied hinsichtlich des Berechnungsaufwands zu verdeutlichen, geben Guzzella und Sciarretta [58] die Anzahl der Berechnungsschritte für ein Optimierungsbeispiel an, bei dem die optimale Gangwahl ermittelt werden soll. Die Anzahl

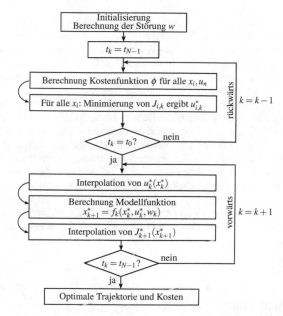

Abbildung C.4: Ablaufplan der DP Berechnung

der möglichen Gänge beträgt dabei 5, das Zeitintervall $\Delta t = 1\,s$ bei einem Fahrprofil mit einer Dauer von $t_{end} = 60\,s$. Wenn alle beliebigen Gangschaltungen betrachtet werden sollen ergeben sich 5^{60} mögliche Trajektorien bzw. Gangkombinationen über diesen zeitlichen Verlauf. Diese zu berechnen würde bei einer Berechnungsdauer einer Trajektorie von $10^{-9}\,s$ insgesamt etwa 10^{25} Jahre dauern. Der DP-Algorithmus dagegen benötigt für dieselbe Genauigkeit lediglich $60 \cdot 5 \cdot 5 = 1500$ Berechnungen mit einer Dauer von $1{,}5^{-6}\,s$. Praktische Anwendungen im Bereich der optimalen Leistungsaufteilung erfordern eine deutlich feinere Quantisierung, sodass die Berechnungsdauer je nach Konfiguration im Rahmen von Minuten bis zu einigen Stunden liegt. An Grenzen stößt das Verfahren, wenn mehrere Zustands- bzw. Steuerungsdimensionen einbezogen werden sollen. Dies kann der Fall sein, wenn weitere Freiheitsgrade im Antriebsstrang hinzukommen, wie z. B. die Leistungsaufteilung und zusätzlich eine freie Gangwahl. Hintergrund ist, dass die Anzahl der Berechnungen proportional zur Anzahl der Zeitdiskrete N zunimmt, jedoch exponentiell mit den Zustands- bzw. Steuerungsdimensionen [58]. Aus praktischer Sicht ist eine Gesamtanzahl von maximal drei Dimensionen in Summe bei der betrachteten Problemstellung noch mit vertretbarem Aufwand zu berechnen.

C.4 Anbindung an die Antriebsstrangsimulation

Zur Berechnung einer optimalen Steuerungstrajektorie muss der DP-Algorithmus mit der Antriebsstrangsimulation verknüpft werden. Dafür existieren drei Schnittstellenfunktionen: Die

Berechnung der Störung w sowie der Kosten- bzw. Modellfunktion ϕ und $x_{k+1} = f_k$. Abbildung C.5 zeigt die Vorgehensweise beispielhaft für ein FCEV. Das Optimierungsproblem besteht dabei darin, die erforderliche elektrische Leistung P_{Erf} optimal zwischen BZS und Traktionsbatterie mit einem vorgeschalteten DC/DC-Wandler aufzuteilen. Die Berechnung der Störung $w = P_{Erf}$ erfolgt zunächst für den gesamten betrachten Zyklus. Dafür werden ausgehend vom definierten Fahrzyklus mit dem Fahrzeugmodell die Fahrwiderstände und die daraus resultierenden Radgrößen berechnet. Anschließend erfolgt die Simulation der Getriebe- und EM-Modelle. Zusammen mit dem Bordnetzbedarf P_{NA} ergibt die elektrische Leistung der EM die aufzuteilende erforderliche Leistung. Die zwei anderen Schnittstellenfunktionen ϕ und $x_{k+1} = f_k$ werden innerhalb der eigentlichen DP Berechnung für beliebige Zustände, Steuerungen und Zeitpunkte aufgerufen. Da die Modellfunktion f_k einen Teil der Kostenfunktion darstellt, werden beide in einer Funktion zusammengefasst und jeweils nur diese aufgerufen. Innerhalb der Funktion werden zunächst aus Störung w und Steuerung u die Sollleistungen der beiden Pfade P_{BZ} und P_{DCDC} bestimmt. Für diese Werte ergeben sich mit dem BZS-Modell im Zeitintervall T die quasistationären Kosten $m_{H_2,k}$ sowie über die Wandler- und Batteriemodelle zunächst die erforderliche innere elektrische Batterieleistung.[5] Ausgehend vom aktuellen SOC_k wird damit der darauf folgende Ladezustand SOC_{k+1} bestimmt.

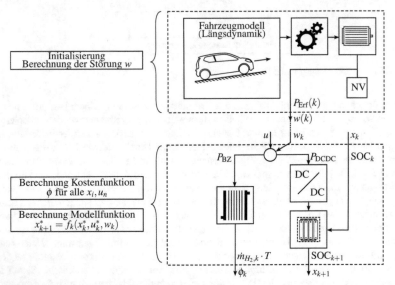

Abbildung C.5: Schnittstellen zwischen DP-Algorithmus und Antriebsstrangsimulation

Für die Berechnung der optimalen Steuerung anderer Antriebsstrangtopologien müssen die Schnittstellenfunktionen ensprechend angepasst werden. Für den Parallelhybriden wird beispielsweise als Störung das Getriebeeingangsmoment (wenn die Gangwahl nicht Gegenstand der Optimierung sein soll) berechnet. Die Aufgabe der Kostenfunktion besteht in diesem Fall

---

[5] Diese beinhaltet die Verlustleistung der Batterie.

darin, für verschiedene Aufteilungen des Drehmoments auf VM und EM den Kraftstoffvolumenstrom und die Änderung des SOC zu bestimmen. Der Bordnetzbedarf wird dabei von der Traktionsbatterie bedient.

Printed in the United States
By Bookmasters